钣金展开下料技法与实例

第 2 版

姜文深　编著

机 械 工 业 出 版 社

本书是专门介绍金属板材展开下料方法的图书。全书共分 6 章，主要介绍下料的基础理论和应用实例。前 3 章介绍了钣金展开下料的基础理论，包括下料的基础知识、相交构件的相贯线和变换投影面法；后 3 章根据构件结构形式的不同来分类举例说明，包括独立构件的展开、相交构件的展开和综合类型的构件展开。本书重点突出金属板材展开的基础理论，由浅入深、由简入繁、循序渐进、通俗易懂。

本书既适合钣金行业初学者阅读，也适合从事钣金工作的操作人员、工程技术人员和设计工作者参考学习，同时也可供技工学校的学生使用。

图书在版编目（CIP）数据

钣金展开下料技法与实例/姜文深编著. —2 版. —北京：机械工业出版社，2022.12
ISBN 978-7-111-72129-1

Ⅰ. ①钣…　Ⅱ. ①姜…　Ⅲ. ①钣金工　Ⅳ. ①TG38

中国版本图书馆 CIP 数据核字（2022）第 225005 号

机械工业出版社（北京市百万庄大街 22 号　邮政编码 100037）
策划编辑：侯宪国　　　　　责任编辑：侯宪国　王　良
责任校对：李　杉　陈　越　　封面设计：张　静
责任印制：邵　敏
中煤（北京）印务有限公司印刷
2023 年 7 月第 2 版第 1 次印刷
184mm×260mm·21 印张·533 千字
标准书号：ISBN 978-7-111-72129-1
定价：69.80 元

电话服务　　　　　　　　　网络服务
客服电话：010-88361066　机 工 官 网：www.cmpbook.com
　　　　　010-88379833　机 工 官 博：weibo.com/cmp1952
　　　　　010-68326294　金 书 网：www.golden-book.com
封底无防伪标均为盗版　机工教育服务网：www.cmpedu.com

前　言

钣金工在工业制造生产中，起着举足轻重的作用。钣金工存在于冶金、船舶、生产设备、大型机械、桥梁、交通运输等各个行业。金属板材和型材制作的各种构件，是工业生产中其他手段和产品无法替代的。

钣金工是技术性极强的一个工种。在日常生产活动中，钣金工的工作内容分为看图下料和装配制作两部分。其中装配制作部分较为简单，牵涉理论知识并不多，主要是积累实际操作经验，比较容易掌握；而看图下料部分要复杂得多，理论知识内容多且不易全面掌握。因此，理论部分的欠缺就制约了从业人员整体技术水平的提高，在实际工作中，能够快速准确地展开下料，是制作出产品的关键一步。

本书延续了第 1 版的"从最基础原理讲起，突出实用性"的编写思路，与第 1 版相比，本书对前 3 章的钣金展开的基础知识和展开方法做了引导性的介绍，同时对于关键性的线条和部位做了双色处理，突出重点，以便于读者能更好地理解和掌握钣金展开的基础。

本书着重讲解了求实长、求相贯线、作展开图的基本原理，并且有针对性地根据各个知识点，列举实例进行说明，共举例 169 个，并配有示意图、施工图、放样图、实长图、展开图共计 700 余幅。同时，按照构件特点和相贯线形式进行分类，在板材的展开计算、板厚处理、画放样图、求实长线、求展开图以及做复杂构件的展开等方面，配合典型的图解，做了非常详细和系统的说明，让读者能够轻松系统地掌握展开下料这一技能。

由于本人水平有限，加之编写时间仓促，书中可能存在疏漏，恳请广大读者批评指正。

编　者

目 录

第一章　下料的基础知识

主要内容：本章主要讲解下料的基础知识。在金属板材弯曲时，所产生的长度变化，从弯曲板材内部变化原理、规律、以及弯曲形状与长度的计算方法、求实长方法，作展开图的方法等方面，做了简单明了、通俗易懂的阐述。

特点：从展开下料的零起步开始，详细讲解了展开下料的系统步骤，由浅入深、三维立体讲解、举例说明，对应相扣。

第一节　概　　述

我们知道，机械图样是工业制造中的重要技术资料。它是工程领域的通用"语言"，它能准确完整地表述设计意图，传递相关信息，然后经过多道工序地加工，制造出各种零部件和机器设备。

作为一名钣金工，除了要熟练地掌握机械制图投影原理外，还必须学会下料的计算方法和展开图画法。在不改变构件表面面积的前提下，将它们依次摊开在同一平面上，称为构件的表面展开，表达这种展开的图形，就称为展开图。显然，作出这些展开图的方法，就叫作展开图画法。

一般情况下，要想画出展开图，必须先画出放样图。钣金工所画的放样图与机械制图所画图相比，虽然有相同之处，但是却有很大差别，所指的相同部分，名称也不一样。生产中的半成品一般称为构件。画放样图时，可根据展开原理来处理板厚，线条的长短粗细等都可以根据需要来画，也不必标注尺寸。钣金工的操作步骤分为：看图、下料、制作、矫正、检验五个环节。

1）看图：就是看施工图，理解设计者的意图，通过图样给出的相关信息，从陌生到熟悉，在头脑中形成立体概念、想象组成构件的形体结合关系等，看懂图样，为下料作好准备。

2）下料：下料分为两种，一种是对简单构件的下料，无须放样，只需要简单地计算后，便可直接下料；另一种是较复杂的构件下料，它需要画放样图，作出展开样板，然后描画在钢板上。

3）制作：包括剪切、切割、弯曲、拼接、组对、定位焊等工序。

4）矫正：主要是针对大部分构件因为焊接后变形而进行的整形，以达到设计和工艺要求。

5）检验：是对制作的产品或者构件进行测量校对的过程，检验构件是否达到图样设计要求，以便发现问题，及时纠正，积累经验。

在这五个环节当中，下料是最关键的一环，也是最难的。因为对于较复杂的构件展开，要经过计算、放样、求相贯线、求实长线、作展开图和加放余料等过程。作展开图的理论性是很强的，如果操作不当，在作出错误的展开时，下料阶段是不易发现的，待进行到制作组对阶段时才会发现，将造成返工浪费。所以正确全面地掌握展开图画法是钣金工的必修课，通过学会一些典型的构件下料展开方法，举一反三，牢记关键环节的知识点，并且在实践中逐步体会，不断地总结经验，提高技术水平。

第二节 计 算

计算是下料的第一步，在作简单的构件下料时，不需要放样，可以直接根据图样给出的尺寸进行计算，得出展开料的尺寸大小和几何形状。比如制作圆管、方管、阶梯、箱体等。

计算构件展开料尺寸的大小，不是简单地把图样上给出的尺寸叠加起来，得出所需材料长宽等尺寸。这就需引出一个新的概念：板厚处理。

构件的形状不同，板厚的处理方法也不同。从板材断面的角度去观察，材料长度是按照断面形状分为曲线和折线两部分来计算的。

断面形状为曲线的构件计算方法，是无论板材厚度大小，都把它们分为里皮、中心层、外皮。由于金属板材的塑性很好，当板材受外力弯曲时，里皮压缩，外皮拉伸，它们都改变了原来的长度，只有中心层的长度不变。如果制作一个圆筒，从它的断面角度去看，就形成不同的大小直径，有里皮和外皮两个直径，便产生了皮厚差异。显然，里皮直径小、外皮直径大，外皮的周长当然要比里皮的周长长。这时，只有中心层周长保持了原来的长度。如图 1-1 所示，当一张平直的板材弯曲前，它的里皮（上面）、中心层、外皮（下面）都是相同的长度。当经过弯曲后，便产生了三个长度，很显然，采用里皮直径计算展开周长下料尺寸就短了，采用外皮直径计算展开周长下料尺寸就长了，只能采用中心层计算下料周长。所以断面为曲线的构件必须以中径为准计算展开长。因此，我们得出结论是"里加外减"。其含义是：当已知直径是里皮时，计算周长时，直径就加一个板厚尺寸；当已知直径是外皮时，计算周长就是直径减掉一个板厚尺寸，最后的结果是用中径计算展开周长。

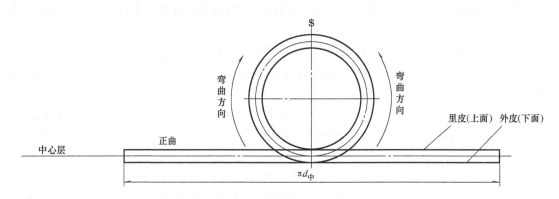

图 1-1 板材由弯曲前的一个长度，变成了弯曲后的里皮、中心层、外皮三个长度

通过以上分析，我们已经了解了板材被弯曲成曲面时的长度计算方法，为了更进一步加深理解，下面将举例加以说明。

例 1 如图 1-2 所示的圆筒，已知尺寸：$D_外 = 1000mm$，$h = 1500mm$，$\delta = 20mm$，求圆管展开周长 l。

解：$l = (D_外 - \delta) \cdot \pi = (1000mm - 20mm) \times 3.1416 = 3079mm$

经过计算得出，该圆管的展开料是尺寸为 3079mm×1500mm 的一块钢板。

　　如果要计算的展开长不是一个整圆周长，而只是一部分圆弧，或者是一段圆弧是正曲，而另一段圆弧是反曲，则都一律按照中心层计算展开长。即靠近圆心的一侧为里皮，并且以此来推算中心层，然后以中心层来计算出这段圆弧的长度。

　　例2　如图1-3所示，已知尺寸 $R=600$mm，$r=400$mm，$\angle AOC=90°$，$\angle CO'B=30°$，$\delta=20$mm，求 l。

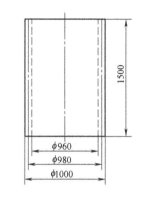

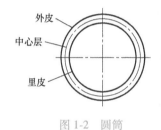

图1-2　圆筒

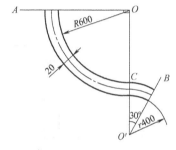

图1-3　部分圆弧的展开

　　解：$l=2\pi\left(R+\dfrac{\delta}{2}\right)\div 4+2\pi\left(r+\dfrac{\delta}{2}\right)\div 12$

$\qquad=3.1416\times\left(600+\dfrac{20}{2}\right)\times\dfrac{1}{2}\text{mm}+3.1416\times\left(400+\dfrac{20}{2}\right)\times\dfrac{1}{6}\text{mm}=1173\text{mm}$

经过计算得出，这段圆弧展开长为1173mm。

断面为折线形状的构件，其板厚处理是不分中心层的，而是以里皮为准。为什么以里皮为准呢？当板材在折角处局部发生弯曲时，包括中心层和外皮在内，板材里皮以外的所有层面，都发生了不同程度的拉伸变化，只有里皮的长度不变。如图1-4a所示，为一个槽形构件。板材弯曲前的断面如图1-4b所示，$AB=h-\delta$、$BC=a-2\delta$、$CD=h-\delta$、$C-C$垂直于 AD，$B-B$垂直于 AD。然后按照划线的位置折直角弯，板材弯曲后的断面如图1-4c所示，$AB=h-\delta$，$BC=a-2\delta$，$CD=h-\delta$，但是它们的外皮却发生了变化，宽度是 a、高度是 h。$C-C$ 和 $B-B$ 线都转到了45°角平分线上，并且被均匀地拉伸成扇形。显然，b_1-b_2 和 c_1-c_2 弧长的距离，都是金属板材拉伸的结果。$ABCD$ 由折弯前的在同一直线上的关系，变成了折弯后 AB 和 CD 都垂直于 BC 的关系，BC 的延长线上多了两个板材厚度，AB 和 CD 的延长线上，都多了一个板材厚度。所以断面为折线的板材弯曲时，一律按照里皮的长度来计算。

　　断面为折线形状的构件，展开长计算方法是以里皮为准的，下面将举例加以说明，仍以图1-4a为例。

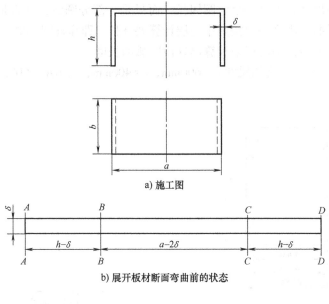

a) 施工图

b) 展开板材断面弯曲前的状态

c) 展开板材断面弯曲后的状态

图 1-4　断面为直角折线形状的构件展开

例 3　已知尺寸 $a=1000\text{mm}$，$b=600\text{mm}$，$h=500\text{mm}$，$\delta=10\text{mm}$，求 l。

解：$l=a-2\delta+2(h-\delta)=1000\text{mm}-2\times10\text{mm}+2\times(500\text{mm}-10\text{mm})=1960\text{mm}$

经过计算得出，该槽形板展开尺寸是 1960mm×600mm。

断面为折线形状的构件展开，是以里皮为准的计算方法，同样适用于断面是折线，而不是直角的正反曲构件展开计算，如图 1-5a 和图 1-5b 所示。

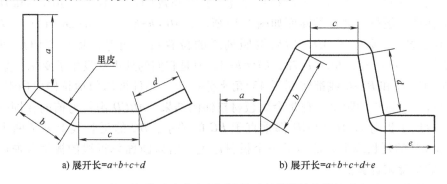

a) 展开长 $=a+b+c+d$

b) 展开长 $=a+b+c+d+e$

图 1-5　断面为非直角折线的正反曲构件的展开

对于断面是直线和有圆角过渡的混合形式构件，下料展开长的计算方法是：展开长是所有的直边长度和圆角中径弧长相加的长度总和，如图 1-6 所示。

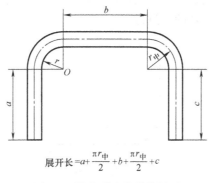

$$展开长 = a + \frac{\pi r_{中}}{2} + b + \frac{\pi r_{中}}{2} + c$$

图 1-6　混合形式构件的展开

第三节　常用几何作图法

常用几何作图法是放样的基础知识，作放样图就是多个几何作图法的组合。用途最广的是作垂直平分线，圆的 6 等分，12 等分等。

在实际生产工作中，有很多的构件是必须经过放样才能解决展开问题的。同时，放样又离不开画直线、直角、圆等分等基本方法，因此，在讲放样之前，先讲一下常用几何作图法。

1. 垂直平分线

如图 1-7 所示，在一直线上，以 O 点为圆心，以任意长 r 为半径画弧，交直线于 A、B 两点，然后分别以 A、B 两点为圆心，以超过 r 的长度 R 为半径画弧，相交得 C、D 两点，则连线 CD 就是 AB 线的垂直平分线。

2. 任意角的平分线

如图 1-8 所示，以 O 点为圆心，以适当长 R 为半径画弧交两角边 A、B 两点，然后分别以 A、B 两点为圆心，以小于 R 长度 r 为半径画弧，相交于 C 点，用直线连接 O、C，则 OC 线就是 ∠AOB 的角平分线。

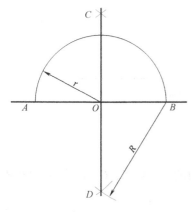

图 1-7　作线段垂直平分线

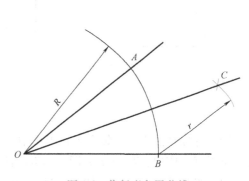

图 1-8　作任意角平分线

3. 任意角的已知 r 圆弧过渡

如图 1-9a ~ 图 1-9c 所示,这里以钝角、直角、锐角三种形式为例。以已知半径 r 作 OA 和 OB 的平行线,相交于 P 点,以 P 点为圆心,已知 r 长为半径画弧,相切于 OA、OB 直线上,就是以 r 为半径作的 ∠AOB 的圆弧过渡。

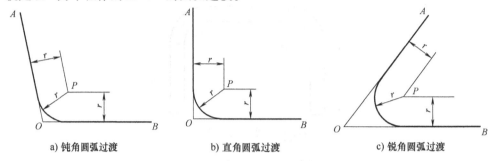

a) 钝角圆弧过渡　　　　b) 直角圆弧过渡　　　　c) 锐角圆弧过渡

图 1-9　各种角度圆弧过渡

4. 作直角线

如图 1-10a 所示,俗称弯尺线,常用的有两种方法,这两种方法不仅仅是放样时用,更主要是在钢板上下料时应用较多。这是一种非常简捷实用的作法,用墨斗线在钢板长边拉直线检验板边是否直,如果是直边,可以用板边作直线基准。如果不直,可以在与板边适当的距离处作一直线 AB。以 A 为基准点,以基数 3 量取在 AB 线上得 C 点,再以 A 点为基准,以基数 4 作 AB 线的平行线 DE,以 5 为基数,以 C 点为基准,量取作直线相交在 DE 线上,得点 F,连接 AF 线,AF⊥AB。基数 3、4、5 是个变量,可以根据板幅大小选择倍数,比如 300mm、400mm、500mm、3m、4m、5m,或者 600mm、800mm、1000mm 等,这种方法是基于勾股弦定理。

另一种方法为三规法,如图 1-10b 所示。在钢板长边上作一平行板边的直线 AB,以 A 点为圆心,以任意长 r 为半径画弧,相交于 AB 线于 C 点,再分别以 A、C 点为圆心,仍以 r 长为半径画弧,相交于 D 点,再以 D 点为圆心,仍以 r 长为半径画弧,与 C、D 的延长线交于 E 点,直线连接 AE 两点,AE⊥AB。

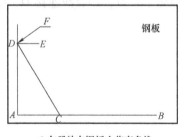 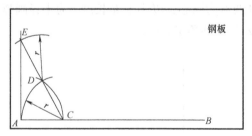

a) 勾股法在钢板上作直角线　　　　b) 三规法在钢板上作直角线

图 1-10　作直角线

5. 圆的多等分

圆的等分画法很多,钣金工在工作中经常遇到,常用的 3、4、5、6、12 等分用圆规和直尺可以直接作出,7、9 等分用的是近似法。

(1) 圆的五等分画法　如图 1-11a 所示,以 O 点为圆心,以已知 r 为半径画圆,过 O 点作一组垂直平分线,相交圆周上得 A、B、C、D 四点。然后作 OB 的垂直平分线 EF,相交

AB 于 G 点，以 G 点为圆心，以 GC 长为半径画弧，相交 OA 于 H 点，则 CH 就是圆周的 $\frac{1}{5}$ 弦长，以此定长在圆周上依次截取四次，即圆周五等分。

（2）圆的六等分画法　如图 1-11b 所示，用已知半径 r 画圆，圆的半径 r 就是圆周的 $\frac{1}{6}$ 弦长，以此定长在圆周上依次截取五次，即圆周六等分。

（3）圆的七等分画法　如图 1-11c 所示，以 O 点为圆心，已知尺寸 r 为半径画圆，作 OA 的垂直平分线，相交圆周于 B、C 两点，相交 OA 于中点 D，则 BD 就是圆周的 $\frac{1}{7}$ 弦长。

（4）圆的九等分画法　如图 1-11d 所示，以 O 点为圆心，已知尺寸 r 为半径画圆，过圆心作一直径 AB，将直径 AB 九等分，取其中 3 分为定长，即为圆周 $\frac{1}{9}$ 弦长。

（5）圆的十二等分画法　如图 1-11e 所示，以 O 点为圆心，以已知尺寸 r 为半径画圆，然后过圆心 O 点作一组垂直平分线，得到圆周上四个交点 A、B、C、D。分别以 A、B、C、D 为圆心，以已知半径 r 为定长，在圆周上各截取两次，即得圆周十二等分。

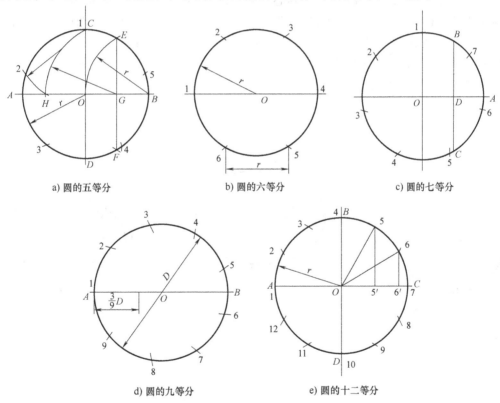

a) 圆的五等分　　　　b) 圆的六等分　　　　c) 圆的七等分

d) 圆的九等分　　　　e) 圆的十二等分

图 1-11　圆的多等分

圆周的十二等分应用广泛，所以，在这里单独提出介绍。如图 1-11e 的十二等分中 $5—5'=O—6'=0.866r$；$6—6'=O—5'=0.5r$（证明略）。

圆周的等分也可以用计算方法作出：$b=2r\sin\left(\dfrac{180°}{n}\right)$

式中　b——等分圆周内接正多边形的边长；

　　　n——内接正多边形边数；

　　　r——外接圆半径。

6. 三点求圆法

如图 1-12 所示，这是根据已知点 A、B、C 求出圆心的方法，用直线连接 AB、BC，分别作 AB、BC 的垂直平分线，相交于 O 点并得出半径 R，然后，以 O 为圆心，R 长为半径画圆。

7. 四心圆弧法画椭圆

如图 1-13 所示，这是一种近似画法，但比较常用。定出长短轴 A、B、C、D 四点，连接 AC，以 O 为圆心，OB 长为半径画弧，相交短轴延长线于 B' 点，$B''C$ 等于长半轴减去短半轴，作 AB'' 的垂直平分线，相交长轴于 O_1 和短轴于 O_2，O_3 是 O_1 关于 O 点的对称点。O_4 是 O_2 关于 O 点的对称点、则 $O_1 \sim O_4$ 是四个圆心。O_1 为圆心，O_1A 为半径画弧，O_2 为圆心，O_2C 为半径画弧，用同样方法画另一半，最后，四段圆相接成一个完整的椭圆。

8. 同心圆法画椭圆

如图 1-14 所示，与四心圆弧法相比，同心圆法比较精确，但操作步骤繁琐。首先过长轴和短轴分别画两个圆，即以 O 点为圆心，分别以 OA 长为半径和 OB 长为半径画同心圆，12 等分大圆，得等分点 $1 \sim 12$。连接 2、8，3、9，5、11，6、12，（为了图面清晰，本例只画两条线），与小圆相交得到 $1' \sim 12'$ 各点，过大圆各等分点作短轴的平行线，过小圆各等分点作长轴的平行线，得到交点 2^+、3^+、5^+、6^+、8^+、9^+、11^+、12^+，用平滑曲线连接 1、2^+、3^+、$4'$、5^+、…、12^+ 各点，即完成作图。

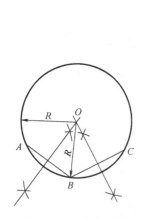

图 1-12　三点求圆法

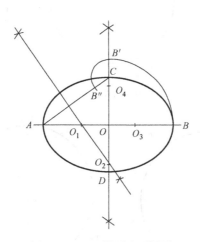

图 1-13　四心圆弧法画椭圆

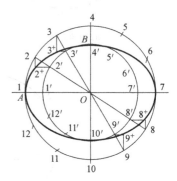

图 1-14　同心圆法画椭圆

第四节　放　　样

放样是作展开图的第一步。

前面讲到简单的计算可以解决简单构件的下料问题，但是，在实际生产中，还有很大部分构件的展开用计算是解决不了的。即便能计算出来，也是非常复杂，不方便也不实用，所以，解决这个问题的方法就是放样。何为放样呢？放样俗称放大样，顾名思义，放大样就是把图样放大了。放大的图样叫作放样。放样图是遵循机械制图正投影规律，按照已知尺寸根据需要，用 1∶1 的比例把构件主要部分图形画在地板上的图样，这个过程叫作放样。那么为什么要 1∶1 放大呢？众所周知，日常工作中所看到的图样叫施工图，它是按国家制图标准来绘制的。它有线条的粗细、实线和虚线之分，图与图之间的相对位置以及尺寸的标注都是有严格规定的，线段的长短也表示着不同的含义，不能随便画。制图的比例也不确定，为了方便看图，可以是放大比例，如 2∶1、2.5∶1、……；也可以是缩小比例，如 1∶2、1∶2.5、……。施工图的作用是传达设计意图和信息的，是给施工人员和制作者看的，而放样图是需要我们自己画出来。一般来讲，钣金工的施工图样是没有放大比例的，要么是 1∶1 的比例，要么是缩小比例，因此，我们必须把缩小了的图样，按照实际尺寸用 1∶1 的比例画在地板上。放样图根据展开原理来处理板厚，线条的粗细长短等都可以根据需要来画，也不必标注尺寸。对于各式各样构件的结构形式，以及组成构件框架的各种线条的空间相对位置和关系，只有按照 1∶1 的比例把图形画出来，才能真实地反映每根线条的实际长度和结合关系，从而准确地反映构件实形，求出构件展开所需的材料形状和尺寸大小，同时求出制作过程中所需的弯曲弧度大小和角度样板。

下面举两个例子来说明放样图的作用，如图 1-15 是圆锥体的放样图，图 1-16 是天圆地方的放样图。

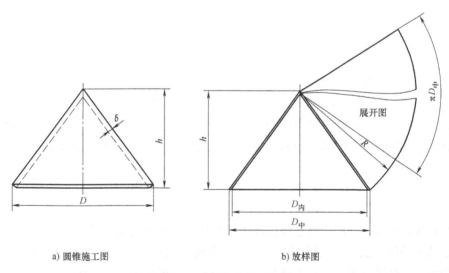

a) 圆锥施工图　　　　　　　　　　　　　b) 放样图

图 1-15　圆锥体的放样图

图 1-15a 是施工图，它反映了正圆锥体的直径、垂直高度和板材厚度等三个主要数据，根据这三个数据，我们就能制作出这个构件。但是，图样中没有给出展开半径 R 的大小，它又不是按照 1∶1 比例画的图样，因此，无法测量出 R 的尺寸。同时，它给出的是外皮直径，展开曲面体应按中径尺寸放样，所以，我们必须按照 1∶1 的比例中径尺寸画出放样图来，求出展开半径 R 的尺寸大小。两图的垂直高度也不一样，放样图的高度是根据外皮尺寸的斜度按中径画出来的。放样图中的里皮线是确定里皮顶尖处交叉点位置的。由交叉点位置反映在展开图上是切割掉顶尖部分，是为了弯曲时有利于成形。

天圆地方是流体管道中常见的过渡节，由方口变圆口同时能变径，有多种形式，图 1-16a 是它的施工图，它的主要尺寸有上口直径，下口边长和垂直高度。它的板厚处理方法是上圆口按中径放样，下方口按里皮放样，于是，按照已知尺寸和上述板厚处理方法，就可以画出放样图 1-16b。天圆地方属于不规则的曲面和平面的结合体，它的展开方法比较复杂，要想求出展开料尺寸大小和形状，在施工图上是解决不了的，用计算方法也是完成不了的，只能用 1∶1 的比例放样，把构件表面分成若干个小三角形，同时，求出构成每个小三角形边的实际长度以后，才能进行下一步的展开。

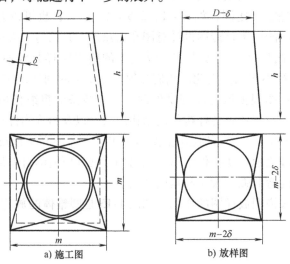

a) 施工图　　　　　　　　　b) 放样图

图 1-16　天圆地方的放样图

通过上述两例不难看出，画放样图是为了展开构件的。在图 1-15 中的放样图是可以直接画展开图的，但是，在图 1-16 中，天圆地方的放样图是不能直接作出展开图的，因为构成天圆地方形体框架的所有线条当中，有几根线条是不反映实长的，换言之，在放样图中是看不出它们在空间中的真实长度。所以，作复杂构件展开还需要解决一个问题，那就是求线段的实长。

第五节　求实长线的方法

求实长线是作展开图的主要手段，求不了实长线，展开则无法进行。

什么是实长线？就是在放样图中，线段在空间客观存在所具有的实际长度，称为实长线。我们知道，作展开图的先决条件是：必须知道组成展开图的所有线条的实际长度。任何一个放样图都是画在平面上的，因此，构件中平行投影面的线段是反映实长的，而不平行投影面的线段就不能反映实长。求实长线的方法就是要在平面的放样图上，求出空间任意位置的线段实际长度。求实长线是作展开图前一个非常重要的步骤，读者要从根本上理解求实长的基本原理和作图方法，而不是简单的模仿，否则，只能是按葫芦画瓢一味地机械照搬。如果遇到陌生的构件，将无从下手，甚至求出错误的结果。

对于初学者，求实长线是很难理解的，其实，它难就难在有一些线段在放样图中是隐藏的，没有显示出来而已，只要从根本上理解它就没有什么可难的。我们仍以天圆地方为例，如图 1-17 中的 A—1 线，如果我们用三角形法求 A—1 线实长，在俯视图中有一条垂直线 1—1′是隐藏的，它在主视图中也没有画出来。假如我们把它画在主视图上，就形成了直角三角形的一个直角边，在俯视图上又能找到三角形的三个边时，就不难理解了。求实长线的过程，是把空间任意位置的线段在平面中再现出来，它是一个立体的概念。如图 1-17 中的

AB、BC、CD、DA，四条线段是贴在地板上的，而 A—1、B—1、B—2、……到中心圆的每一条线段都是离开地面的，并且有一定高度是倾斜的。所以，求 A—1 线的实长，是由 A—1 和 1—1′两个直角边来限制斜边 A—1 线段的长度，是利用三角形的稳定性，正确的把任意倾斜线段 A—1 的长度再现出来。

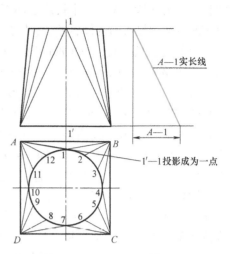

图 1-17　求实长线示意图

求实长线的方法分为三种：直角三角形法、旋转法、梯形法。

下面将分别详细介绍这三种方法。为了能更好地理解求实长线的方法，在讲这三种方法之前，我们先分析图 1-18 中的四幅图中线与投影面的关系。如图 1-18a 中，线段 MN 在主视图、左视图上都反映实长，图 1-18b 中，线段 MN 在主视图、俯视图中都反映实长，图 1-18c 中，线段 MN 只在主视图中反映实长，图 1-18d 中，则三个投影面都不反映实长。通过以上四幅图形的对比分析，可以总结出一个规律：只有当空间线段平行于某一投影面时，那么，这条线段在该投影面上才反映实长。

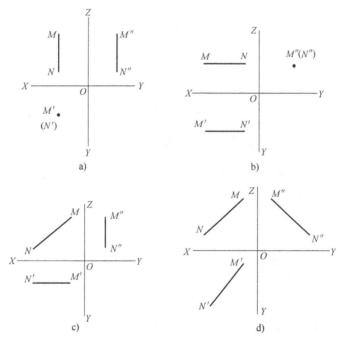

图 1-18　各种位置线段的三视图

1. 直角三角形法

为了能清楚、直观地说明三角形法求实长线的基本原理，我们把空间线段 MN 与三个投影面的关系，还原成立体状态下进行分析。如图 1-19a 中，空间有一线段 MN 与三个投影面的相对位置已定，则线段 MN 分别向三个面上的投影便一目了然，即主视图是 $m_1 n_1$，俯视图是 $m_2 n_2$，左视图上是 $m_3 n_3$。我们发现，线段 MN 在三个投影面上都不反映实长，不反映

实长是因为线段 MN 与三个投影面都不平行，存在倾斜差造成的。现在问题的关键是找出线段 MN 与某一投影面的倾斜差，（直角三角形的第一个直角边），再通过线段 MN 在另一个投影面上的投影长（直角三角形的第二个直角边），与斜边 MN 共同组成一个直角三角形，那么，斜边 MN 原来的实际长度，被这个直角三角形重现出来。

首先，过 N 点作 m_2n_2 的平行线相交 Mm_2 于 a 点，则 MaN 构成一个直角三角形，$\angle MaN = 90°$（$\angle MaN$ 和 $\angle Mm_2n_2$ 是同位角），Ma 等于线段 MN 到平面的倾斜差，它是第一个直角边，Na 是第二个直角边，线段 MN 则是斜边，就是实长。又因为 $Ma = m_1e$（Ma 平行于立面，m_1e 是 Ma 的投影），$Na = m_2n_2$（Na 平行于平面，m_2n_2 是 Na 的投影），所以，在放样图中，两个直角边都能够得到，当然能求出实长线 MN，如图 1-19b 所示。

同样，如果过 M 点作 m_1n_1 的平行线，相交 Nn_1 于 b 点，则 MbN 构成一个直角三角形，$\angle MbN = 90°$，Nb 等于线段 MN 到立面的倾斜差，它是第一个直角边，Mb 是第二个直角边，线段 MN 是斜边，就是实长。显然，$Mb = m_1n_1$，$Nb = n_2C$，利用 m_1n_1 和 n_2c 也能够求出实长，如图 1-19c 所示。根据"俯左宽相等"的原则，$Nb = n_3d$，用 m_1n_1 和 n_3d 也可以求出 MN 的实长，如图 1-19d 所示。

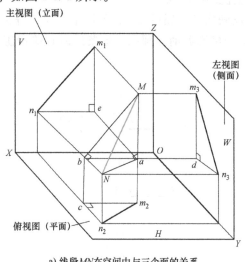

a) 线段MN在空间中与三个面的关系

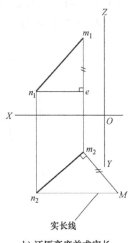

b) 还原高度差求实长

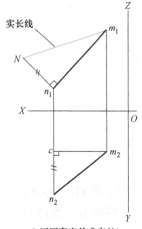

c) 还原宽度差求实长1

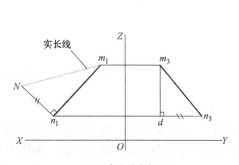

d) 还原宽度差求实长2

图 1-19　三角形法求实长

2. 旋转法

通过上面的分析和介绍，知道了空间线段 MN 在三个投影面上都不反映实长的原因，就是因为线段 MN 不平行于这三个面中的任何一个面。如果我们现在将线段 MN 旋转到平行于其中的一个面，那么，线段 MN 在该面上的投影便是实长。如图 1-20a 所示，假设以 Mm_2 为轴，使 MN 围绕 Mm_2 轴旋转至平行于立面的位置，即线段 MN'，它的俯视图投影是 N'_1m_2，是水平线但不反映实长，它的主视图投影是 $N''m_1$，就是实长线。线段 MN 的主视图投影是 m_1n_1，俯视图投影是 m_2n_2，有了这两个已知条件，就能够求出实长线，图 1-20b 是旋转法求实长线的放样图。作图步骤是：以 m_2 为圆心，以 m_2n_2 长为半径画弧至水平位置，得到 N'_1m_2，将 N'_1m_2 投影到主视图时，得到 $N''m_1$，就是实长线。

同样，如果是以 Mm_1 为轴，使 MN 围绕 Mm_1 轴旋转至平行于俯视图的位置为止，即线段 MN'，它的主视图投影是 $m_1N'_1$，是水平线但不反映实长，它的俯视图投影是 m_2N''，就是实长线，如图 1-20c 所示。把图 1-20c 改画成图 1-20d 放样图，作图步骤是：以 m_1 为圆心，以 m_1n_1 为半径画弧至水平位置，得到 $m_1N'_1$，将 $m_1N'_1$ 投到俯视图中，得到 m_2N'' 就是实长线。

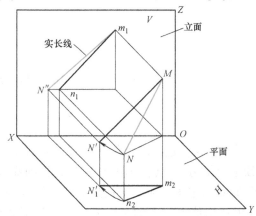

a) 线段 MN 在空间中作平行于立面的旋转变化

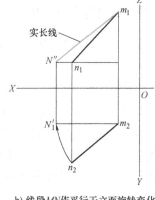

b) 线段 MN 作平行于立面旋转变化求实长

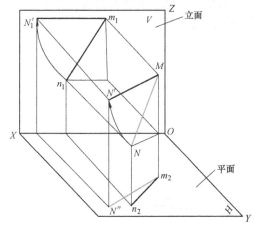

c) 线段 MN 在空间中平行于平面的旋转变化

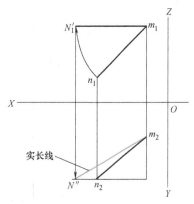

d) 线段 MN 作平行于平面旋转变化求实长

图 1-20　旋转法求实长

3. 梯形法

如图 1-21a 所示,假想用一个剖切平面将构件过轴线剖开,然后再用垂直该平面的剖面把构件剖切开若干块,所得到的每一个垂直剖切面都形成一个直角梯形,当然,每个梯形都反映了被切割处真实形状,那么,构件表面与切面形成的切割轨迹线自然保持了原来的实际长度,这就是直角梯形法求实长线的基本原理。图中的 *ABCD* 是一个剖面,*ABO'E* 是一个,*FOO'E* 又是一个,它们之间是以 *N* 字形连接,以便表面能用三角形法展开。一般情况下,剖切面之间的距离在同一个断面是相等的,这样有利于展开。图 1-21b 所示的放样图,把圆台的圆周 12 等分,过等分点作轴线的平

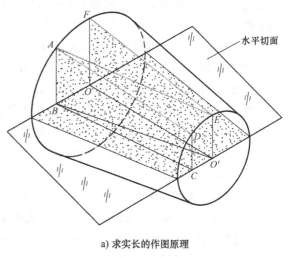

a) 求实长的作图原理

图 1-21　梯形法求实长

行线与端面相交,然后把两端交点连接起来。例如 *AF* 是等于大圆周的 $\frac{1}{12}$,*AB* ⊥ *MN*,*ED* 等于小圆周 $\frac{1}{12}$,*CD* ⊥ *ST*。

图 1-21c 是实长图,作一线段等于放样图中 *BC* 长,过两端点作垂直线,分别在大圆端截取 *b* 长和小圆端截取 *e* 长,移到两端垂直线上获得两个交点,连接两点后,得到梯形的斜边就是 *AD* 线的实长。同理可得,*BO'* 作梯形的高,*b* 长是下底,*d* 长是上底,斜边 *AE* 就是实长线。*FOO'E* 剖面可用同样方法作出。这里特别值得注意的是,无论构件的形状如何,被剖切面构成的梯形必须是直角梯形,否则就是错误的。顺便指出,*BC* 线和 *BO'* 线,还有 *OO'* 线它们的长度是不相等的,由于本图样尺寸太小,所以三条线的长度差距不大,造成三个梯形基本重合,但在实际工作中,这三条线不是一个长度。

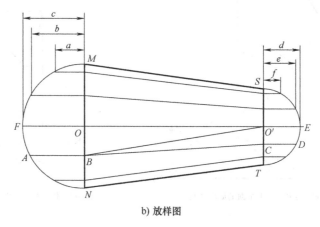

b) 放样图

图 1-21　梯形法求实长(续)

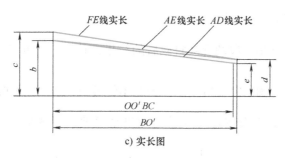

c) 实长图

图1-21 梯形法求实长（续）

最后，为了便于读者更好地运用求实长线的方法，把三种求实长线方法作一个比较：三角形法应用最广泛，它适用于所有的构件展开，它是求实长方法的核心，理解了三角形法，其他方法迎刃而解，但是，作图步骤稍麻烦一点；旋转法应用范围小，只适用于一些圆锥类、圆台类和棱锥棱台的展开，优点是作图方法简单；梯形法应用范围稍大，它适用于圆台、棱台和各种不规则的曲面展开。但是，作图步骤麻烦，它的最大优点是只需画出一个主视图就可以展开。

第六节　作展开图的方法

前面讲的基础知识都是为了作展开图做准备的，我们现在讲作展开图的方法，这里有几个概念需要先交代一下。板材的展开根据弯曲方向分为单曲面和双曲面两种，单曲面构件展开是指将板材沿着一个方向弯曲（全部正曲或反曲，或者是有正曲有反曲）；圆管方管的展开是矩形，圆锥、圆台的展开都是扇形，它们都是单曲类构件展开，属于可展开的。双曲面构件是指将板材沿着互相垂直两个方向弯曲，或者是两个弯曲方向形成一定夹角，像球体、凸面板、直纹面属于双曲面，双曲面板材严格地讲是不可展开的。但是，我们可以把构件表面分成若干小平面，然后，按照它原来的顺序没有遗漏、不重叠、不间隔地铺在平面上，就变成可以展开了，我们把这一类构件的展开叫作近似展开。

圆管从几何学角度讲可以看作是圆柱体，圆柱面是一条母线围绕和它平行的轴线回转而成，由这种运动轨迹回转而成的表面叫作回转面，由回转面构成的立体叫作回转体，回转面上任一位置的母线都称之为素线。圆锥体是一条直母线围绕和它相交的轴线回转而成，与圆柱体相同，组成圆锥体表面的所有母线都称为素线。于是，根据上述理论，为了能清楚、简便地表达作图步骤，广义地讲，我们把棱柱、棱锥的棱线和过顶点的所有直线都统称为素线。作展开图方法通常分为三种：平行线法、放射线法、三角形法，我们可以根据构件的形状特点选用不同的展开方法，下面将分别详细介绍这三种方法。

一、平行线法

回转体和棱柱体表面是由许多直素线组成的，而且这些直素线是相互平行的，如果在回转体的展开周长上或者棱柱体棱角上确定某些素线为基准线，并且按照立体表面滚动一周的顺序展开这些素线间的距离，那么，以控制素线长度为手段的展开方法叫作平行线法。我们先从简单且最具有代表性的斜截圆管展开入手，来充分理解平行线法的展开原理。

实例 1　斜截圆管的展开

如图 1-22a 所示，这是一段圆管被斜截后的结果，首先，根据已知尺寸 D、h、α、δ 画出立面放样图。

第一步：画放样图。如图 1-22b 所示。因为不铲坡口，所以按实际接触斜面放样，就是斜截管高端按里皮放样，低端按外皮放样（如果是铲坡口就按中心层放样）。画出 $\frac{1}{2}$ 断面图，即 A 端按内径画圆并且 3 等分 $\frac{1}{4}$ 圆周，B 端按外径画圆并且 3 等分 $\frac{1}{4}$ 圆周，等分点为 1~7 点，过 1~7 点作中心线的平行线，相交 AB 得交点 $1'$~$7'$，同时相交上斜截端线得到交点 $1^{\#}$~$7^{\#}$。按照中径 $D_{中}$ 计算出展开周长，并分出 12 等分。

第二步：画展开图。在 AB 的延长线上画出 13 条垂直线等于 12 等分间距，等分为 $4''$~$4''$（如果对口放在低端，等分点就应该是 $7''$~$7''$），在主视图过 $1^{\#}$、$2^{\#}$、$3^{\#}$、$4^{\#}$、…、$7^{\#}$ 各交点向右作水平线，与对应的 $4''$~$4''$ 各线相交出 4^{+}~4^{+} 交点，用平滑的曲线连接起来 4^{+}~4^{+} 各点后，即完成展开图，如图 1-22b 所示。

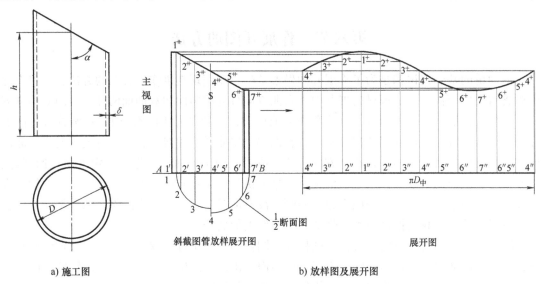

a) 施工图　　　　　　　　　　　　　　　b) 放样图及展开图

图 1-22　斜截圆管的展开

实例 2　大圆弧斜截两端面管的展开

图 1-23a 为构件施工图，根据已知尺寸 D、R_1、R_2、M、δ 画出放样图。

第一步：画放样图。如图 1-23b 所示，本例按铲 X 坡口处理板厚对口，所以按中径放样（假设按不铲坡口的板厚处理，则 a 和 d 两点按里皮处理，b 和 c 两点按外皮处理。），作 $\frac{1}{2}$ 断面图并 6 等分 1~7 点，过 1~7 点向上作中心线的平行线，与任意位置垂直线 AB 相交得到交点是 $1'$~$7'$ 各点，同时得到上下端交点为 $1^{\#}$~$7^{\#}$。

第二步：画展开图。在 AB 的延长线上作 CD 线段长等于中径的展开长，并且 12 等分，等分点为 $1''$~$7''$~$1''$，过 $1''$~$7''$~$1''$ 各点作 CD 的垂直线，以 AB 线上的 $1'$~$7'$ 点为基准，分别截取1'~1⁺上下两端长度移到展开图上是1″~1⁺和1″~1±，截取 2'~2⁺上下端长度，同样移到展开图上是2″~2⁺和2″~2±，以下用同样手段获得各点，用平滑曲线连接各点后，就完成了展开图，如图1-23b所示。

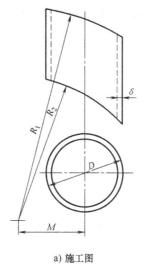

a) 施工图

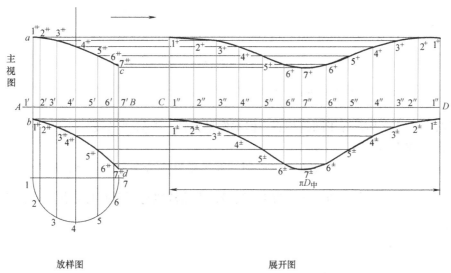

b) 放样图及展开图

图 1-23　大圆弧斜截两端面管的展开

实例3　大圆弧斜截方管的展开

这是一个大构件的局部部分，施工图如图1-24a所示，相关尺寸有 a、h、R、M、δ。

第一步：放样图。图1-24b是放样图，因为不铲坡口，故按接触部位放样处理板厚，就是说 A 边按外皮放样，B 边按里皮放样。在主视图中作 $\frac{1}{2}$ 里皮断面图，并编号为1~7，过 1~7 各点作中心线的平行线，与方管下端相交出（1'）、2'、3'、…、（7'）各点。

第二步：画展开图。在 AB 的延长线上作线段 CD 等于方管里皮展开长，并按照断面的编号顺序依次移到 *CD* 线上，各点是 1″~7″，过 1″~7″各点作 *CD* 的垂直线，与对应的 (1′)、2′、3′、…、(7′) 向右作的水平线相交得 1⁺、2⁺、3⁺、…、7⁺各点，用直线和曲线分别连接各交点，就完成展开图。

如图 1-24b 所示，本例对口是在 1~1′ 中间部位，所以展开图 1″写在首位，如果选在别处，则对口在哪个编号，哪个编号就写在第一位。

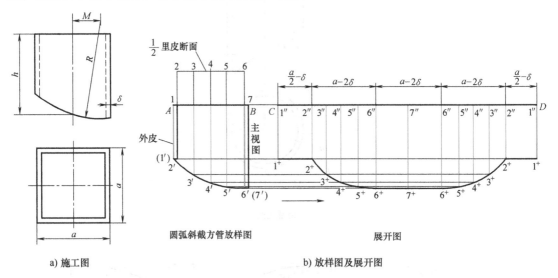

a) 施工图   b) 放样图及展开图

图 1-24   大圆弧斜截方管的展开

实例4   方管"马鞍"的展开

"马鞍"形式名称是源于圆管相交，但本例是方管，形似"马鞍"，因此得名。图 1-25a 是施工图，已知尺寸有 *a*、*h*、*δ*、*α*。

第一步：画放样图。图 1-25b 是放样图，因为是里皮接触另一构件，所以按里皮放样，在上端面 *AB* 线上作 $\frac{1}{2}$ 断面图，各点为 1、2、3，当然棱线与下端面的交点是 1′、2′、3′。

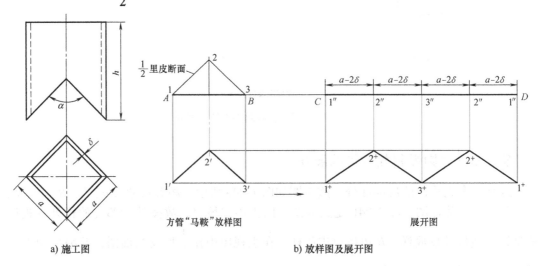

a) 施工图   b) 放样图及展开图

图 1-25   方管"马鞍"的展开

第二步：画展开图。在 AB 的延长线上作线段 CD 长等于里皮的展开长，截取 1″—2″—3″ 和 3″—2″—1″的各线段间长等断面图中的 1—2—3，首位数是 1″，是因为对口选在 1—1′，过 1″、3″、1″各点作 CD 的垂直线，与 1′~3′三点向右所作同名水平线对应相交得出 1⁺、3⁺、1⁺ 各点，用直线连接各点后便完成图 1-25b 的展开图。

实例 5　斜截挡板的展开

斜截挡板的施工图如图 1-26a 所示，已知尺寸有 a、h、M、R、r、δ、α，由于按 X 形处理对口缝，所以应该以中径放样。

第一步：画放样图。图 1-26b 是放样图。在 AB 线上端画断面图，并分出等分点 1~7，过等分点 1~7 作中心线的平行线，相交下端得到 1′~7′各点。

第二步：画展开图。在 AB 的延长线上作 CD 等于断面的展开长 l，依次截取 1″~7″各点间距等于断面图 1~7 各点的之间距离，并且过 1″~7″各点作 CD 的垂直线，与 1′~7′各点向右引水平线相交出对应点 1⁺~7⁺，即为所求的交点，用平滑曲线连接各交点则完成展开图，如图 1-26b 所示。这里需要特别注意的是，由于本例构件展开图形状不对称，所以必须按预定的正曲方向压弯，否则，将造成废品，以后其他类型的构件，只要是展开料形状不对称，都必须预先确定正反曲。

关于平行线法应用就列举这些，平行线法适用于结构简单，表面是互相平行的直素线构件展开。它应用广泛、操作简便，如果读者能熟练掌握构件的空间存在关系和展开原理，有些构件是无须放样的，可以直接计算展开料形状。但是，无论是放样还是计算，构件表面的直素线必须平行某一个投影面时，才能应用平行线法。

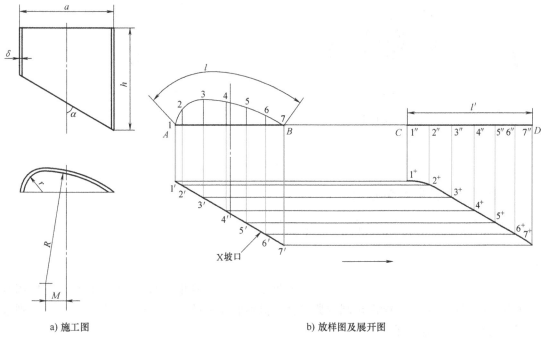

a) 施工图　　　　　　　　　　　　　b) 放样图及展开图

图 1-26　斜截挡板的展开

二、放射线法

锥体的构件表面是由许多直素线组成，而且这些直素线的一端都交汇于一点，那么，以此交点作为展开基准，向边缘扩散延伸来确定展开形状的展开方法，叫作放射线法。像各种圆锥、圆台、棱锥、棱台，都适用于这种方法。

实例6　正圆台的展开

图1-27a是一个正圆台的施工图，已知尺寸有 D、d、h、δ，根据已知尺寸画出放样图。

第一步：放样图。如图1-27b，按中径放样。按中径 AD、BC 理论线的延长线，相交得到锥体的顶点 O，于是，OA 就是展开半径线，它等于每一根素线的实长。

第二步：展开。以 O 为圆心，以 OB 长为半径画弧形，又以 OC 长为半径画弧，在大圆弧上任意取一点1作为展开基准，量取弧长等于中径 D 的周长，并且在弧上12等分与 O 连接（也可以作其他等分），那么，大圆弧上1~1各点与小圆弧上对应的各点是 $1'$~$1'$，1—$1'$—$1'$—1 的扇形部分就是圆台的展开图。

图中12等分与 O 点连线是为弯曲板材的位置线，如果不按照弯曲板材位置线方向压弯，圆台的上下口将扭曲，不能形成一个完整的圆台。

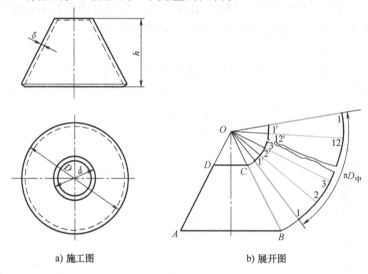

a) 施工图　　　　　b) 展开图

图1-27　正圆台的展开

实例7　斜截圆台的展开

斜圆台可分为两种，一种是由一个正圆锥被两个不垂直中心线（回转轴线）的平面斜截后的圆能，上下口的截面都呈椭圆形，叫斜截圆台；另一种是上下口是人为设定的，有圆形的，有其他不是规则的环形，但是上下口是圆形较为多见，它的回转轴线是不垂直于上下口平面的，它是一种特殊的圆台，这一种被叫作斜圆台。因此，无论哪种斜圆台，它们都有一个共同的特点，就是不能像正圆台那样直接得到展开半径，必须是每一根素线都得分别求出展开实长后，才能展开。

图1-28a是一个斜截圆台的施工图，主要尺寸有 D、h、h_1、h_2、δ、α，根据已知尺寸画出放样图。

第一步：放样图。如图1-28b所示。按中径放样，假设把一个正圆锥斜切两刀，这两刀是倾斜于平面，垂直于立面，斜切后的剩余部分是 $ABFC$。由于它是正圆锥被斜切的结果，所以应按正圆锥的展开方法进行，只是被斜切的每一根素线都需要求出实长。6 等分半圆周，得到等分点 1~7 点，1 点和 7 点是主视图和断面图的共点，故过 2~6 点向上作垂直线交圆锥底边线 1#~7# 点，连接 O 点到 1#~7# 点，相交上下斜口线于 1'~7' 和 1"~7" 各点。我们已经知道正圆锥表面的每一条素线是相等的，并且在主视图中 O~1# 等于 O~7# 是反映实长的。

第二步：求实长线。因此，过 1'~7' 各点和 1"~7" 各点分别作水平线，相交 O—7# 于 1#~7# 和 1#~7# 各点。然后以 O 为圆心，分别以 O 到 1#、…、7#，O 到 1#、…、7# 各点长为半径画弧。

第三步：展开。以 O~7# 为半径画弧，计算出大口中径的展开长，同时分出 12 等分，依次截取在大圆弧上，得到点 1~7~1 各点与 O 连线，所得的各个圆弧与放射的编号同名点是 1×~7×~1×，1××~7××~1××。1××—1××—1×—1× 所包含的部分就是斜截圆台的展开图，用平滑曲线连接即可。掌握本例展开原理的意义在于凡是涉及正圆锥构件展开时，都可灵活运用。

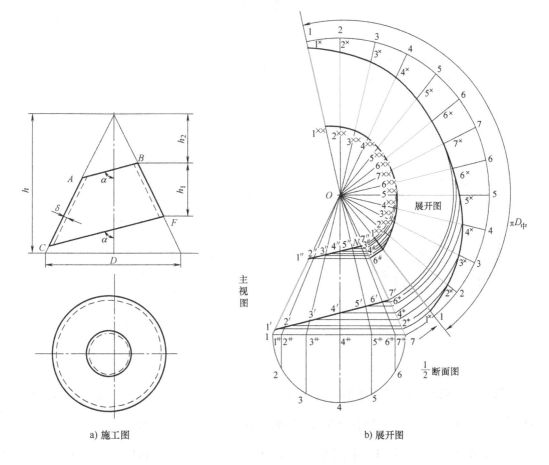

a) 施工图　　　　　　　　　　　　b) 展开图

图 1-28　斜截圆台的展开

实例 8　斜圆台的展开

根据图 1-29a 所示的已知尺寸 D、d、M、h_1、h_2、δ，画出放样图。

第一步：放样图。如图 1-29b 所示，按中径放样，这是一个大口断面为规则圆的斜圆台，所有平行于大口的水平切面都呈圆形。画 $\frac{1}{2}$ 断面图并且 6 等分半圆周，等分点为 1~7，为了分清投影线与实长线的关系，本例画出投影线，俯视图是 O' 到 1~7，主视图是 O 到俯视图各编号的垂足（末注符号）。

第二步：求实长线。旋转法，以 O' 为圆心，分别以 O'—2、…、O'—6 为半径画弧，相交水平线于 $2'$~$6'$，连接 O 点到 $2'$~$6'$ 各点，与上平面的主视图投影交于 $2''$~$6''$ 各点，则 $2'$—$2''$~$6'$—$6''$ 等线为实长，1—$1''$、7—$7''$ 两条线本来已反映实长，不用另求。

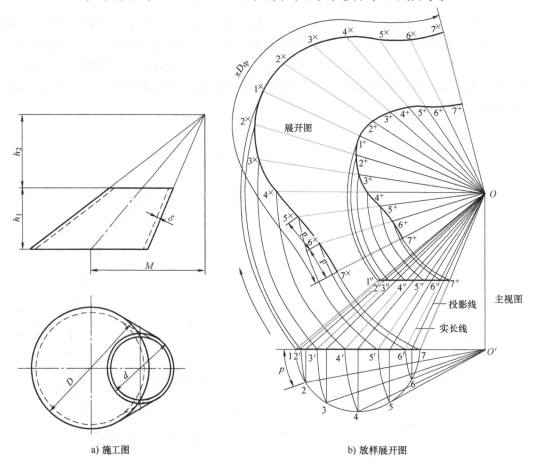

a) 施工图　　　　　　　　　　　b) 放样展开图

图 1-29　斜圆台的展开

第三步：展开。以 O 点为圆心，分别以 O—1、O—$2'$、…、O—7 为半径和以 O—$1''$、O—$2''$、O—$3''$、…、O—$7''$ 为半径画同心圆弧，在 O—7 圆弧上任取一点为 $7^{\times}$，以俯视图 $\frac{1}{12}$ 圆周的定长 P 为半径，以 $7^{\times}$ 为圆心画弧相交 O—$6'$ 弧得交点 $6^{\times}$。再以 $6^{\times}$ 为圆心，仍用 P 长为半径画弧相交于 O—$5'$ 弧得 $5^{\times}$ 点，以此类推得到各点，最后画出另一边的 $7^{\times}$ 点，连接 O 点到 $7^{\times}$~$1^{\times}$~$7^{\times}$ 各点，与上口的 O—$1''$、O—$2''$、O—$3''$、…、O—$7''$ 圆弧相交得对应交点为 7^{+}~1^{+}~7^{+}，用平滑的曲线连接各点后，即完成展开图。

在实际生产工作中，无须画出投影线，只画出实长线即可，但小口不是水平面的除外。

预定将板缝放在哪条线上，就把这条线的点放在第一条（本例为 7 点），为了制作方便和节约板材，可根据实际情况把它做成对称的两块。上下边分别加上适当的余料，待压制组对成形后再修平上下口，以弥补作图放样、切割、压制等环节所产生的误差。

实例 9　曲面斜截四棱台的展开

棱台就是由对称棱角和梯形平面组成的构件，它是棱锥被截切后的产物，它具有几个棱就叫作几棱台，如三棱台、四棱台、五棱台等。无论是几棱台，它们的展开方法都是一样的，通常都是采用放射线法展开比较方便快捷。如果是像正四棱台那样的构件，无须画放样图，只要根据施工图给出的尺寸计算和处理板厚之后，就可以直接作出样板。但是，工程上有很多棱台是不规则的，它是被某个面截取后的结果，类似这种构件就必须画出放样图后，才能进行展开。

如图 1-30a 所示，这是一个上口断面为矩形且相邻的两个面锥度不一致，下口又被曲面截取后的特殊四棱台。具体的作图步骤如下：根据已知尺寸 m、n、J、I、h、h_1、R、δ 画出放样图。

第一步：放样图。如图 1-30b 所示，按里皮放样，在主视图上延长 AM、BN 相交于 O 点，由于下口被一个圆弧面截切，所以必须作几条辅助线。在主视图中 4 等分 AB 边，等分点为 A、1、2、3、B，另外加一个起始点 e，过 e 点以及 1、2、3 点向俯视图作垂线，相交 FE 于 1#、2#、3# 和棱线上 g 点。连接 O'—1#、O'—2#、O'—3#，为三条辅助线在俯视图上的投影长。

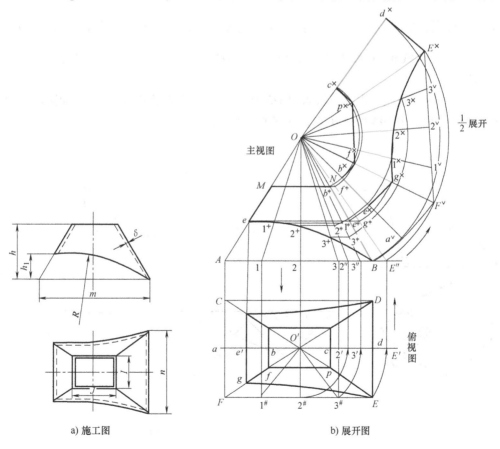

a) 施工图　　　　　　　　　　　　　b) 展开图

图 1-30　曲面斜截四棱台的展开

第二步：求实长线。旋转法，以 O' 为圆心，分别以 $2^\#$、$3^\#$、E 到 O' 的长为半径画弧，相交于水平中心线上是 $2'$、$3'$、E' 三点，过这三点向主视图作垂线交 AB 于 $2''$、$3''$、E'' 三点，连接 O 和 $2''$、$3''$、E'' 三点，则 $O—2''$、$O—3''$、$O—E''$ 为实长线，MN 的延长线交 OE'' 于 $f^\#$，$Of^\#$ 是小口 $O'f$ 的实长。$Ob^\#$ 是小口 $O'b$ 的实长线。过 e 点作水平线交 OE'' 于 $g^\#$，OB 于 $e^\#$ 点，过 1^+ 点作水平线相交于 $O—3''$ 为 $1^\#$，过 2^+ 点作水平线相交于 $O—2''$ 为 $2^\#$，过 3^+ 点作水平线相交于 $O—3''$ 为 $3^\#$，以上就是 $e^\#$、$g^\#$、$1^\#$、$2^\#$、$3^\#$ 五点的实长线。

第三步：展开图。以 O 点为圆心，分别以 OE''、OB、$Oe^\#$、$Og^\#$、$O—1^\#$、$O—2^\#$、$O—3^\#$、$Ob^\#$、$Of^\#$ 长为半径画同心圆弧，在 OB 为半径的圆弧上任意取一点为 $a^\vee$ 作为圆心，以俯视图中 aF 长为半径画弧，相交圆弧于 $F^\vee$ 点。$F^\vee E^\times$ 等于俯视图中的 FE，$E^\times d^\times$ 等于 Ed。连接 $F^\vee E^\times$，截取 $F^\vee—1^\vee$、$1^\vee—2^\vee$、$2^\vee—3^\vee$、$3^\vee—E^\times$ 等于俯视图中 $F—1^\#$、$1^\#—2^\#$、$2^\#—3^\#$、$3^\#—E$，得到 $1^\vee \sim 3^\vee$ 三点。连接 $Oa^\vee$、$OF^\vee$、$O—1^\vee$、$\cdots$、$Od^\times$ 所有线段，在对应圆弧上的同名点相交出 $b^\times$、$f^\times$、$p^\times$、$c^\times$、$e^\times$、$g^\times$、$1^\times$、$2^\times$、$3^\times$ 各点，则 $b^\times$、$f^\times$、$p^\times$、$c^\times$、$d^\times$、$E^\times$、$3^\times$、$2^\times$、$1^\times$、$g^\times$、$e^\times$ 所包括的部分就是 $\frac{1}{2}$ 展开图。

实例 10　斜四棱台的展开

第一步：放样图。这是一个斜四棱台，如图 1-31a 所示，根据已知尺寸 m、n、y、h、δ、画出放样图，如图 1-31b，因为构件简单又是轴对称，所以俯视图只画 $\frac{1}{2}$ 是为了减少工作量。首先延长 AA' 线和 CC' 线得到 O 点和 O' 点，OA 和 OC 在主视图都反映实长，只需求出 OB' 的实长线。

第二步：求实长线。用旋转法求出 OB' 的实长线。在俯视图中，以 O' 为圆心，以 $O'B$ 为半径画弧，相交水平线得到 $B^\#$ 点，连接 $OB^\#$ 即实长。

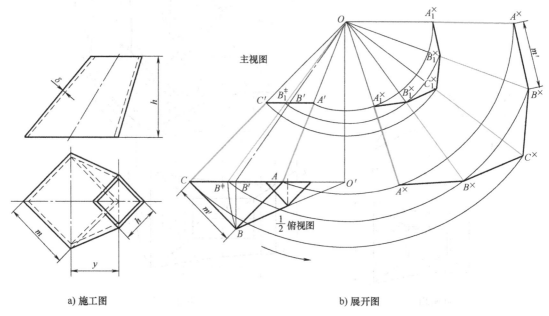

a) 施工图　　　　　　　　　　　　b) 展开图

图 1-31　斜四棱台的展开

第三步：展开图。以 O 为圆心，分别以 OA、OB^+、OC、OC'、OB_1^+、OA' 长为半径画同心圆弧，在 OC 弧上任取一点为 $C^\times$，以 $C^\times$ 为圆心，截取俯视图 BC 长为半径画弧，相交于 $O \sim B^+$ 弧线上得到两个 $B^\times$ 点。再以 $B^\times$ 为圆心，仍然以 BC 长为半径画弧相交于 OA 弧线，得到两个 $A^\times$ 点。连接 O 与 $A^\times$、$B^\times$、$C^\times$ 各点，与小口同名放射线对应相交得到 $A_1^\times$、$B_1^\times$、$C_1^\times$ 各点，用直线连接各点后，则 $A^\times A_1^\times A_1^\times A^\times$ 所包括的部分即为展开图。

关于放射线法的展开原理就列举这些，放射线法应用场合较多，它适用于所有锥体类构件的展开。无论构件怎么千变万化，但是，它展开的基本原理是不变的，正所谓万变不离其宗。应用放射线法的先决条件是：锥体的中心线必须平行于某一个投影面，然后，求出锥体表面素线的实长，以顶点为基准来控制构件的展开形状，从而方便简捷地作出展开图。

三、三角形法

利用三角形具有稳定性的特点，把由若干素线组成的构件表面，根据需要按照顺序、无重叠、无遗漏地排列分割，然后求出所有三角形每一个边的空间实长，并且，按照原来排列分割顺序，依次铺平在平面上的展开方法，叫作三角形法。像天圆地方这样的异形口构件，尤其是斜天圆地方等不规则构件，用平行线法和放射线法是不可能展开的，必须采用另一种方法——三角形法。下面将举例来详细说明三角形法的展开方法和步骤。

实例 11　天圆地方的展开

第一步：放样图。图 1-32a 所示是天圆地方的施工图，根据已知尺寸 m、h、D、δ 作出放样图，如图 1-32b 所示，上口是圆形应按中径放样，下口是方形，当然是以里尺寸放样。6 等分俯视图半圆周（12 等分圆周），编号为 1~7 各点，连接 1~7 各点到 F、E 的线段，即完成俯视图的表面分割（俯视图只画 $\dfrac{1}{2}$）。将俯视图的 1~7 点投向主视图就得到 $1' \sim 7'$ 点，连接得 A—$1'$、A—$2'$、A—$3'$、$\cdots$、D—$7'$ 各线段，就完成了主视图各个小三角形的投影边长。

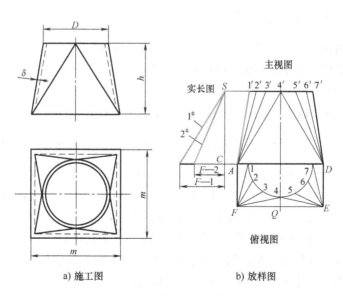

a) 施工图　　　　　b) 放样图

图 1-32　天圆地方的展开

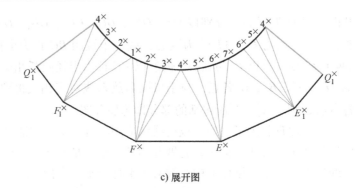

c) 展开图

图 1-32　天圆地方的展开（续）

第二步：求实长线。在主视图 CD 和 $1'—7'$ 的延长线上作垂直线 SC，SC 是三角形法求实长的一个直角边的投影高，截取 $F—1$ 长到实长图与 SC 组成一个直角三角形，于是 1^+ 就是斜边实长。同样，截取 $F—2$ 长与 SC 又组成一个三角形，则 2^+ 就是斜边实长线。其他各线实长无须再求；因为 $F—1=F—4=E—4=E—7$，$F—2=F—3=E—5=E—6$。

第三步：展开图。作线段 $F^×E^×$ 等于俯视图 FE，分别以 $F^×$、$E^×$ 为圆心，以 1^+ 长为半径画弧相交于 $4^×$ 点。以俯视图 $3—4$ 的弧长为半径（中径周长的 $\frac{1}{12}$ 长为半径），以 $4^×$ 点为圆心画弧，再分别以 $F^×$、$E^×$ 两点为圆心，以 2^+ 长为半径画弧相交得 $3^×$、$5^×$ 点。然后以 $F^×$ 为圆心，以 2^+ 长为半径画弧，与俯视图 $3—4$ 弧长为半径，以 $3^×$ 为圆心画弧相交得出 $2^×$。以下用同样方法作出所有小三角形交点。图中展开对口缝选定在 Q 点到 4 点之间线段的对称部位（未画俯视图的部分），显然，$Q_1^×—4^×$ 的长度等于 $D—7'$（因为 $A—1=Q—4=D—7$）。另外，在实际工作中，可根据构件大小和制作方便等因素来决定展开全部或者是 $\frac{1}{2}$，一般是由两块板料组对而成。

实例 12　斜天圆地方的展开

通过上例天圆地方展开基础，再来看一下本例斜天圆地方的展开，通过两例的比较，能从中真正理解三角形法求实长和展开的原理。这是一个上口呈水平状，下口呈倾斜状的天圆地方，如图 1-33a 所示。

第一步：放样图。根据已知尺寸 m、h、h_1、D、δ，画出放样图如图 1-33b 所示，上口是圆形按中径放样，下口是方形按里皮放样。由于此构件是前后对称，所以俯视图可以画 $\frac{1}{2}$。6 等分半圆周，等分点为 1~7，并且连接 $F—1$、$F—2$、$F—3$、…、$E—7$。过等分点 1~7 点投影于主视图，得 $1'~7'$，连接 $A—1'$、$A—2'$、$A—3'$、…、$D—7'$ 后，即完成斜天圆地方的表面分割。

第二步：求实长线。在 $1'—7'$ 线上作延长线，将 AQ 线延长，并作垂线 SC。过 D 点作 SC 的垂直线得点 D'，则 SD' 是 D 到 $4'~7'$ 一组三角形求实长的直角边，SC 是 A 到 $1'~4'$ 另一组三角形求实长的直角边。截取俯视图中 $F—1$、$F—2$ 的长度移到实长图上，作为求实长的三角形另一直角边，那么，1^+、2^+、6^+、7^+ 就是实长线。其余不用求，因为 $F—1=F—4=E—4=E—7$，$F—2=F—3=E—5=E—6$。

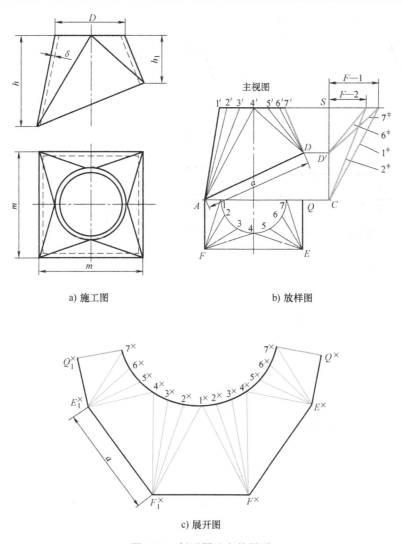

a) 施工图　　　　　　　　　　　b) 放样图

c) 展开图

图 1-33　斜天圆地方的展开

第三步：展开图。截取线段 $F_1^\times F^\times$ 等于俯视图 $A—F$ 的 2 倍长，分别以 $F_1^\times$、$F^\times$ 为圆心，以 1^+ 长为半径画弧相交 $1^\times$ 点。仍以 $F_1^\times$、$F^\times$ 为圆心，以 2^+ 长为半径画弧，与以 $1^\times$ 为圆心，$\frac{1}{12}$ 中径周长为半径画弧，相交得出 $2^\times$、$3^\times$ 点。仍以 $F_1^\times$、$F^\times$ 为圆心，以 1^+ 长为半径画弧，与 $3^\times$ 为圆心，$\frac{1}{12}$ 半径周长为半径画弧相交 $4^\times$ 点。还以 $F_1^\times$、$F^\times$ 为圆心，以主视图中 a 长为半径画弧，与以 $4^\times$ 为圆心，以 7^+ 长为半径画弧相交 $E_1^\times$ 和 $E^\times$ 两点。以下以同样手段获得各点，$Q_1^\times—7^\times = Q^\times—7^\times = D—7'$，用平滑曲和直线分别连接各点，即完成展开图。

实例 13　圆角过渡矩形倾斜管的展开

第一步：放样图。这是一个两个方向同时倾斜的圆角过渡矩形连接管，根据图 1-34a 已知尺寸 m、h、a、b、r、δ 作出放样图如图 1-34b 所示，中皮放样。分别 2 等分 4 个圆角，等分点为 1~12，下口等分点是 1'~12'。同时连接各等分点之间的对角线，此时构件表面的小三角形分割完毕。

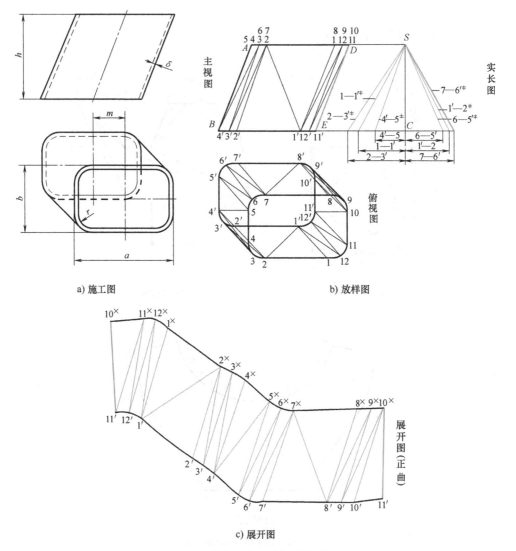

a) 施工图　　　　　　　　　　b) 放样图

c) 展开图

图 1-34　圆角过渡矩形倾斜管的展开

第二步：求实长线。在主视图中作 AD、BE 的延长线，作垂线 SC，则 SC 就是投影高，也就是所有小三角形的一个直角边，而另一个直角边在平面，它们是不相等的。分别截取俯视图上的 1—1′、1′—2、2—3′、4′—5、6—5′、7—6′长度到实长图上，连接 S 点到各线段的端点，那么，1—1′┼、1′—2┼、2—3′┼、4′—5┼、6—5′┼、7—6′┼就是所求的实长线，剩余的线不用求，因为 1—1′ = 2—2′ = 3—3′ = 4—4′ = ⋯，1′—2 = 7—8′，2—3′ = 3—4′ = 8′—9 = 9′—10，6—5′ = 12′—11，7—6′ = 1′—12。

第三步：展开图。作线段 7′—8′等于俯视图中的 7′—8′，以 7′点为圆心，以实长线 1—1′┼长为半径画弧，与以 8′为圆心，实长线 1′—2┼长为半径所画弧相交 7×点。以 7×点为圆心，俯视图中 7—8 长作半径画弧，与以 8′为圆心，实长线 1—1′┼长为半径画弧相交 8×点。以 8×点为圆心，俯视图 8—9 间的弧长展开作半径画弧，与以 8′点为圆心，实长线 2—3′┼长为半径所画弧相交 9×点。再以 9×点为圆心，实长线 1—1′┼长为半径画弧，与以 8′点为圆心，俯视图 8′—9′间的弧长展开作半径画弧相交 9′点。以下用同样方法作出右边各点，然后，用同样方法作出左边各点。本例对口缝选定在 10—11′，10—11′线段的实长为立面图中的 DE 长。但应该注意，像这种不对称的构件必须全部展开，同时，为了制作方便考虑，可以作成两块对接，对口缝选在小平面的中间，即 4—5 和 10—11 的中间，本例为正曲。

实例 14　异形曲面台的展开

这是一个异形曲面构成的斜圆台，它既不是斜截圆台，又不是斜圆台，它的上口是规则圆形，下口是倾斜于轴线的规则圆形。它的上下口可以是规则圆形，也可以是椭圆形，还可以是其他任意形状的环形曲线。总之，只要是需要，可以作出任何形状的构件。

第一步：放样图。根据施工图 1-35a 给出的已知尺寸 D、d、h、α、α_1、δ，我们画出放样图，如图 1-35b 所示，因为是梯形法求实长，所以只画主视图和两端断面图即可。6 等分小口 $\frac{1}{2}$ 断面图，等分点为 1~7，过 2~6 点作 AD 的垂直线，得到交点 2^+~6^+。作大口 $\frac{1}{2}$ 断面 6 等分，等分点为 1′~7′，同样，过 2′~6′ 点作 BC 的垂直线，得到各点是 2″~6″。用直线连接 1″—2^+、2″—2^+、2″—3^+、3″—3^+、…、6″—7^+，至此，完成了构件表面的小三角形分割。

第二步：求实长线。梯形法求实长。如图 1-35c 和图 1-35d 所示，作两组垂线 EF 和 GH，在 EF 线上截取 2^+—1″、3^+—2″、4^+—3″、5^+—4″、6^+—5″、7^+—6″，在 EF 的垂直线上截取 a、b、c 等于小口断面 a、b、c，在它的同方向各线上截取 d、e、f 等于大口断面 d、e、f，对照主视图各线的编号对应连接各线，便得到实长线 2—1^+、3—2^+、…、7—6^+。在 GH 线上截取 2^+—2″、3^+—3″、…、6^+—6″，在 GH 的垂直线上取 a、b、c 等于小口断面 a、b、c，在它的同方向各线上截取 d、e、f 等于大口断面 d、e、f，对照主视图各线的编号对应连接各线，便得到 2—2^+、3—3^+、…、6—6^+ 的实长。本例是为了压缩版面将实长图画成这种形式，在实际工作中还可以画出其他形式，原则是遵循梯形法的规律，减少工作量，尽量避免线条交叉重合，使图面清晰。

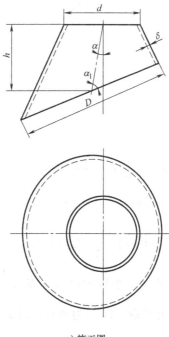

a) 施工图

图 1-35　异形曲面台的展开

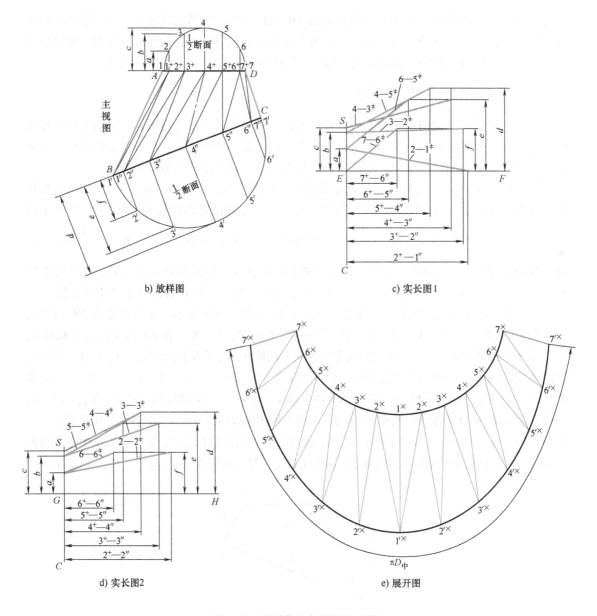

b) 放样图

c) 实长图1

d) 实长图2

e) 展开图

图 1-35 异形曲面台的展开（续）

第三步：展开图。如图 1-35e 所示作一线段 $1^\times$—$1'^\times$ 等于主视图中的 1—$1'$，以 $1^\times$ 为圆心，小口中径展开周长的 $\frac{1}{12}$ 为半径画弧，与以 $1'^\times$ 为圆心，实长线 2—1^+ 为半径所画弧相交 $2^\times$ 点。以 $1'^\times$ 为圆心，以大口中径展开周长 $\frac{1}{12}$ 为半径画弧，与以 $2^\times$ 为圆心，实长线 2—2^+ 为半径所画弧相交 $2'^\times$ 点。以 $2^\times$ 为圆心，以小口中径展开周长 $\frac{1}{12}$ 为半径画弧，与以 $2'^\times$ 为圆心，以实长线 3—2^+ 为半径所画弧相交 $3^\times$ 点。以 $3^\times$ 为圆心，以实长线 3—3^+ 为半径画弧，与以 $2'^\times$ 为圆心，以大口中径周长 $\frac{1}{12}$ 为半径所画弧，相交 $3'^\times$ 点。以下用同样方法作出所有交点，

立面图中 AB、CD 是反映实长的，即：展开图中 $7'^{×}$—$7^{×}$ 等于立面图中 7—$7'$。用曲线光顺各点后，连接起来即得出所求展开图。这是一个对称构件，因此没有正反曲之分。

实例 15　腰圆异形口过渡节的展开

这是一个由腰圆变异形曲面锥体过渡节，类似这种形式的构件，用三角形法展开是最合适的，而且只能三角形法展开。因为是对称结构件，所以主视图和俯视图都画一半，展开图也作一半，但现在展开图是反曲的，而这个展开样板画另一半是正曲的。

第一步：放样图。根据图 1-36a 的已知尺寸 a、b、h、p、r、R、m、n、δ 画出放样图，如图 1-36b 所示。将构件表面分割出多个小三角形，分别 3 等分上、下口的过渡圆弧，上口等分点是 $1 \sim 8$，下口等分点是 $1' \sim 8'$ 和 Z，用直线连接各点后，投影到主视图上是 $1'' \sim 8''$、Z' 和 $1^+ \sim 8^+$。

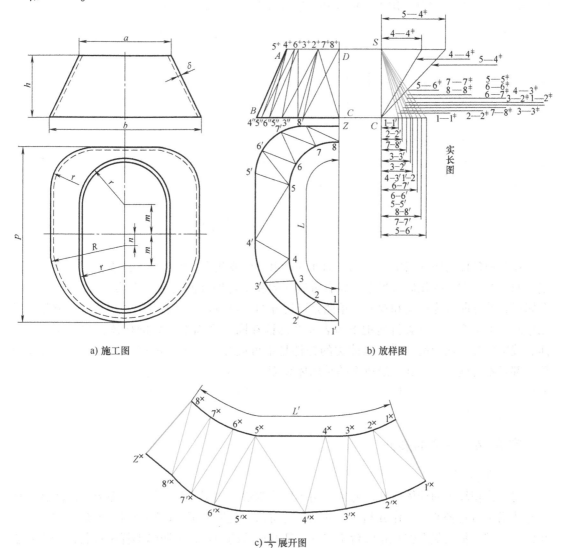

a) 施工图　　　　　　　　　　　　　　　　b) 放样图

c) $\dfrac{1}{2}$ 展开图

图 1-36　腰圆异形口过渡节的展开

第二步：求实长线。在 AD 和 BC 的延长线上，作垂直线 SC。在 SC 的右侧分别截取 1—1′、2—2′、…、8—8′等于俯视图 1—1′、2—2′、…、8—8′，截取 1′—2、2′—3、…、7—8′等于俯视图 1′—2、2′—3、…、7—8′，于是，连接各点与 S 点得线段 1—1⁺、2—2⁺、…、8—8⁺、1—2⁺、2—3⁺、3—4⁺、…、7—8⁺就是实长线。

第三步：展开图。如图 1-36c 所示画一水平线段 5′ˣ—4′ˣ等于俯视图 4′—5′，以 5′ˣ为圆心，实长线 5—5⁺为半径画弧，与以 4′ˣ为圆心，实长线 5—4⁺为半径所画弧，相交 5ˣ点。以 5ˣ为圆心，实长线 5—6⁺作半径画弧，与以 5′ˣ为圆心，俯视图 5′~6′弧展开长为半径所画弧，交点为 6′ˣ。以 6′ˣ为圆心，实长线 6—6⁺为半径画弧，与以 5ˣ为圆心，俯视图 5~6 弧展开长为半径所画弧，交点为 6ˣ。以 6ˣ点为圆心，实长线 6—7⁺为半径画弧，与以 6′ˣ为圆心，俯视图 6′—7′弧展开长作半径所画弧，交点为 7′ˣ。以下用同样方法求出所有交点，即 1ˣ—8ˣ—Zˣ—1′ˣ所包含部分，用平滑曲线和直连接各点，便得到 $\frac{1}{2}$ 展开图。

关于构件展开的方法就列举这些，常用的方法基本就是这三种。在这三种展开方法中，放射法的应用范围较小，它只限于锥体类构件的展开，作图步骤也较复杂。但它是其他两种方法所不可取代的，就针对锥体类构件展开而言，用放射线展开法是快捷准确的。其次是平行线法，平行线法应用很广，它适用于所有表面呈平行素线构件的展开，并且作图方法简单易懂。三角形展开法可以说是万能的，它能展开所有的构件。但是，它的作图步骤复杂，它适用于多面体和不规则形状复杂的构件展开。如果用三角形法去展开筒体类或者锥体类构件，很显然是不合适的，因为它的展开步骤不如其他两种方法简单。总之，三种方法各有优点，也各有缺点，它们是不能互相取代的。

第七节　近似展开

在各种各样的构件当中，都无一例外的是由一个或几个几何形体，或者是部分几何形体组合而成的。在这些几何体当中，就有可展开和不可展开的之分。由第六节的介绍可知，金属板材的弯曲分为单曲和双曲，单曲是可展开的，双曲是不可展开的。可展开的就是可以无遗漏、不重叠、没有皱折地把形体表面全部铺在同一平面上，像圆柱体、圆锥体、棱柱体、棱锥体等。从理论上讲，双曲类的构件是不可展开的。像球体表面，螺旋面、直纹面等，都是不可展开的，其中最典型的是球体表面。把不可展开的形体表面分割成若干小块，然后，把每个小块近似看作是一个小平面，把它们依次铺平开，组成一个大的平面，完成展开，也就是近似展开。

实例 16　球体的展开

1. 环形分割法

对于体积较小的球体展开，通常采用环形分割法，如图 1-37a 所示。环形分割法就是把半球体沿平行直径的方向作分割线，分割后的每部分就形成了封闭环形带。然后，把每个封闭的环形带，都近似看作是正圆台来展开，把制作后的圆台，按照弧形样板进行锤击或者胎压成形。最后，把几个成形的圆台和一个圆封头组合在一起，就完成了半圆球的展开制作。

图 1-37a 中封头 4 的直径一般约取直径 D 的 $\frac{1}{3}$，其他的弧长部分 ABCD 是等分的，等分

的多少视球体的大小和板厚而定，确定等分点后，延长两点与中心线相交得出圆台的展开半径，于是按正圆台的步骤展开即可。例如，连接 BC 两点射线相交中心线得到 O_2，连接两点时，有的是按切线的部分连接的。一般都采用冷制的方法制作，直径在 0.3～2m 之间都适用。图1-37b 所示的是圆台 1、2、3 的展开图。

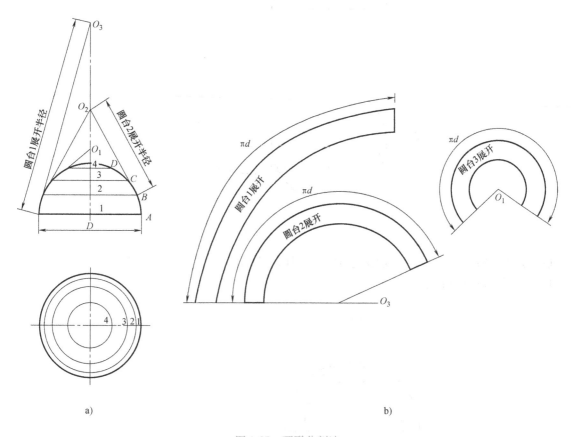

a)　　　　　　　　　　　　　　　　b)

图 1-37　环形分割法

2. 径向分割法

如图 1-38 所示，在俯视图中把半球体分成 6 等分（根据直径大小等分数可变），这种分法通常叫作"西瓜瓣"。有的时候为了防止焊缝过于集中，在顶点 O 处也增加一个封头，直径约为 D 的 $\frac{1}{3}$ 的圆形（图中未画）。

在主视图中，把 $\frac{1}{6}$ 瓣的中心线分成 3 等分，将 O～3 点投到俯视图中，与相贯线 O'C 相交得 1'～3'点，用平行线法展开即可。稍加余料，如果有圆形封头，则瓜瓣展开料的顶点应割去一部分。然后，按照弧形样板进行锤击或胎压成形，重新画线割掉余料部分，最后，组对在一起就形成半球体。

3. 综合分割法

对于更大的球体而言，因受板材幅度和加工双曲度大弧度困难等因素限制，通常采用以上两种方法的综合形式。如图 1-39 所示，这种方法是将球体的各层次分瓣，分别展开后，加上适当的余料，用胎模压制而成。将呈双曲度弧形板用立体样板（俗称盒子）进行二次

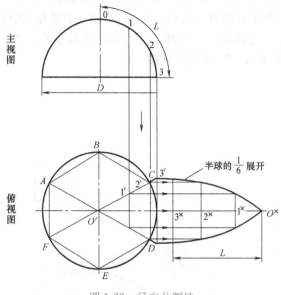

图 1-38 径向分割法

画线去掉余料，然后，分层支胎组对完成。压制成形的方法可以是冷制，也可以是加热压制，视板厚及材质而定。

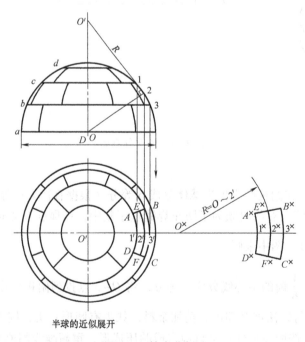

半球的近似展开

图 1-39 综合分割法

展开方法：以俯视图中的一块 $ABCD$ 为例说明，首先分瓣，在主视图中确定封头的直径约为 $\dfrac{D}{3}$。然后分层，$\overset{\frown}{ab} = \overset{\frown}{bc} = \overset{\frown}{cd}$，分层数的多少视球体的大小而定，俯视图以焊缝错开的原则分瓣，分瓣的数量也不确定。取展开图 $O^\times$—$1^\times$ 等于主视图 O'—1，以 $O^\times$ 为圆心，以 $O^\times$—$1^\times$ 为半径画弧，取展开图 $1^×$—$2^×$—$3^×$弧等于主视图 1—2—3，以 $O^×$为圆心画同心圆弧，在平面圆中截取 A—$1'$、$1'$—D、$2'$—E、$2'$—F、……，到展开图同名端将各点连接起来即完成展开。各层都是如此。

此处只作一条辅助线 EF，如果实际操作时，还应增加几条辅助线，然后将展开料加上适当的余料进压制，如果是批量生产，可多次压制成形后，逐渐修正展开图形。

4. 椭圆形封头的展开

说到球体的展开，就不能不说到椭圆形封头的展开，因为椭圆形封头是制造压力容器罐体封头采用最多的一种形式，称为椭圆形封头，是因为它的侧断面为椭圆形，如图 1-40 所示。它的展开比较简单，封头的展开是一个整圆形，展开料直径可直接计算获得。用胎模加热压制成形。

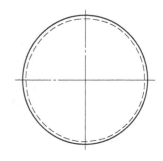

$$D = 1.2\phi + 2h$$

式中　D——展开直径；

　　　ϕ——罐体内径；

　　　h——封头直边（25mm 以上）。

图 1-40　椭圆形封头的展开

实例 17　直纹螺旋面板的展开

绞龙是输送散状物质的机械，它属于直纹螺旋面，也是不可展开的，但是，可以近似展开。

绞龙的展开方法有多种，这里只讲两种作图和一种计算方法，如图 1-41a 所示，这是第一种方法，也是典型展开方法，通过作图法展开能了解原理，但比较麻烦。

第一步：第一种作图。根据已知尺寸导程 B、外径 D、内径 d，画出主视和俯视图。首先把一个导程的叶片分成12块进行展开。在主视图中把导程 B 作12等分，等分点是 1~7~1，过各等分点作水平线。在俯视图中作外径12等分，等分点是 1~7~1，连接 O 与各线段，得出内径 $1'$~$7'$~$1'$各等分点。过内外圆等分点作垂直线，与水平线 1~7~1 同名点相交，得内外圆叶片的立面投影 1^+~1^+和$1^#$~$1^#$各点，用平滑曲线连接起来，即完成放样图。

第二步：求实长线。以上作图的目的就是把导程 B 一周的叶片平均分成12个小梯形，然后展开这12个小梯形。俯视图中，只有 e 反映实长，a、b、c 都不反映实长，在主视图 1~2 之间为 a、b、c 的投影高。在 1—2 的延长线上作一垂直线，截取俯视图中 a、b、c 到实长图上，得到实长线 $a^ˇ$、$b^ˇ$、$c^ˇ$。

第三步：展开图。如图 1-41b 所示，截取 $1^×$—$1'^×$等于俯视图 1—$1'$长，以 $1'^×$为圆心，实长线 $c^ˇ$长为半径画弧，与以 $1^×$为圆心，实长线 $b^ˇ$长为半径所画弧，相交得 $2'^×$点。以 $2'^×$点为圆心，再以 e 长为半径画弧，与以 $1^×$为圆心，实长线 $a^ˇ$为半径所画弧相交得 $2^×$点，即完成了一个小梯形的展开。以下用同样的方法完成后 11 个小梯形的展开。这个结果也就是延长 $1^×$—$1'^×$和 $2^×$—$2'^×$得交点 $O^×$，再以 $O^×$为圆心，以 $O^×$—$1^×$为半径画弧，再以 $a^ˇ$长在圆弧上截取 12 次，即完成了展开图。

第二种作图是用简便方法展开绞龙。在图 1-42a 中 $AE \perp EC$，AE 等于导程 B，EB 等于内径投影周长，EC 等于外径投影周长，则 AB 就是内圈螺旋线的展开长，AC 就是外围螺旋的展开长。

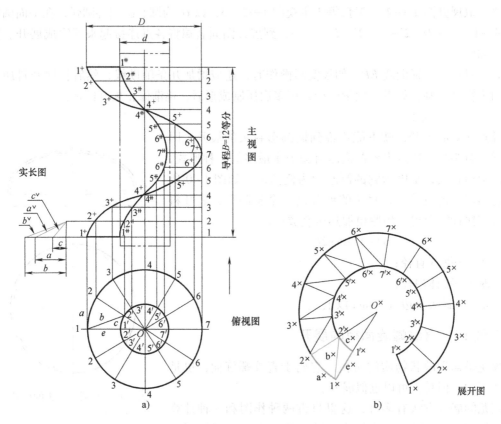

实长图

主视图

导程B=12等分

俯视图

a)

展开图

b)

图 1-41 直纹螺旋面板的展开 1

展开图：如图 1-42b 所示，用 $\dfrac{AC}{2}$ 作下底，$\dfrac{AB}{2}$ 作上底，叶宽 e 作高，画一个直角梯形，延长斜边与高的射线，相交得出 $O^×$ 点。以 $O^×$ 为圆心，分别以 $O^×$—n、$O^×$—m 为半径画同心圆弧，截取外圆弧长等于展开长 L，内圆弧展开等于 l，连接 $O^×$ 和 FG，即完成展开图。

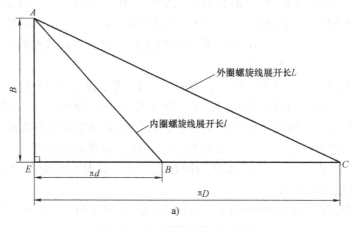

外圈螺旋线展开长L

内圈螺旋线展开长l

a)

图 1-42 直纹螺旋面板的展开 2

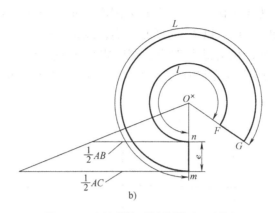

图 1-42　直纹螺旋面板的展开 2（续）

计算法：

通过以上作图展开法，可总结出计算展开法的公式。

$$l=\sqrt{B^2+(\pi d)^2}$$

$$L=\sqrt{B^2+(\pi D)^2}$$

$$r=\frac{el}{L-l}$$

$$R=r+e$$

$$\alpha=\frac{2\pi R-L}{\pi R}\times180°$$

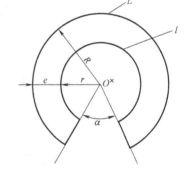

图 1-43　计算法展开

式中　　l——内螺旋线展开长；

　　　　L——外螺旋成形展开长；

　　　　r——展开内径；

　　　　R——展开外径；

　　　　α——展开切掉部分夹角；

　　　　B——导程；

　　　　e——叶片宽度。

根据公式计算出 R、r、L、l 和 α 后，就能够直接作出展开图，如图 1-43 所示。

实例 18　直纹锥状面板的展开

第一步：放样图。如图 1-44a 所示，这是一个直纹锥状面构件，构件上端为直线型，而下端呈半圆形的过渡板，它属于不可展开的直纹锥状面。用三角形法可以近似展开，首先，将构件表面分割出若干三角形。在俯视图中，把下端半圆形 6 等分，并过点作垂直线和对角线，形成 1~7 各点的连线。然后，把俯视图中的各个线段投到主视图中，形成了主视图中的小三角形分割，分别是编号 1″—1′、1″—2′、2″—2′、…、7″—7′。至此，完成了放样图。

第二步：求实长线。分别延长 1″—7″ 和 1′—7′，并作它们垂直线 SC，这就是各条线的立面投影高。在俯视图中截取 1—2、2⁺—2、3—2⁺、3⁺—3、4—3⁺、4⁺—4 各线到实长图中，于是分别得到实长线 1ˇ—2ˇ、2ˇ—2ˇ、3ˇ—3ˇ、…、4ˇ—4ˇ。

第三步：展开图。如图 1-44b 所示，作线段 4ˣˣ—4ˣ 等于实长线 4ˇ—4ˇ，以 4ˣˣ 为圆心，俯视图中 3⁺—4⁺ 长为半径画弧，与以 4ˣ 为圆心，实长线 3ˇ—4ˇ 长为半径所画弧，相交得出 3ˣˣ 点。同时得出 5ˣˣ 点。以 3ˣˣ 为圆心，实长线 3ˇ—3ˇ 为半径画弧，与以 4ˣ 为圆心，俯视图中 a 为半径所画弧，相交得出 3ˣ 点，同时得出 5ˣ 点。以下用同样的方法作出所有的三角形展开，最后，用曲线光滑连接各点，即完成展开图，本件为中皮放样，正曲、反曲都可以。

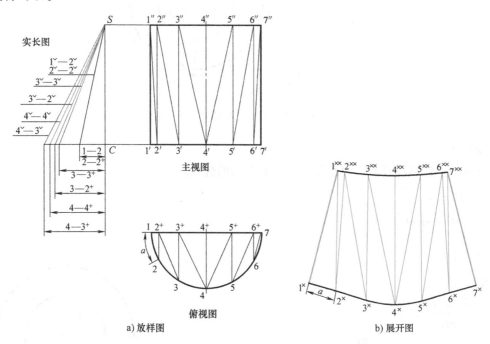

图 1-44　直纹锥状面板的展开

第八节　断面图的形成和它的作用

一、断面图的形成

放样图中的断面图，类似于施工图中的剖面，但所不同的是断面图全都针对形体端面投影，而不像剖面图那样，是可以剖切工件的任何部位。

图 1-45 所示的是断面图形成的原理，为了便于读者的理解，把它画成立体图。假设有一个正圆台，圆台的轴线平行于主视图，首先，在圆台的侧面画两条线 1—1' 和 2—2' 作为标记。

在圆台小口端面的圆周上，分别形成两点是 1' 和 2'，1—1' 是离投影面近的一侧，而 2—2' 的位置是在离观察者近的一侧，当然，1—1' 是虚线，2—2' 是实线。现在有另一个投影面 T，这个投影面是垂直于圆台轴线的，并且它有一个边 XO 作为旋转轴线，是平行于主视图的，投影面 T 是平行于圆台小口的。至此，在投影面 T 上就有圆台小口真实投影，也就是说在 T 投影面上，反映出圆台小口端面的实形。然后，以 XO 为轴，旋转投影面 T，直至旋转到平行于主视图为止，于是，我们就得到一个能反映小口实形的投影面 T'，很显然，1' 旋转后是 1"，2' 旋转后是 2"，这个 T' 面就能清楚地告诉我们，1' 是离观察者远的一侧，2' 是离观察者近的一侧，这就是断面图的形成原理和基本性质。

二、断面的目的作用

我们把图 1-45 改画成图 1-46 的放样图形式，与立体图的原理相同，放样图上的 1′、1″和 2′、2″各点有着相对应的关系。断面图不但能准确地反映形体端面实形，它还能清楚反映圆周上 1′ 和 2′ 所在的位置。断面图有着准确的定位功能，它能把构件表面的任意一点通过断面图定位，在主俯侧三个投影面间任意转换。

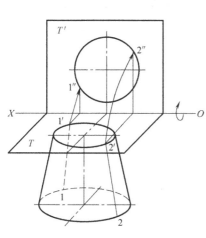

图 1-45　断面图的形成

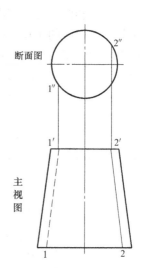

图 1-46　断面图的定位作用

图 1-47a 所示的是正圆锥等分素线从主视图转换到侧视图，它是基于三面投影原理和断面图投影定位来完成形体素线定位的。在主视图中的断面上将圆 12 等分，为 1~12 各点，那么反映在左视图上的素线是在什么位置呢？先按照断面图的旋转方向，假设把断面图旋转回到圆锥端口面上，然后，在同 1~12 各点在内，按照三面投影原理，将圆锥旋转 90° 画出左视图，再把左视图中的断面图翻转出来，最后把断面图中 1′~12′ 各点投到左视图上，得到了左视图上的素线投影位置。

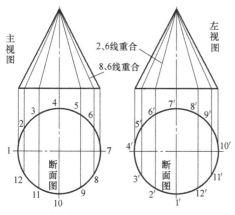

a) 圆锥体素线在主视、左视图之间的转换定位

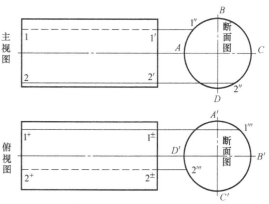

b) 圆管素线在主视、俯视图之间的转换定位

图 1-47　圆管定位

图 1-47b 所表示的圆管定位也是如此。在主视图中，圆管上有两条线，分别是 1—1′ 和

2—2′，1—1′是不可见的，2—2′是可见的。根据断面图的形成理论，则反映在断面图上就是 1″和 2″两点，那么在俯视图的断面中，反映两条线是 1‴和 2‴两点，它正好是将主视图中的断面顺时针旋转 90°。这时，过 1‴和 2‴两点作水平线投向俯视图，得到 1⁺—1⁺和 2⁺—2⁺两条线，1⁺—1⁺变成可见的，2⁺—2⁺变成不可见的，显然，我们看到了断面图的定位功能。

断面图除了有准确的定位功能外，它还能通过形体的两端断面图，清楚地反映形体的空间实形和端面情况。如图 1-48 所示，这是一个上口为圆形、下口为椭圆形的异形口倾斜过渡管。根据主视图和两端的断面图，我们就能想象出它的空间形状，同时利用断面图和主视图还能求出每一条素线的实长。（说明略，见本章第五节，梯形求实长法。）

关于断面图的作用总结如下：

1）断面图具有准确的定位功能。

2）断面图能确定构件端口的形状。

3）通过断面图和主（左）视图能求出空间素线的实长。

4）断面图能反映构件端面实形、面积、周长和素线间在端面各点的展开长度。

5）利用断面图可能减少放样的工作量。

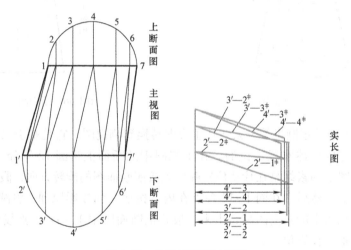

图 1-48　异形口倾斜过渡管

第二章　相交构件的相贯线

主要内容：本章主要讲解相贯线的概念，它的产生、原理和分类，以及求相贯线的素线定位法、纬线定位法、切面求点法等所有方法。

特点：一一对应、一种方法典型举例，多例说明，通过全面、清晰的三维立体讲解、容易掌握。

第一节　相贯线的产生和分类

一、基本概念

如果构件是一个独立的几何形体的话（以下简称形体），它就不具有相贯线，如果构件是由两个或者两个以上的形体组成，那么，在两个形体的接触部分，就形成了完全自然相交的互相贯穿。从展开形体表面的角度去看，两个形体相交后，在相交形体的表面，必然存在着两个形体相交的一系列公共点，这些公共点就叫作相交形体的相贯点。由若干个相贯点组成的空间曲线或者是折线，就叫作相交形体的相贯线。换言之，形体的相交部分叫作结合部分，形体表面所形成的接触点称为结合点，因此，由这些点组成的线又叫作结合线。如图 2-1 所示，相贯线既然是相交形体的公共线，它当然也是相交形体的分界线。正因为它是分界线，所以当相贯线一旦被划分出来，相交形体就同时被分割出几个独立的形体了。这时我们就可以将每个独立的形体分别展开了，对于相交形体而言，必须先求出相贯线后，才能进行下一步的形体展开。

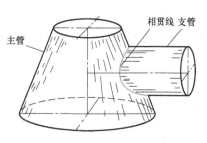

图 2-1　相贯线的形成

二、相贯线的种类划分

一般来讲，由于独立形体具有一定的范围，所以当两个形体相交时，相贯线一般都是闭合的。如果是两个回转形体相交，它们的相贯线一定是曲线，如果两个棱角形体相交，它们的相贯线一定是折线，如果是回转形体和棱角形体相交，它们的相贯线一定是折曲线。如图 2-2 所示。

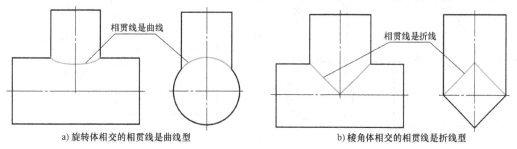

a) 旋转体相交的相贯线是曲线型　　　　　　b) 棱角体相交的相贯线是折线型

图 2-2　相贯线的分类

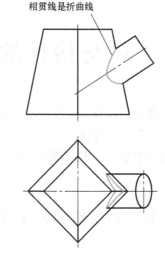

相贯线是折曲线

c) 旋转体与棱角体相交的相贯线是折曲线型

图 2-2　相贯线的分类（续）

　　相贯线按照它存在形式来分，可分为自然相贯线和人为相贯线。自然相贯线是指两相交形体在保持理想几何状态下，完全自然结合得到的结果。通常情况下，当两个相交形体的尺寸大小、形状以及三维空间相对位置一旦确定，那么，它们的相贯线形状就是唯一的了。如图 2-3 所示，如果主管和支管的直径、皮厚已定，两管的中心线相交的夹角 α 也已定，并且两管中心线都同时平行于主视图投影面，那它们相贯线就随之而定了。

　　另外一种是人为相贯线。顾名思义，人为相贯线，就是人们根据某些特定条件确定出的相贯线。人为相贯线（结合线）多为直线型。如图 2-4 所示，它省掉许多求相贯线的麻烦。人为相贯线虽然简单，容易得出，但它应用的范围却很小，在确定人为相贯线后，必须同时定出相贯线处的断面形状，还有它得出的形体表面不一定是光顺自然的。显然，这种相贯线是受条件限制的，不是什么条件下都能人为确定的。

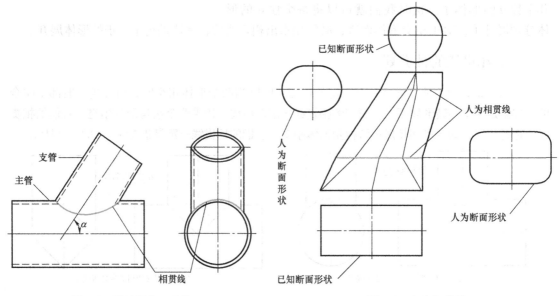

图 2-3　异径斜交三通管　　　　　　　　　　　　　　图 2-4　人为相贯线

　　还有一种是直线型相贯线，这里要特别提出：这种直线型相贯线与人为相贯线是有本质的区别的，它是自然相贯线的一种。也就是说，不是所有的直线型相贯线都是人为的，它们的不同点是自然型相贯线处的断面形状是自然产生的，而不是人为设定的。如图 2-5 所示。像这种例子还有许多，这里就不一一列举了。总之，无论是什么形式的相贯线，都要根据实际情况来确定，只有在实践中不断领会、总结，才能逐步掌握、不断提高。

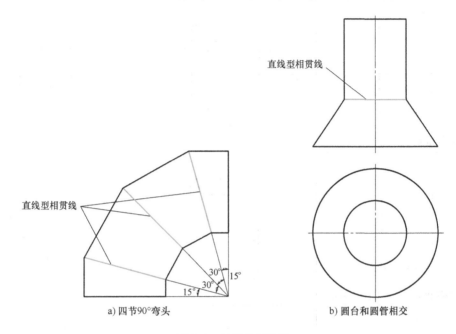

a) 四节90°弯头　　　　　　　　b) 圆台和圆管相交

图 2-5　直线型相贯线

第二节　截交线与相贯线的关系

　　了解相贯线的基本概念和一般性质后，使我们清楚了要想展开由两个以上形体组成的构件，就必须先求出相贯线。求相贯线有多种方法，在讲求相贯线的方法之前，我们先讲一下常见形体基本截交线的形状、它与相贯线的关系。因为在很多时候，求相贯线是要先作形体截切面的，这对于我们求相贯线是有很大帮助的。

　　如果一个完整的形体被一个假想平面截切时，形体被截切的断面叫截面，形体表面与该截面所形成的相交线叫作截交线，用来截切形体的平面叫作切面。截交线既在形体表面上又在截面上，它是形体和切面的公有线，如图 2-6 所示，下面我们将逐个列举常见的几何形体截面形式。

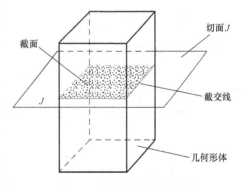

图 2-6　几何形体的截交线

一、棱柱体的截面形式

表2-1是长方体被一平面从不同方向截切的三种情形。

表 2-1　棱柱体的截面形式

截 切 位 置	立 体 形 状	截 面 实 形
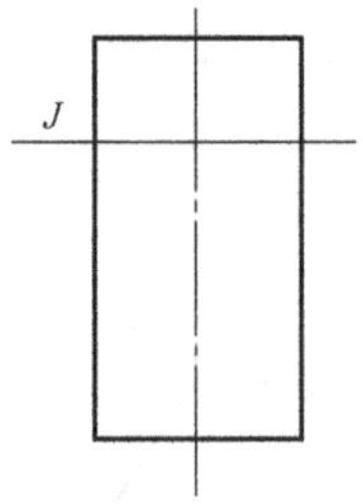 切面与棱线相交，并且垂直于棱线	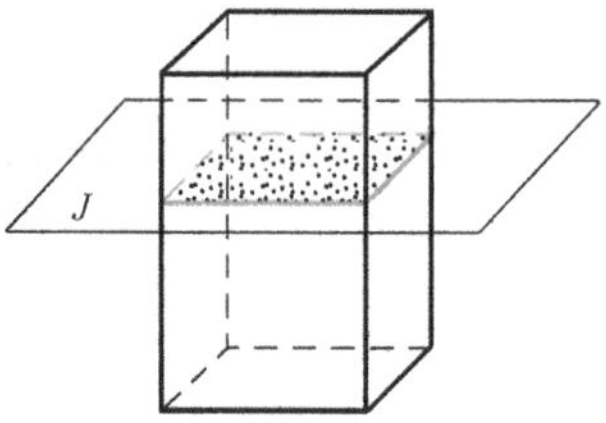	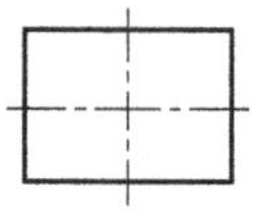 长方形
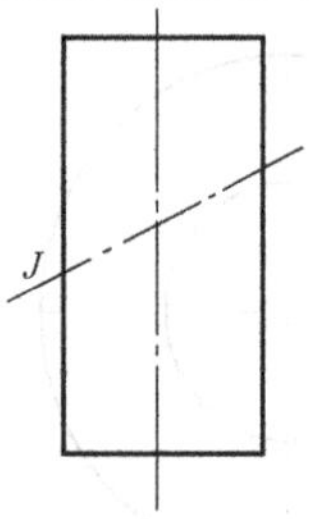 切面与棱线相交，但不垂直于棱线	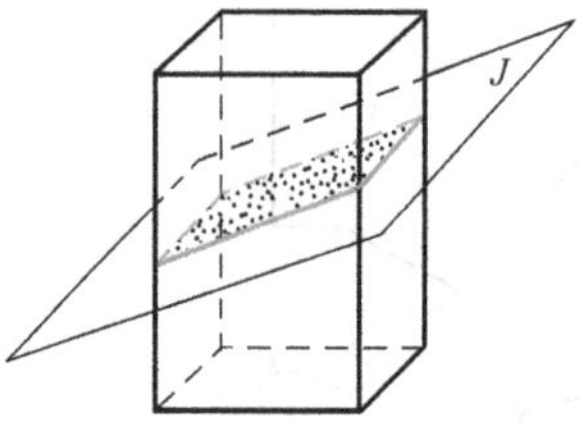	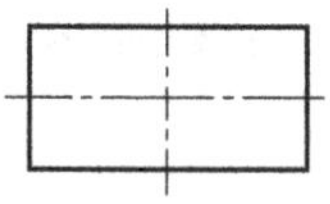 长方形
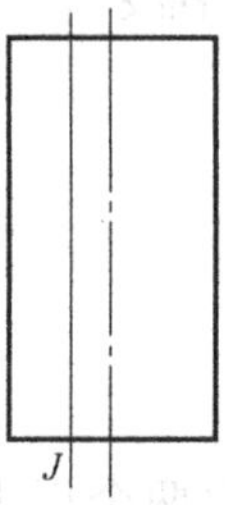 切面平行于棱线与形体相交	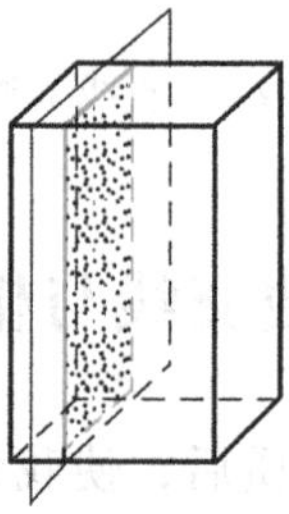	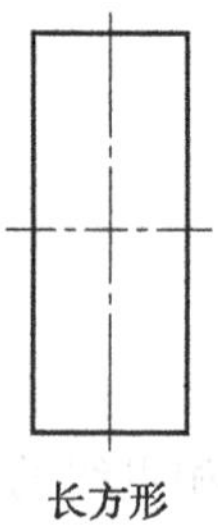 长方形

二、棱锥体的截面形式

表2-2是四棱锥被一平面从不同方向截切的三种情形。

表 2-2　棱锥体的截面形式

截 切 位 置	立 体 形 状	截 面 实 形
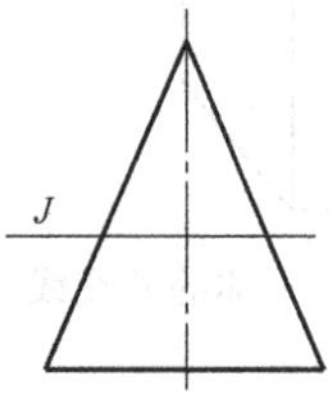 切面与棱线相交，并且垂直于中心线	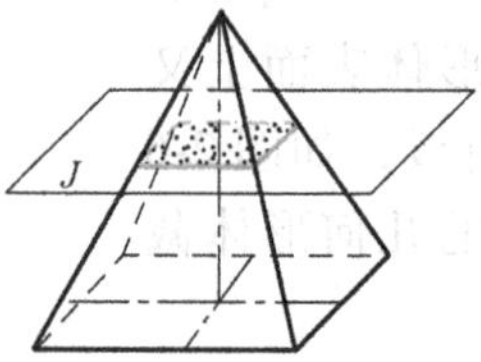	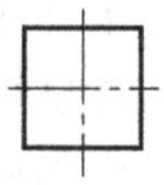 正方形

（续）

截切位置	立体形状	截面实形
切面与棱线相交，但不垂直于中心线		梯形
切面过顶点，并且与锥底面相交		三角形

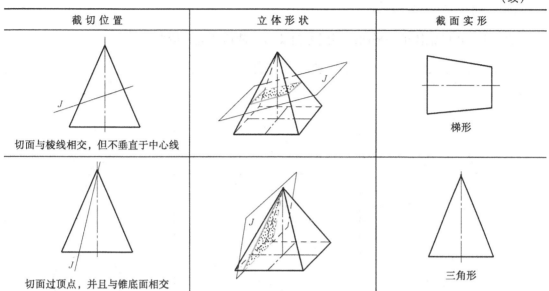

三、圆柱体的截面形式

表2-3是圆柱体被一平面从不同方向及角度截切的三种情形。

表 2-3　圆柱体的截面形式

截切位置	立体形状	截面实形
切面与所有素线相交，并且垂直于轴线		圆形
切面与所有素线相交，但不垂直于轴线		椭圆形
切面平行于轴线与形体相交		长方形

四、圆锥体的截面形式

表2-4是正圆锥体被一平面从不同方向及角度截切的五种情形。

表2-4　圆锥体的截面形式

截 切 位 置	立 体 形 状	截 面 实 形
切面与所有素线相交，并且垂直于轴线		圆形
切面与所有素线相交，但不垂直于轴线		椭圆形
切面过顶点，并且与底面相交		等腰三角形
切面平行于轴线，并且与底面相交		双曲线
切面平行于任意一素线，与圆锥相交		抛物线

五、斜圆锥的截面形式

表 2-5 是斜圆锥体被一平面从不同方向截切的三种情形。

表 2-5　斜圆锥的截面形式

截 切 位 置	立 体 形 状	截 面 实 形
切面与所有素线相交，并且平行于底面		圆形
切面与所有素线相交，并且垂直于轴线		椭圆形
切面过顶点，并且相交于底面		等腰或不等腰三角形

截交线与相贯线有点相似，但却完全是两个概念。截交线指的是一个平面截切某一形体的结果，而相贯线是指在不改变形体形状的前提下，两个形体之间相接触、结合，所形成的自然分界线。弄清了各种几何形体截交线的形状，为我们求相贯线提供了理论依据。

通常情况下，虽然说截交线和相贯线不是一回事，但有时截交线就是相贯线。例如，如图 2-7 所示，有一个圆管安装在某一斜面上，在这种条件下，截交线就等于相贯线。像这种情况还有很多，只是它也叫相贯线。总之，了解截交线是为求相贯线的，求相贯线是为了展开构件的，只有全面地掌握形体截交线和相贯线的相关知识，才能正确作出形体表面展开。

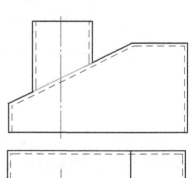
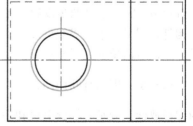

图 2-7　圆管与斜面相交

第三节　求相贯线的方法

第一节讲了两种相贯线，一种是人为相贯线，另一种是自然相贯线。这一节讲求相贯线的方法，其中人为相贯线是由人为确定的，并且一般都是直线型。而另一种是自然相贯线，自然相贯线里又可分出直线型相贯线，直线型相贯线是自然相贯线的一种特例，它是平面分布的相贯线垂直于投影面的结果。自然相贯线的存在形式是千变万化的，求解的方法也有多种，下面将分别讲解求相贯线的方法。

一、人为相贯线

先从最简单的入手，举例讲一下人为相贯线的应用。人为相贯线的应用范围很小，但操作步骤比较简单，人为相贯线的确定原则是：第一，在形体的适当部位设定相贯线；第二，在设定的相贯线处再设定出断面实形，作为展开依据。

实例 1　二合一天圆地方三通管的展开

如图 2-8a 所示，这是一个由两个天圆地方合拼的 V 字形三通管。根据已知尺寸 D、h、P、M、δ 画出主视图，显然，在两个天圆地方相交接触部位，便形成了相贯线，如图 2-8b 所示，AB 就是典型的人为相贯线。

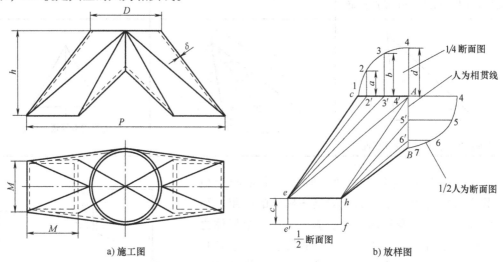

a) 施工图　　　　　　　　　　b) 放样图

图 2-8　二合一天圆地方三通管的展开

设定了相贯线后，再假设相贯线处的断面实形。这里我们假设它是规圆形，并且等于大口直径 D，完成了这两步以后，就可以展开了。如果这里不采用人为相贯线，也可以展开这个构件，但是，求相贯线的步骤要复杂得多。所以，只要条件允许，应尽量采用人为相贯线。下面将简单介绍展开过程。

第一步：因为有断面图，又是左右对称，所以只需画出 $\frac{1}{2}$ 即可。下口为里皮放样，上口为中径放样，分别 3 等分上口和假设断面，等分点为 1~7 点。过 1~7 点作铅垂线和水平线分别相交 AB、AC 线上。得交点 2′—6′，连接 e—2′、e—3′、e—4′、h—4′、h—5′、h—6′，这一步完成了构件的表面分割。

第二步：求实长线。如图 2-8c 和图 2-8d 所示，在水平线上分别截取 1—e、2′—e、…、4′—e、4′—h、…、7—h 等于主视图上 1—e、2′—e、…、7—h。然后，过这些点作水平线的垂直线，把各投影线上的半宽对应截取在实长图上，即 a、b、c、d 作垂直线，得梯形的腰，就是投影线的实长。

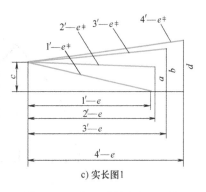

c) 实长图1

图 2-8　二合一天圆地方三通管的展开（续）

第三步：展开图。如图 2-8e 所示，作线段 $e'^{\times}e^{\times}$ 等于断面图中的 2c，分别以 $e'^{\times}$、$e^{\times}$ 点为圆心，以实长线 $1'—e^{‡}$ 为半径画弧，相交 $1^{\times}$ 点。分别以 $e'^{\times}$、$e^{\times}$ 点为圆心，以实长线 $2'—e^{‡}$ 长为半径画弧，与以 $1^{\times}$ 为圆心，断面图 1—2 弧长为半径画弧，相交得出 $2^{\times}$ 点。以下用同样手段得到 $3^{\times}$、$4^{\times}$ 点，以 $4^{\times}$ 为圆心，实长线 $4'—h^{‡}$ 长为半径画弧，与以 $e'^{\times}$、$e^{\times}$ 点为圆心，断面图 $e'f$ 长为半径画弧，得到 $f^{\times}$ 点。以 $f^{\times}$ 点为圆心，分别以实长线 $5'—h^{‡}$、$6'—h^{‡}$、$7'—h^{‡}$ 长为半径画弧，与以 $4^{\times}$ 点为圆心，$\dfrac{1}{12}$ 周长为半径，依次相交出 $5^{\times}$、$6^{\times}$、$7^{\times}$ 各点，最后作出 $h^{\times}$ 点，用直线、曲线连接各点后得出展开图。

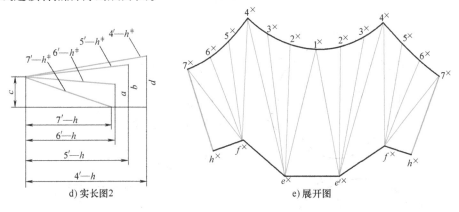

d) 实长图2　　　　　　　　　　e) 展开图

图 2-8　二合一天圆地方三通管的展开（续）

实例 2　天方地圆 90°渐缩弯头的展开

如图 2-9a 所示，这是一个由四节变径天方地圆组成的 90°弯头。根据已知尺寸 R、D、M、δ、α 画出放样图，如图 2-9b 所示。

第一步：首先确定 90°角的分法。由于不受上下端口的断面实形的限制，而不像圆管 90°弯头那样是按照两头为一中间为二的分配原则，所以本例是按平均等分分配 90°角的，至于等分的数量是可以变化的。本例是分成四节，每节的角度是 22.5°。分割完节数以后，就可以根据上下口的实形，人为的确定结合线处的断面实形。如图 2-9b 所示，构件从圆口逐渐过渡成方口，它的直边和圆弧过渡是平均变化的。也就是在主视图上确定出每道结合线处的总宽度和直边宽度尺寸，然后根据这两个尺寸，画出每道结合线处的断面实形。完成了人为结合线的分割，又定出各结合线处的断面实形，就具备了展开的条件。

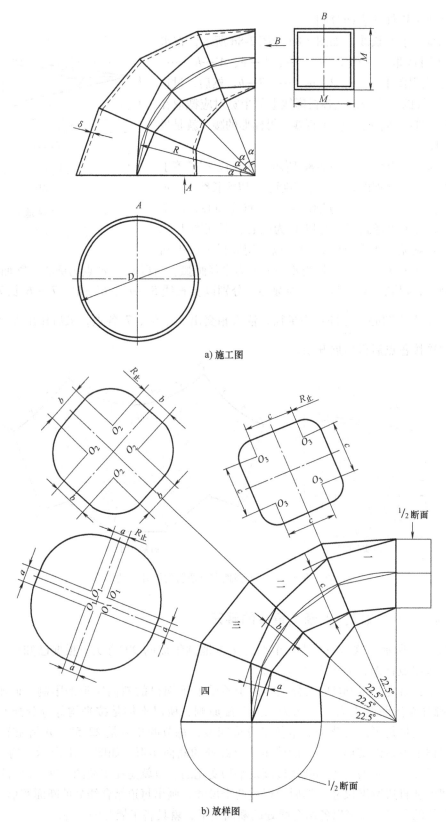

a) 施工图

b) 放样图

图 2-9 天方地圆 90°渐缩弯头的展开

第二步：求实长线。为了使图面清楚，将每一节都移出放样图，分别画出并分割其表面。以四节为例加以说明，如图2-9c所示，将下口大圆断面6等分，等分点为一~七，将上口断面圆弧部分7等分，得等分点1~8。过各点作端面垂直线，得交点二′、三′、四′、五′、六′、2′、3′、4′、5′、6′、7′。用三角形的形式连接上下等分点，即完成了四节的表面分割。用梯形法求出表面每一条线的实长。

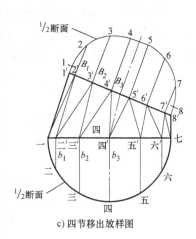

c) 四节移出放样图

图 2-9 天方地圆 90°渐缩弯头的展开（续）

四节的实长图如图 2-9d 所示，方法是拿出每一条投影线长到实长图。截取一——2′线段的投影长到实长图上，作垂直线，截取半宽 B_1 作为底，连接一——2′⁺即为实长。截取二′—2′线段到实长图上，作垂线，截取半宽 B_1 和 b_1 作为上下底，连接二′—2′⁺即为实长。截取二′—3′线段投影长到实长图上，作垂直线、截取半宽 b_1、B_2 作为上下底，连接二′—3′⁺即为实长线，以下用同样方法获得所有投影线的实长。

第三步：展开图。如图 2-9e 所示，截取 $1^×$—$1^×$ 等于断面图上 a 长度，分别以 $1^×$ 和 $1^×$ 为圆心，用实长线一——1^+长为半径画弧，相交出一$^×$点。以一$^×$点为圆心，实长线一——$2'^+$长为半径画弧，与以 $1^×$点为圆心，断面弧展开长 1—2 为半径画弧，相交出 $2^×$点。以一$^×$点为圆心，断面图上一——二弧展开长为半径画弧，与以 $2^×$点为圆心，实长图上二′—$2'^+$长为半径画弧，相交得出二$^×$点。以下用同样手段作出所有的交点，用直线和曲线连接后即完成了四节的展开。图中 $8'^×$点到七$^×$点是展开料对口缝边线，其他三节的展开方法是同样的，这里就不在重述了。

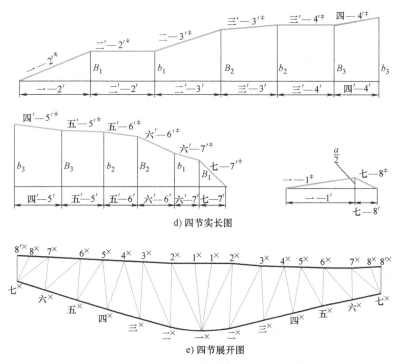

d) 四节实长图

e) 四节展开图

图 2-9 天方地圆 90°渐缩弯头的展开（续）

图 2-9f 是三节移出放样图，图 2-9g 是二节移出放样图，图 2-9h 是三节的实长图，图 2-9i 是三节的展开图，图 2-9j 是二节的实长图，图 2-9k 是二节的展开图，图 2-9l 是一节移出放样图，图 2-9m 和图 2-9n 分别是一节的实长图和展开图。

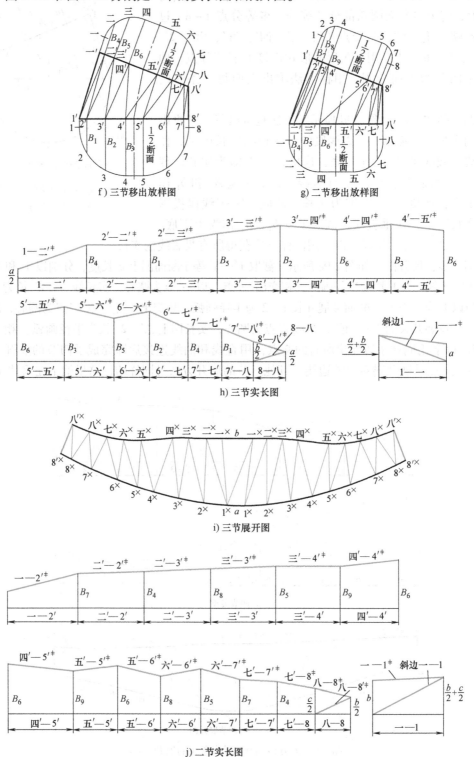

j) 二节实长图

图 2-9 天方地圆 90°渐缩弯头的展开（续）

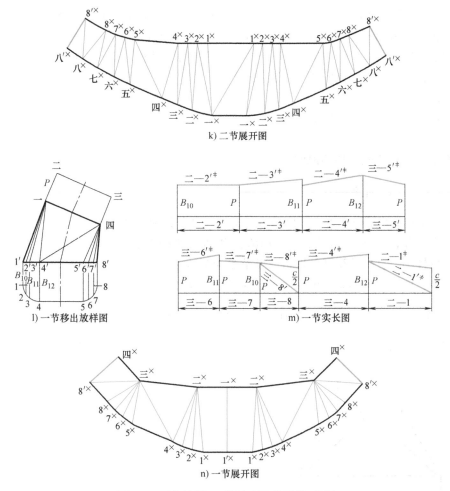

图 2-9 天方地圆 90°渐缩弯头的展开（续）

关于人为相贯线归纳如下：

1）二相交形体中，必须有一个或者二个都是不规则形体。两形体中有一个可变的不规则形体时，可先确定人为相贯线的位置，然后求出不可变规则形体结合线处断面实形，再根据断面实形进行展开。

2）对于两形体都是可变不规则形体时，可根据需要任意确定人为相贯线的位置和断面实形，然后按照确定的实形进行展开。

3）如果二相交形体都是不可变规则形体时，那么，必定的相贯线只有一个结果，就是自然相贯线，在这种条件下，当然就不存在人为相贯线了。

二、直线型相贯线

直线型相贯线是自然相贯线中的一种，这是呈平面分布的相贯线所概括的平面垂直于某投影面的结果，只有在这种条件下，相贯线的投影才表现为直线型。而在不改变投影空间坐标的前提下，该相贯线在其他的投影面所表现的则不是直线型。它不像其他的自然相贯线那样，是千变万化的，有曲线型和折线型，它与人为相贯线有着本质的区别。构成直线型相贯线必须具备以下三个条件：

1）如果两个相交的形体中心线相接是呈一直线时，并且二中心线都平行于某一投影面，则二相交形体的相贯线在该投影面上的表现一定是直线型。

2）如果两旋转体的轴线相交，并且二轴线都平行于某投影面，二旋转体的边线又同时切于一个圆，则二相交形体的相贯线在该投影面上表现一定是直线型。

3）如果两个或两个以上的相交形体，是以对称某一平面形式存在的，并且该对称面垂直于某一投影面，则相交形体的相贯线在该投影面上的投影表现一定是直线型或直线组成的折线型。

下面就这三种情况，举例说明。

实例 3　方变圆渐缩过渡节的展开

图 2-10a 所示的是由方管、天圆地方、圆管三部分组成的过渡节。这三节管的中心线是在一条线上，并且平行于主视图，所以 HC、GD 在主视图上表现为直线型相贯线。Ⅰ节和Ⅲ节无须画放样图，直接计算展开即可。Ⅱ节是天圆地方。

第一步：放样图。如 2-10b 所示，下口按里皮放样，上口按中皮放样，因为对称，所以只画 $\frac{1}{2}$ 俯视图，将圆周 12 等分，半圆周编号为 1—7，分别与 F、E 点连线，至此，完成了天圆地方的表面分割。

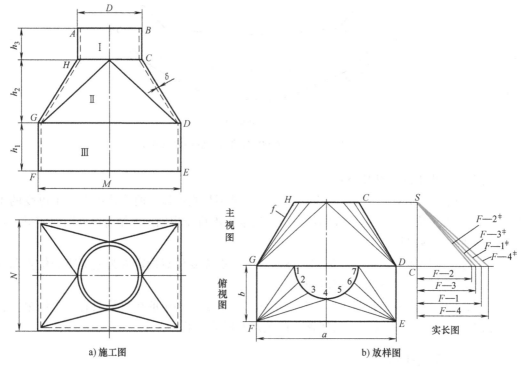

图 2-10　方变圆渐缩过渡节的展开

第二步：求实长线。作主视图 HC、GD 的延长线，得到立面各支线的投影高，作 GD 的垂直线 SC，以 C 点为基准把俯视图中 $F—1$、$F—2$、$F—3$、$F—4$ 的投影长截取到实长图上。然后，将各交点与 S 连接，得到 $F—1^{\ddagger}$、$F—2^{\ddagger}$、$F—3^{\ddagger}$、$F—4^{\ddagger}$ 为所求得的实长线。

第三步：展开图。如图 2-10c 所示，作线段 $F^{\times}E^{\times}$ 等于俯视图 FE，以实长线 $F—4^{\ddagger}$ 为半

径，分别以 F、E 为圆心画弧，相交得出 $4^\times$ 点。再以 $F^\times$、$E^\times$ 点为圆心，分别以实长线 $F—3^+$、$F—2^+$、$F—1^+$ 为半径画弧，与以 $4^\times$ 点为圆心，圆周 $\frac{1}{12}$ 长为半径依次画弧相交出 $3^\times$、$2^\times$、$1^\times$ 点。以 $F^\times$、$E^\times$ 点为圆心，俯视图中 b 长为半径画弧，与以 $1^\times$、$7^\times$ 点为圆心，主视图中 f 长为半径画弧相交得出交点 $G^\times$、$D^\times$，用直线、曲线连接各点，得到 $\frac{1}{2}$ 展开图。

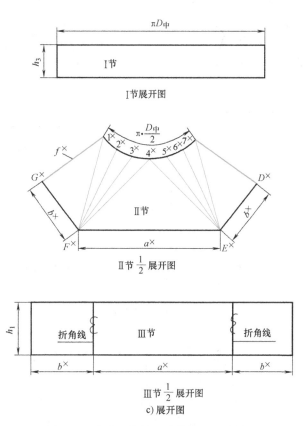

图 2-10 方变圆渐缩过渡节的展开（续）

实例 4 任意角锥管变直管二节弯头的展开

第一步：这是一个由锥管与直管相接的二节弯头，二管的轴线相交，又同时平行于主视图，如图 2-11a 所示。根据已知尺寸 h、D、d、α 画出放样图如图 2-11b 所示。它的相贯线的求法是：以两轴线交点 O 为圆心，以圆管 $\frac{d}{2}$ 为半径画圆，然后，作二管的边线 ABC、EFG，使边线相切于这个圆，所得到的两管边线的交点为 B、F，则 BF 就是二管的相贯线。

第二步：展开图。为了使图面清楚，将展开图移出来画，如图 2-11c 和图 2-11d 所示。管 I 的展开非常简单，用平行线法展开，板要按不开坡口处理，以实际接触部分为准，即外侧按里皮，内侧按外皮放样。将圆管的里皮和外皮分别作 $\frac{1}{4}$ 圆断面图，并各 3 等分，编号为 1~7，过 1~7 点作轴线的平行线，与下口斜边投影线相交，得交点 1′~7′各点。在 AB 的延长线上作线段 CD，使 CD 等于中径的展开周长，同时 12 等分，编号为 4~1~4~7~4，过各等分点作 CD 的垂直线，然后按照编号依次截取各线的长度，就是 $4^x~1^x~7^x~4^x$ 中各交点，用平滑曲线连各点即完成展开。

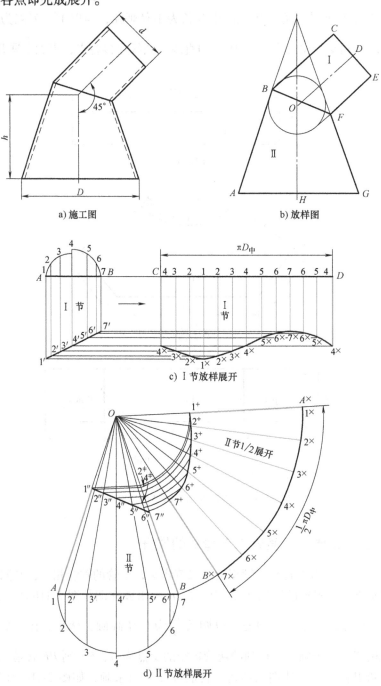

图 2-11　任意角锥管变直管二节弯头的展开

管 II 是正圆台上部分被斜截的结果，展开步骤如下：作大口里皮、外皮 $\frac{1}{4}$ 圆的断面图，同样是外侧按里皮、内侧按外皮，编号为 1~7。过 2~6 点作铅垂线，与 AB 相交得

$2'\sim6'$ 各交点，连接 $O—2'$、$O—3'$、……，到这一步，即完成了锥体的表面分割。求实长线的方法：过各素线与上口交点 $1''—6''$ 作水平线，相交于 OB 线上得交点是 $1^{\dagger}\sim6^{\dagger}$，则 $O—1^{\dagger}$、$O—2^{\dagger}$、$O—3^{\dagger}$、……就是上口各素线的实长。作展开图：以 O 为圆心以 OB 长为半径画弧，并在圆弧上选定 $B^{\times}$ 为基准点，使 $B^{\times}A^{\times}$ 等于大口中径周长的 $\dfrac{1}{2}$。然后作等分点，使 $7^{\times}—6^{\times}$、$6^{\times}—5^{\times}$、……等于 $\dfrac{1}{12}$ 周长，过这些点与 O 连线，再过 $O—1^{\dagger}$、$O—2^{\dagger}$、…、$O—7^{\dagger}$ 各点，以 O 为圆心画同心圆弧，与各放射线同名编号相交各点 $7^{\dagger}\sim1^{\dagger}$，用平滑曲线连接各点即得 $\dfrac{1}{2}$ 展开图。

实例 5　四合一渐缩五通管的展开

如图 2-12a 所示，这是一个由四个斜圆台组成的渐缩五通管，其中四个斜圆台是呈对称分布的，因此，它们的相贯线是呈直线型。这种构件有两种形式，一种是由四个不规则的曲面体组成，它的外轮廓线不是将斜圆台的大口和小口作外切线，而是过小口的外切线连接到大口的对称中心线上，这时的相贯线断面是人为的，而不是自然结合的，总体轮廓的相贯线是不会超过大口在俯视图上投影的。这一种形式是必须用三角形法才能展开的。另一种是本例所作的形式，它是由四个规则的斜圆台组成，它的相贯是自然结合的结果。同时总体轮廓相贯部分，在俯视图上看是超过大口直径投影线的，如图 2-12a 所表示的 M 值。由于是规则的斜圆台，所以也可以用放射法展开，本例是考虑到小斜度锥体情况下，所以用三角形法展开。

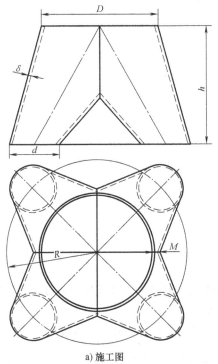

a) 施工图

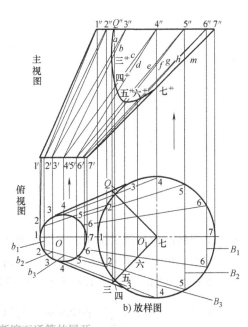

b) 放样图

图 2-12　四合一渐缩五通管的展开

第一步：根据图 2-12a 的已知尺寸 h、D、d、R、δ，画出放样图，如图 2-12b 所示。因为是两个面对称，所以只需画出 $\frac{1}{4}$ 放样图，也就是一个斜圆台。按中皮放样，取主视图的高等于施工图中的 h。OO_1 等于 R，然后将大口、小口分别 12 等分，等分点各为 1～7～1，对应号连线（为了使图清晰，俯视图中差号没有连线）。各连线与相贯线相交的交点为三～七，将所有的点投到主视图上，小口得点 $1'～7'$，大口得点 $1''～7''$，相贯点 $三^*～七^*$。将同名点和差点分别连线后，即完成了圆台的表面分割。

第二步：求实长线。如图 2-12c 所示，作线段 $1''—2'$、$2'—2''$、$2''—3'$、$\cdots$、$6''—7'$ 等于主视图各同名点线段，在线段端点作垂线。然后，分别截取线段在俯视图上的同名点半宽 B_1、B_2、B_3、b_1、b_2、b_3 移到实长图上的垂线上，连接每个梯形的腰，从而得到实长线。实长图中 a、b、c、d、e、f、g、h 等于主视图中同各点的投影长，在梯形中分别得出锥体大口到相贯线的实长。

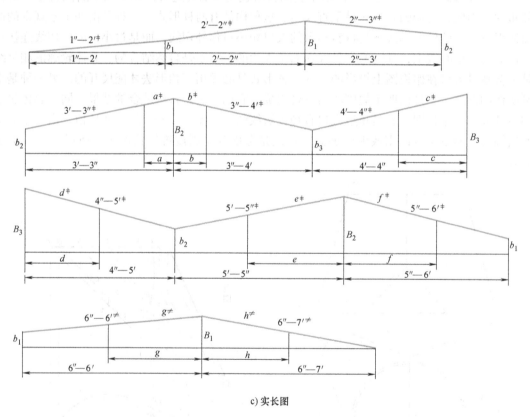

c) 实长图

图 2-12　四合一渐缩五通管的展开（续）

为了使图面清晰和便于说明，本例是把实长图依次排开画的，在实际工作中是无须这样画的，可以把它们重叠作出，从而可以节省时间和空间。

第三步：展开图。如图 2-12d 所示，作线段 $1'^×—1'''$ 等于主视图中的线段 $1'—1''$，以 $1'^×$ 为圆心，小口中径周长的 $\frac{1}{12}$ 为半径画弧，与以 $1'''$ 为圆心，实长图中的 $1''—2'^*$ 长为半径所画弧相交得 $2'^×$ 点。以 $2'^×$ 为圆心，实长图中 $2'—2'''^*$ 长为半径画弧，与以 $1'''$ 为圆心，大口中径周长的$\frac{1}{12}$为半径所画弧相交得 2‴ᵡ 点。以 2‴ᵡ 为圆心，实长线 2″—3′⁺长为半径画弧，与以 2′ᵡ

点为圆心，小口中径周长$\frac{1}{12}$为半径所画弧，相交得 3′ᵡ 点。以下用同样手段作出所有点，直

至 7′ᵡ—7‴ᵡ 为止，完成了一个整体斜圆台的展开。下面作相贯线的截切部分，在俯视图中确

定圆周上的 Q 点，使展开图中 2‴ᵡ—Qᵡ 的展开长，等于俯视图中的 2—Q 长度，并与 3‴ᵡ、

2‴ᵡ 点光滑连接得 Qᵡ 点。以下分别以 3‴ᵡ、4‴ᵡ、5‴ᵡ、6‴ᵡ 点为基准点，将实长线 a⁺、b⁺、c⁺、…、

h⁺ 的长度，对应截取到展开图上。得到三ᵡ ～ 六ᵡ 以及辅助差号线的各点，截取主视图中

7″—七⁺长 m 移到展开图 7‴ᵡ—7′ᵡ 线上，得到交点七ᵡ，至此，用平滑曲线连接各点后，即完

成展开。图中 7′ᵡ—7‴ᵡ—七ᵡ—Qᵡ—Qᵡ—七ᵡ—7′ᵡ 所包括的部分为所需的展开图。上下口

应适当的加余料，本构件需要 4 块相同的展开料组合而成，正反曲均可。

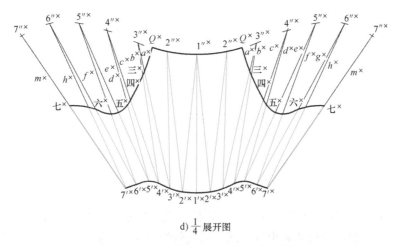

图 2-12　四合一渐缩五通管的展开（续）

受应用范围条件的限制，人为相贯线和直线型相贯线将不能满足我们的需要，为了解决
这个矛盾，下面将介绍其他求相贯线的方法。

三、素线定位法

前面已经讲过构件表面素线的概念，现在讲怎样用素线来求出相贯线。顾名思义，素线
定位法就是利用断面图定位的性质，把分布在几何形体表面的某些特定素线，从一个投影面
反映到另一个投影面，从而使相交形体的相贯线，能够准确自然的划分开来，这种方法称作
素线定位法。

如图 2-13 所示的是一个异径直交三通管，它是由一根支管直插在主管上的组合体。要
想展开这两根管，就必须先分清两管之间的界线。那么，相贯线是怎样求出来的呢？首先，
选定出 6 条素线，来说明作图的基本原理。在左视图支管的断面图上，定出圆的 4 等分在中
心线上，作为特殊点的素线定位，再定出任意点 5、6 作为一般素线定位，作 1~6 点的铅垂
线，与主管相交得 1′~6′点，这 6 个点就是支管和主管实际接触的理论值。然后，过 1′~6′
点向左引水平线投向主视图，在主视图支管的断面图上，按照左视图支管断面编号的位置，
确定出 1~6 编号的位置，同时写出 1″~6″号，过 1″~6″作铅垂线，这就是左视图支管上 1~6
条素线，反映在主视图上的位置。于是，这 6 条素线和左视图投过来的水平线相交，得出同

名端的对应点 $1^\#$~$6^\#$点（$1^\#$和 $3^\#$重合），这 6 个点就是要求的相贯点。图中所选定的相贯点只是为了说明原理，如果要展开的话还需要增加素线的数量，以便得出每个相贯点，最后，用平滑的曲线连接各点后，就完成了求相贯线的步骤。

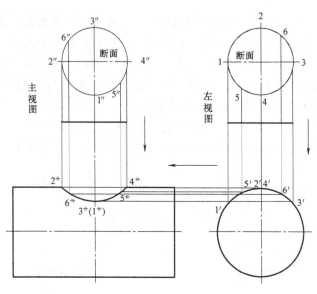

图 2-13　素线定位法求相贯线

实例 6　异径直交三通管的展开

将图 2-13 改画成图 2-14 的形式，就是异径直交三通管的展开图，用平行法展开。展开步骤简述如下：按照已知尺寸画出放样图，将支管圆周 12 等分，左视图上 1~7 点，主视图上是 $1''$~$7''$点，支管与主管在左视图的交点是 $1'$~$7'$点，主视图的相贯线交点是 $1^\#$~$7^\#$。支管的展开：把支管中径的展开周长 12 等分，等分点是 4^+~4^+~4^+，按照放样图各编号的长度截取在各线上，得到交点是 $4^\times$~$4^\times$~$4^\times$。

主管的展开：主管的长度与放样图相同，展开周长是 $\pi D_{中}$，在展开图上截取 l'等于左视图 l，使 7^+~1^+等于 $7'$~$1'$各点间的距离，过 7^+~1^+各点作边线的垂线，与主视图 $4^\#$~$4^\#$投下的各点宽度平行线对应相交，同名点是$1^\times$~$7^\times$，各点所圈范围为开口的展开。

用素线定位法求相贯线，也同样适用于锥体相交构件的展开。如图 2-15 所示，假设圆锥面上有一任意一点 P，这一 P 点在锥体的表面位置是一定的。它是怎样在三个视图之间转换定位的呢？首先在主视图中，过 P 点作 OP 的射线相交底边 N 点，这一素线就把 P 点包括其中，将 N 点投到俯视图，连接 $O'N'$，将 P 点投向俯视图与 $O'N'$相交得 P'点，这个 P'点就是 P 点在俯视图的投影定位。同样根据三面投影关系，将 N'点投到左视图是 N''点，连接 $O''N''$线，把 P 点投向 $O''N''$线上得 P''点，这个 P''点就是 P 点在左视图上的投影定位。以上是 P 点从主视图投向俯视图和左视图，它当然可以从平面和侧面投到正面，基于这一理论，它也可以扩展到棱锥体的应用范围。这里只例举一个点来说明基本原理，那么，如果两形体相交的相贯线是以线的形式存在，将如何应用呢？可以在已知线条上任取几个点，然后分别求出这几个点另一个视图所在的位置，最后把所求的点连接即可。

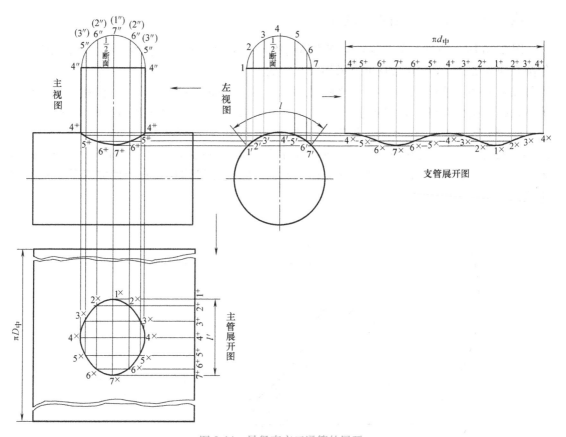

图 2-14　异径直交三通管的展开

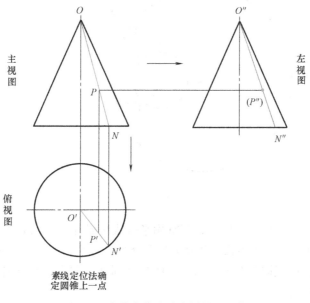

素线定位法确定
圆锥上一点

图 2-15　素线定位法确定圆锥上一点

实例 7　圆管正交圆锥体的展开

图 2-16 所示的是一个圆管正交圆锥体的构件，用素线定位法求相贯线。在俯视图中，作圆管的 8 等分，（等分点是可以增加或减少的，为了使图面清晰所以本图选择 8 等分），等分点是 1~5。这里 2、3、4 点是待求相贯点，而 1 和 5 点在主视图是必然相贯点，是两形体轮廓线相交而得，无须再求。过 2、3、4 点与 O' 连线，相交圆锥下口得交点，2'、3'、4'，将 2'、3'、4' 点投向主视图，与下口 AB 线相交是 2″、3″、4″点，连接 O 与 2″、3″、4″点的线段。过俯视图中 2、3、4 点作铅垂线投向主视图，与同名编号素线相交得出各点，至此，1ˣ~5ˣ 就是二形体相交的相贯点，用曲线光滑连接各点，就完成了所求的相贯线。

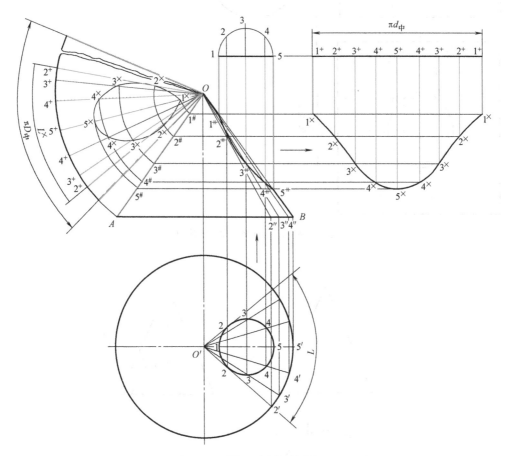

图 2-16　圆管正交圆锥体的展开

展开图：圆锥体用放射线法展开，圆管用平行线法展开。步骤简述如下：先作圆管的展开，作线段 1⁺—1⁺于圆管中径周长，并分出 8 等分是 1⁺—5⁺—1⁺，过 1⁺—5⁺—1⁺各点作线段的垂直线，在主视图中截取各线段同名编号的长度到展开图中，相交各点是 1ˣ~5ˣ~1ˣ，用光滑曲线连接各点即完成展开。

圆锥体的展开，作以 OA 为半径，以 O 为圆心的圆弧，截取圆弧长度等于锥体中径的周长，在圆弧上选定一点 5⁺，作 5⁺—2⁺各点间的弧长等于俯视图 5'—2'，将 5⁺—2⁺与 O 连线。

过 $1^\#$~$5^\#$ 点作水平线相交 OA 得交点 $1^\#$~$5^\#$，以 O 为圆心，以 O 到 $1^\#$~$5^\#$ 各点长度为半径作同心圆弧，与 5^+—2^+ 各线同名编号对应相交出 $1^\times$~$5^\times$ 各点，用光滑曲线连接各点即完成展开图。

四、纬线定位法

用形体表面的素线，可以把形体上的某一点在三个面上任意转换定位，它就像地球仪上的经线一样。假设用一个垂直于轴线的平面截切回转体时，得到的截交线为一个圆，那么如果用多个平面去截切锥体的话，就能得到多个同心圆。那么，利用垂直回转轴线的切面去截切锥体表面，通过截交线的位置来定位锥体表面某一点，并能把这一点准确地反映在另一个投影面上，这种方法叫作纬线定位法。同样，纬线定位法也适用棱锥体的构件展开。

如图 2-17 所示为纬线定位法的基本原理。假设正圆锥体上有一点 P，过 P 点作轴线的垂直线，与轮廓线相交两点 Q、Q，这个 QQ 就是锥体被切面截切后的截交线，将 Q 点投到俯视图即为 Q' 点，过 Q' 点作一个圆，这个圆形就是锥体截交线的实形，P 点当然包括在这个截交线中。过主视图 P 点作轴线的平行线，与圆相交得 P' 点，这个 P' 点就是锥体表面 P 点在俯视图的投影定位。根据三视图投影关系，P 点当然是可以在三个视图之间任意转换定位，但就求相贯线而言，它只是应用于主视图和俯视图之间。以上只讨论锥体上一个点的情况，如果是求相贯线的话，和素线定位法相同，同样是在相贯线上定出几个点，然后分别将点求出，最后把所得的点连接即可。纬线定位法也适用于棱锥体的相贯线求出。

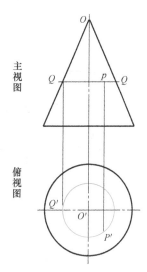

图 2-17　纬线定位法确定圆锥上一点

实例 8　圆管水平相交正圆锥的展开

如图 2-18 所示，这是一个圆管水平相交正圆锥的构件，用纬线定位法求相贯线。具体作图步骤如下：

根据已知尺寸画出放样图，将主视图中圆管 8 等分，等分点是 1~8 点，过 1、2、8、3、7、4、6 和 5 点作轴线的垂直线，与轮廓线相交得点是 $1^\#$~$5^\#$ 点。将 $1^\#$~$5^\#$ 点投到俯视图中，得到与中心线的交点是 $1'$~$5'$ 点，以 O' 点为圆心，以 O' 到 $1'$~$5'$ 的距离为半径作同心圆，过主视图 1~8 点作中心线的平行线投到俯视图，与五个同心圆对应相交出 $1^\#$~$8^\#$ 点，$1^\#$~$8^\#$ 点就是圆管与圆锥相交的相贯点，用曲线连接后，即完成所求的相贯线。

展开图：圆管用平行线法展开。作线段 5^+—5^+ 等于圆管的中径周长，8 等分 5^+—5^+，过等分点作垂线。按照俯视图中小圆管各编号线的长度，截取到展开图中，将所得交点用平滑曲线连接即完成圆管的展开。

圆锥的展开用放射线法。主视图中以 O 为圆心，以 OA 为半径画弧，作 $A^\times B^\times$ 等于圆锥中径的周长。在俯视图中过 $1^\#$~$8^\#$ 点，与 O' 连线，相交大口得交点 $7^\vee$、$6^\vee$、$8^\vee$、$5^\vee$、$4^\vee$、$1^\vee$、$3^\vee$、$2^\vee$。在主视图中，过 $1^\#$、$2^\#$、$3^\#$、$4^\#$、$5^\#$ 点，作以 O 点为圆心的同心圆弧。在 $A^\times B^\times$ 上确定一点 $7^\pm$ 后，将俯视图中 $7^\vee$~$2^\vee$ 各点间的弧长依次截取到 $A^\times B^\times$ 上，得到交点 $7^\pm$~$2^\pm$、过 $7^\pm$~$2^\pm$ 与 O 连线，与同心圆弧相交，得交点 $1^\times$~$8^\times$，用平滑曲线连接 $1^\times$~$8^\times$ 各点，即完成孔

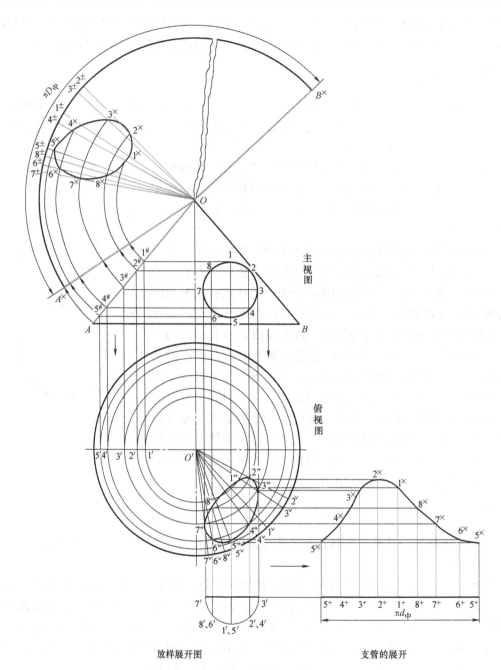

图 2-18　圆管水平相交正圆锥的展开

的展开。$OA^{\times}B^{\times}$ 所包括的部分为圆锥的展开。

实例9　矩形管水平正交四棱锥的展开

如图 2-19 所示，这是一个矩形管水平正交四棱锥，属于棱角类形体相交，用纬线定位法求相贯线。在主视图选 6 个关键点，它们分别是矩形管的四个角和四棱锥的棱交点，为 1~6 点。首先，过 1、3 和 6、4 线的延长线，相交棱边得 A、B 点，过 A、B 点作垂线，在俯视图得 A′、B′ 两点，过这两点作底轮廓线的平行线，得两个切面的截交线，把主视图 1~6

点对应投到俯视图上，得到六个相贯点，即 1^+～6^+。

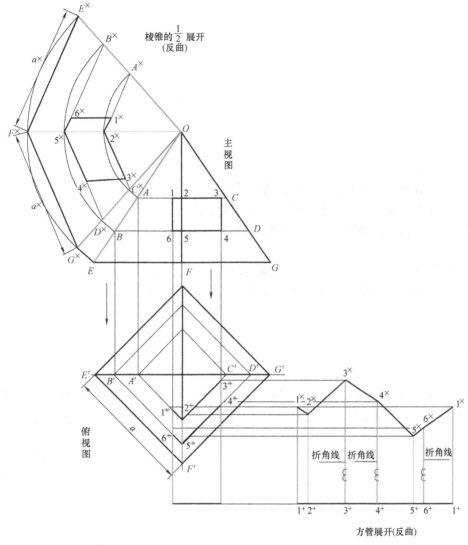

图 2-19　矩形管水平正交四棱锥的展开

展开：矩形管的展开。作线段 1^+—1^+ 等于矩形管里皮展开长，并截取 1^+—2^+、2^+—3^+、…、6^+—1^+ 之间的长度，等于主视图中的相应线段长度。过各编号点作线段的垂线，按俯视图中各编号线的长度依次截取在展开图上。得到 $1^×$～$4^×$～$1^×$ 各交点，用直线连接各点即完成矩形管的展开。

四棱锥的展开，主视图中以 O 为圆心，以 OA、OB、OE 为半径画同心圆。在 OE 上选定一点是 $E^×$，以俯视图 a 长在弧上截取两次为 $a^×$，得到 $F^×$ 和 $G^×$ 点。直线连接 $E^×$、$F^×$、$G^×$ 即为四棱锥 $\frac{1}{2}$ 展开。在 $OF^×$、$OE^×$ 和 $OG^×$ 线上，与以 OA、OB 为半径所画的圆弧相交得点 $A^×$、$B^×$、$2^×$、$5^×$、$C^×$、$D^×$，连接 $A^×$—$2^×$、$2^×$—$C^×$、$B^×$—$5^×$、$5^×$—$D^×$。截取 $2^×$—$1^×$、$2^×$—$3^×$、$5^×$—$6^×$、$5^×$—$4^×$ 等于俯视图中 2^+—1^+、2^+—3^+、5^+—6^+、5^+—4^+。最后，$1^×$—$2^×$—$3^×$……$6^×$—$1^×$ 是开孔的展开。

关于素线定位法和纬线定位法的应用，适用的例子还有很多，这里就不一一列举，下面就应注意的问题归纳如下：

1) 用素线定位法和纬线定位法求相贯线时，相贯线在某一视图中必须是已知的。

2) 素线定位法可以应用在主视图和俯视图、主视图和侧视图之间。

3) 纬线定位法一般只能应用于主视图和俯视图之间。

4) 素线定位法适用于柱状体、圆锥体和棱锥体，而纬线定位法只适用于圆锥体和棱锥体。

5) 通常情况下，两种方法是可以互相代替的，但特殊情况下是不可以互相代替的，但可以互补。

五、切面求点法

我们已经知道，如果要求某一构件的相贯线，当它在任何一视图中都是未知时，素线定位法和纬线定位法就无能为力了。这时，我们就应用另一种方法——切面求点法。切面求点法可根据需要分为垂直剖切、水平剖切和任意剖切三种情形，下面分别介绍这三种方法。

1. 垂直剖切

如图 2-20 所示，这是一个方管斜交圆台的构件，方管的中心线平行于立面，倾斜于平面。为了能清楚地表达作图原理，把它画成立体图来说明。假设用一个平行于立面的理想平面 P，去同时剖切圆台和方管，那么，在二形体的表面上，就会各自产生一个截交面，并且在这两个截交面中，方管的两条截交线和圆台的一条截交线，就必然会相交出两个公共点，即 J_1、J_2，很显然，这两个点就是相贯点。如果我们多作几个切面的话，就能得到一系列的相贯点，这就是切面求点法的基本原理。

将图 2-20 改画成图 2-21 就是实用的放样图，作图步骤简述如下：在俯视图中作直线，过圆台和方管，这就是切面 P，它平行于立面，垂直于平面。用纬线定位法把它投到主视图

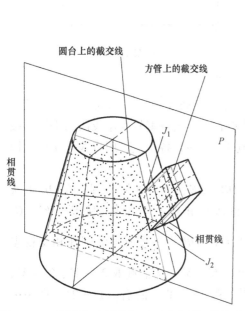

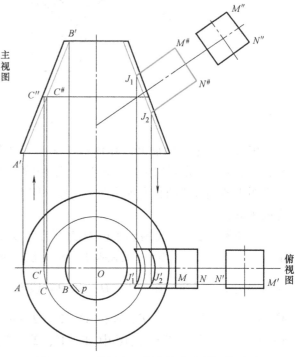

图 2-20　二形体相交被假想平面垂直剖切的情形　　　　图 2-21　方管斜交正圆台的垂直剖切放样图

中去，上下口与 P 交点分别是 AB，投到立面是 A' 和 B'。在 AB 间任选一点 C，以 O 为圆心，以 OC 为半径画弧，相交中心线得交点 C'，把 C' 投到主视图中是 C''，过 C'' 作水平线，与 C 点投到立面投影得交点 $C^\#$，过 A'、C''、B' 三点作曲线，右边与之对称（未注符号），这两条曲线就是切面 P 在主视图的截交线投影。

在俯视图切面 P 中，与方管端口交点是 M、N，反映在断面图上是 M'、N'，在主视图中的断面是 M''、N''，过 M''、N'' 两点作方管中心线的平行线，与端口交点是 $M^\#$、$N^\#$，与圆台的截交线相交得 J_1 和 J_2 两点，J_1、J_2、$M^\#$、$N^\#$ 是方管被 P 截切后的截交线投影，显然 J_1、J_2 就是二形体相交的相贯点。将 J_1 和 J_2 投到平面中是 J_1'、J_2'，在实际工作中，如果要求相贯线作展开，还需多作几个切面，以便得到多个相贯点。

实例10 圆管斜交正圆台的展开

图 2-22 是一个圆管以任意角度倾斜相交正圆台，根据图 2-22a 所示的已知尺寸 H、h、d_1、d_2、d、α、m、δ_1、δ_2 画出放样图，如图 2-22b 所示，这里着重讲一下切面法求相贯线的步骤。

求相贯线：在俯视图中作七个切面，因为对称，所以主视图只有四个切面。俯视图中断面编号是 $1\sim7$，反映在端口上是 $1'\sim7'$，主视图中断面是 $1''\sim7''$，俯视图圆管上的切面编号分别是 $1'$、$7'$，$2'$、$6'$、$3'$、$5'$、$4'$，用素线定位法将这 4 个切面投向主视图。以能相交切面范围为原则，作三条素线 $O'A$、$O'B$、$O'C$，反映在主视图上是 OA'、OB'、OC'。以切面 4 为例说明，俯视图中 4_1、4_2、4_3 是切面 4 与 A、B 及下边口的交点，用素线定位法投到立面，得到一曲线 $4_1'$、$4_2'$、$4_3'$，这条曲线与圆管上的 $4''$ 相交得交点 $4^\#$，这就是圆管与圆台相交的实际相贯点。其他切面作法与之相同，将所有相贯点投回平面各对应切面上（未注符号），即得到俯视图中的相贯点，用曲线连接即完成求相贯线。

圆台的展开：过平面相贯点与 O' 连线，相交底边缘得点 $1^\pm$、$6^\pm$、$2^\pm$、$5^\pm$、$3^\pm$、$4^\pm$，（上下对称只画一边）。主视图过相贯点 $1^\#\sim7^\#$ 向左作水平线，

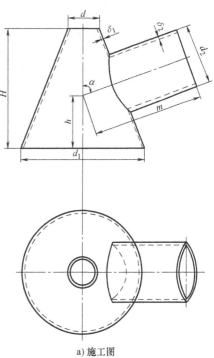

a) 施工图

图 2-22　圆管斜交正圆台的展开

得到与边线交点 $1^{\#\#}\sim7^{\#\#}$，以 O 点为圆心，O 到 F、O 到 $1^{\#\#}\sim7^{\#\#}$、O 到 E 作同心圆弧，在 OE 的圆弧上截取 $\pi d_{1\text{中}}$ 弧长，与 O 连线，即得到扇形展开 $E^\times F^\times F^\times E^\times$。在 OE 弧上任意取一点为 1^+，按照俯视图 $1^\pm\sim6^\pm$、$\cdots$、$4^\pm$ 的顺序，依次截取各点之间的弧长，移到 OE 弧线上，作出 $1^+\sim4^+$ 与 O 连线，与对应圆弧得到交点 $1^\times\sim7^\times$，用曲线连接各点，即完成孔的展开。

圆管的展开：如图 2-22c 所示，用平行线法展开。在主视图截取端面到相贯点 $1^\#\sim7^\#$ 各线的长度，移到 $\pi d_{2\text{中}}$ 展开长的一组垂线上，该组垂线是将展开长 12 等分后所作，得到各线长是 $1^+\!-\!1^\times$、$2^+\!-\!2^\times$、$\cdots$、$7^+\!-\!7^\times$，将各点用曲线连接即完成圆管的展开。

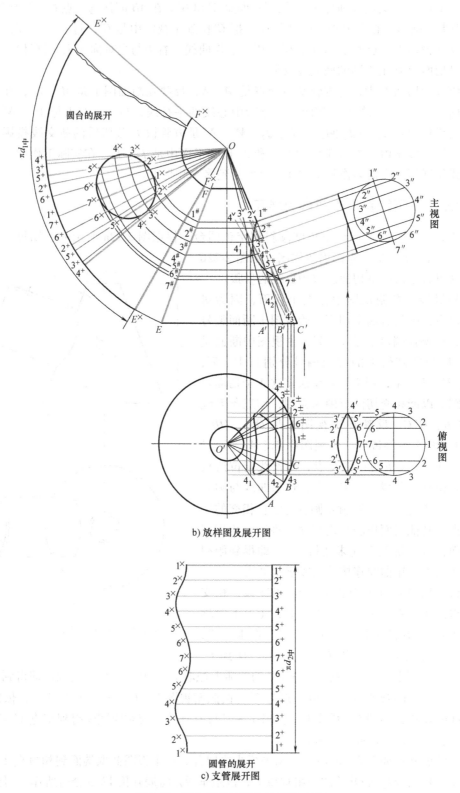

b) 放样图及展开图

圆管的展开
c) 支管展开图

图 2-22　圆管斜交正圆台的展开（续）

实例 11　矩形管偏心斜交正圆台的展开

如图 2-23a 所示，这是一个矩形管倾斜偏心相交正圆台。根据已知尺寸 h_1、h_2、d_1、d_2、n、p、m、δ_1、δ_2、α 画出放样图，矩形管按里皮放样，但上面板按外皮。圆台是按外皮放样，展开周长仍按中径计算，图 2-23b 是它的放样图。

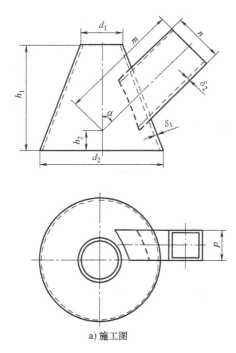

a) 施工图

图 2-23　矩形管偏心斜交正圆台的展开

求相贯线：本例也是采用垂直平面的切面求相贯线，这里的切面有三个，即平面支管端口 5'—6'—7'线，8'—4'线和 3'—2'—1'线，这三个切面都同时切割支管和圆台。其中，5'—6'—7'切面反映在主视图上是和正面投影轮廓重合的，因此，无须再画，$5^{\#}$、$6^{\#}$、$7^{\#}$ 三点也是自然相贯点。那么，还剩下两个切面，下面以 1'、2'、3'切面为例加以说明。俯视图中作二条素线 $O'A$、$O'B$，切面 1'、2'、3'与 $O'A$ 交点是 1_1，与 $O'B$ 是 1_2，与底边端口的交点是 1_3。素线定位法将 1_1 和 1_2 投到立面上，1_3 也投到立面上，主视图中曲线 $1'_1$、$1'_2$、$1'_3$ 就是切面 1'、2'、3'切割圆台的实形，这条曲线与 3″、2″、1″线分别相交出 $3^{\#}$、$2^{\#}$、$1^{\#}$，也就是相贯点，另一个切面和相贯点也用同样方法作出。

展开：圆台的展开用放射线法，在主视图过各相贯点 $1^{\#}$～$8^{\#}$ 向左作水平线，与边线相交是 $1^{\#}$～$8^{\#}$。以 O 为圆心，以 OE、O 到 $1^{\#}$～$8^{\#}$ 点距离、OF 为半径画圆弧。在 OE 所画弧上截取弧长 $\pi d_{2中}$，将 $E^{\times}$ 与 O 连线，$E^{\times}E^{\times}F^{\times}F^{\times}$ 扇形面包括的部分为正圆台展开。将主视图中相贯点投到俯视图中（未注符号），过各相贯点与 O' 连线，得到与底边交点为 $3^{\pm}$、$2^{\pm}$、$1^{\pm}$、$4^{\pm}$、$8^{\pm}$。在 OE 弧上，任取一点为 5^{+}、6^{+}、7^{+}，以此点为基准，依次把俯视图中 $3^{\pm}$～$8^{\pm}$ 各点间弧长截取到 OE 弧上，与 O 连线和对应弧线编号交点，得到 $1^{\times}$～$8^{\times}$ 各点，用折曲线连接各点即完成孔的展开。

支管的展开用平行线法，主视图上以端口到各相贯点 $1^{\#}$～$8^{\#}$ 的长度，移到支管里皮展开的一组垂直线上，同名编号的交点即得各线展开长，用折曲线连接 $1^{\times}$、$2^{\times}$、…、$8^{\times}$、$1^{\times}$ 各

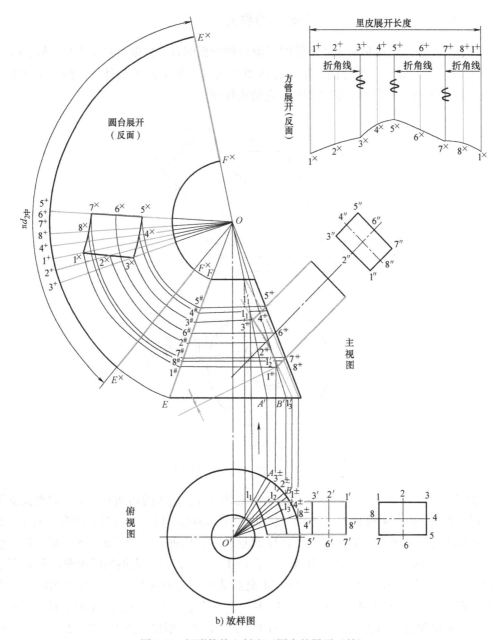

图 2-23　矩形管偏心斜交正圆台的展开（续）

点，得到支管的展开图，二形体都是反曲。

2. 水平剖切

如图 2-24 所示，这是一个小斜圆台与大圆台相交的构件。大圆台的轴线平行立面又垂直于平面，而小圆台的轴线是平行于立面，但倾斜于平面。与垂直剖切一样，水平剖切在二形体的截交线上也能产生两个相贯点 J_1 和 J_2，不同的是这个相贯点是水平排列的。

图 2-25 所示的是将立体图改画成放样图，作图步骤如下：先在主视图适当位置画一直线作为切面 P，这个切面 P 与二形体相切后，同时产生了大圆台圆心 O，大圆台截交线的圆半径 A 点，小斜圆台的圆心 O_1，小圆台截交线的圆半径 B 点。将这个切面投到俯视图中，

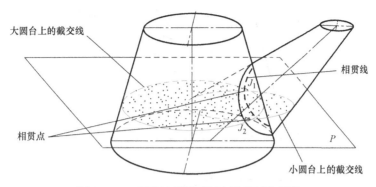

图 2-24 二形体被假想平面水平截切的情形

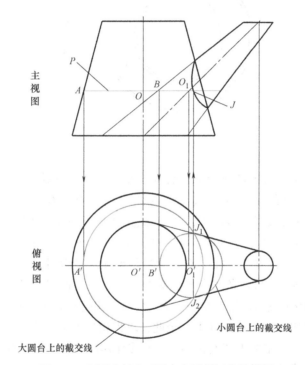

图 2-25 斜圆台斜交正圆台水平剖切的放样图

就得到大圆台圆心 O' 和截交圆半径点 A'，小圆台圆心 O_1' 和截交圆半径点 B'。大圆台的截交线是一个规则圆，小斜圆台的截交线也是一个规则圆。两条截交线相交就产生了两个交点 J_1、J_2，J_1、J_2 就是二形体相交的相贯点。把它投到主视图中就得到一个相贯点 J，如果再作几个切面就可以获得一组相贯点，画出完整的相贯线。

实例 12　斜圆台斜交正圆台的展开

图 2-26 是一个小斜圆台倾斜相交正圆台，根据图 2-26a 所示，已知尺寸有 h、D、d、d_1、d_2、α、δ_1、δ_2，放样图如图 2-26b 所示。正圆台 I 按外皮放样，斜圆台 II 按里皮放样，局部根据实际接触点放样。因为是斜圆台相交正圆台，二形体的水平截交线是规圆形，所以用水平方向剖切面求相贯线最简便，下面分别介绍求相贯线的过程和展开图的作法。

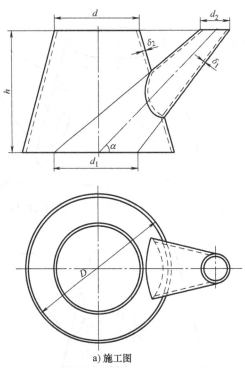

图 2-26　斜圆台斜交正圆台的展开

a) 施工图

　　求相贯线：先在主视图选择适当的位置作三个切面 P，也就是三条水平线与二形体相交。得出切面 P 与大圆台在主视图截交线的圆心 O_1、O_2、O_3，截交圆半径 O_1A、O_2B、O_3C。小斜圆台水平截交线圆心 O_4、O_5、O_6，截交圆半径 O_4a、O_5b、O_6c。将上述 12 个交点投向俯视图，得出 $O_1' \sim O_3'$、$A' \sim C'$、$O_4' \sim O_6'$、$a' \sim c'$。分别以 $O_1' \sim O_3'$ 为圆心，以 $O_1'A'$、$O_2'B$、$O_3'C'$ 为半径画圆。以 O_4' 为圆心，$O_4'a'$ 为半径画圆，O_5' 为圆心，$O_5'b'$ 为半径画圆，O_6' 为圆心，$O_6'c'$ 为半径画圆。获得六条闭合的截交线，第一层切面 P，A' 与 a' 相交点是 3，第二层切面 P，B' 与 b' 相交点是 2，第三层切面 P，C' 与 c' 相交点是 1，上下对称共 6 个相贯点。然后，投回主视图原切面 P 的各层面上，至此，求得相贯点 $1^+ \sim 3^+$，用曲线光滑连接各相贯点即完成求相贯线步骤。本例因图面较小，不宜多作切面，在实际放样中，可适当增加切面的数量，以获得更准确的相贯线。

　　求实长展开：为了避免图面复杂，我们将展开移出放样图来作，先作斜圆台管 Ⅱ 的展开，如图 2-26c 所示。作斜圆台的表面分割，在 $\frac{1}{2}$ 俯视图中作半圆周 6 等分，即 1~7，分别与 O' 连线，过 2~6 点作 $O'A$ 的垂直线，得垂足 $2' \sim 6'$，将 $2' \sim 6'$ 与 O 连线，得到与相贯线交点是 $1^+ \sim 7^+$ 和上端口的交点是 $1^\# \sim 7^\#$。用旋转法求实长，俯视图以 O' 为圆心，$O'—2 \sim O'—6$ 为半径作同心圆弧，相交 $O'A$ 于 $2^+ \sim 6^+$，过 $2^+ \sim 6^+$ 与 O 连线，即完成求实长。

　　过相贯点 $2^+ \sim 6^+$ 作水平线相交同名实长线，得交点 $2^\vee \sim 6^\vee$。上端口 $2^\# \sim 6^\#$ 与实长的同名交点是 $2^\circ \sim 6^\circ$。以 O 为圆心，以 $O—1$、$O—2^+$、$O—3^+$、$\cdots$、$O—7$ 为半径画同心圆弧，在 $O—7$ 弧上适当部位确定一点 7^+，以 d_1 中径周长的 $\frac{1}{12}$ 长依次画弧截取在邻弧上，得到 6^+、5^+、$\cdots$、7^+，将 $7^+—1^+—7^+$ 与 O 连接，得到放射线。以 O 为圆心，分别以 $O—1^+$、$O—2^\vee$、

O—$3^\vee$、O—$4^\vee$、…、O—$7^\#$，O—$1^\#$、O—2°、O—3°、O—4°、…、O—$7^\#$为半径画同心弧，与各同名放射线相交得点，下口是$7^{\times\times}$~$1^{\times\times}$~$7^{\times\times}$，上端口是$7^\times$~$1^\times$~$7^\times$。$7^{\times\times}$—$7^\times$—$7^\times$—$7^{\times\times}$所包括的部分为管Ⅱ展开。

管Ⅰ展开：如图 2-26d 所示，延长 EF 得 O 点，将相贯点 $1^\#$~$3^\#$与O连线，得到与 EG 相交 $3^\vee$、$2^\vee$、$1^\vee$ 点（O—$2^\vee$和O—$1^\vee$重合），过 $1^\vee$~$3^\vee$作 EG 的垂线，相交 $\frac{1}{2}$ 断面图得 $1^\pm$~$3^\pm$。过相贯点 T_1、$3^\#$、$2^\#$、$1^\#$、T_2 向左作水平线，交边线为 $T_1^\#$、$3^\#$、…、$T_2^\#$点，过 F、$T_1^\#$、$3^\#$、…、E 各点作以 O 为圆心的同心圆弧。在 OE 弧上选定 $T_{1,2}^+$ 点，依次截取 $T_{1,2}^+$—3^+、3^+—$2^\pm$、$1^\pm$点间的弧长，等于断面图 G—$3^\pm$、$3^\pm$—$2^\pm$、$1^\pm$间的弧长，过 $T_{1,2}^+$、3^+、2^+、1^+ 各点与 O 相连，与同名弧相交得 $T_1^\times$~$2^\times$~$T_2^\times$，即完成孔的展开。$E^\times E^\times$等于 $D_\text{中}$ 展开周长，$E^\times E^\times F^\times F^\times$所包括的部分为管Ⅰ的展开。

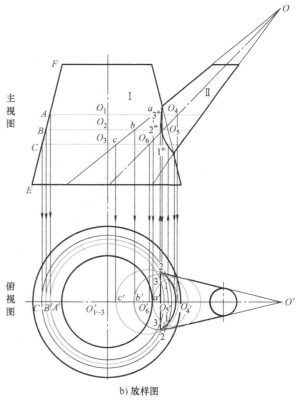

图 2-26 斜圆台斜交正圆台的展开（续）

b) 放样图

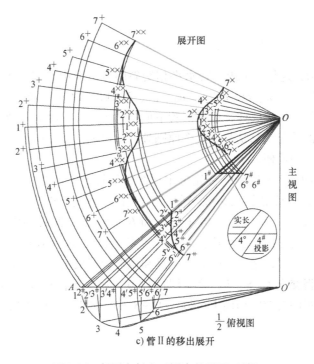

c) 管Ⅱ的移出展开

图 2-26 斜圆台斜交正圆台的展开（续）

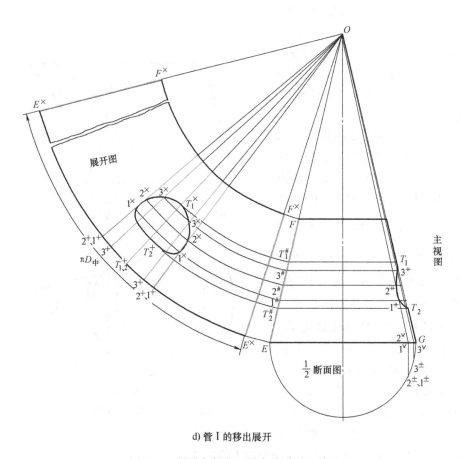

d) 管Ⅰ的移出展开

图 2-26 斜圆台斜交正圆台的展开（续）

实例 13 矩形管水平斜交斜圆台的展开

如图 2-27a 所示，这是一个矩形管水平相交斜圆台，但中心线又不平行于立面的构件，根据已知尺寸 H、h、m、n、D、d、α、α_1、δ_1、δ_2 画出放样图。如图 2-27b 所示，斜圆台是外皮放样，矩形管是里皮放样，但矩形管下面是外皮放样，因为斜圆台是与下面板外皮相接触的，其他类似的情况也都是基于这个原则处理皮厚的。根据两形体相交的特点，利用水平切面法求相贯线最为简便。

求相贯线：如图 2-27b 所示，首先过主视图矩形管上面板的里皮线、中心线和下面板的外皮线作三个切面。即延长三条线与斜圆台中心线相交，得出三个交点，A_1、A_2、A_3，切面与边线的交点是 B_1、B_2、B_3。将 $A_1 \sim A_3$ 和 $B_1 \sim B_3$ 投到俯视图中心线 CD 上，得到交点 $A_1' \sim A_3'$ 和 $B_1' \sim B_3'$，分别以 A_1' 为圆心，$A_1'B_1'$ 为半径，以 A_2' 为圆心，$A_2'B_2'$ 为半径，A_3' 为圆心，$A_3'B_3'$ 为半径画三个圆，这三个圆的形成是和矩形管三层切面同高的，也就是同切二形体的三个层面。因此得交点 1、8、7 是第一层；2、6 是第二层；3、4、5 是第三层；1~8 点就是相贯点。投回主视图对应的切面上，得到 1# ~8# 点，将 1# ~8# 连接后，就形成主视图上的相贯线。

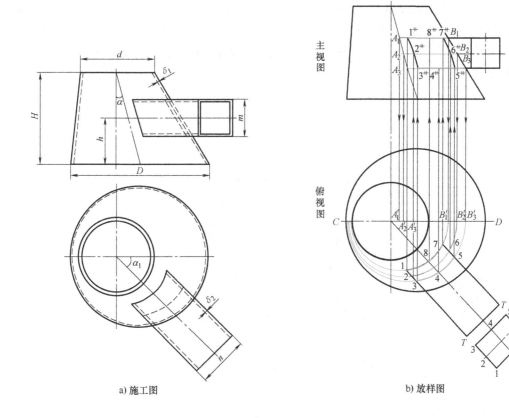

图 2-27 矩形管水平斜交斜圆台的展开

求实长展开：为了使图面清晰，我们将展开图移出另画。如图 2-27c 所示，在 $\frac{1}{2}$ 俯视图上，过 1~8 各相贯点与 O' 连接，相交底边缘 $1^\pm$~$3^\pm$、$4^\pm$、$8^\pm$、$5^\pm$、$6^\pm$、$7^\pm$ 点。连接 O' 与（3 等分 $\frac{1}{4}$ 圆）a~d 之间的线段，以 O' 为圆心，分别以 O' 到 $1^\pm$~$3^\pm$ 距离、O'—$4^\pm$、…、O'—$7^\pm$、$O'b$、$O'c$、$O'd$ 为半径画弧，相交 ae 线上，交点是 $1^\pm$~$3^\pm$、$4^\pm$、…、$7^\pm$、$b^\pm$~$d^\pm$，把这些交点与 O 连线后，即完成旋转法求实长。

以 O 为圆心，分别以 Oa、$Ob^\pm$、$Oc^\pm$、$Od^\pm$、O 到 $1^\pm$~$3^\pm$、…、O—$7^\pm$、Oe 为半径画同心圆弧。在 Oa 弧上任取一点 $a^\times$，以 $D_\text{中}$ 周长的 $\frac{1}{12}$ 为半径，从 $a^\times$ 开始，依次挨邻弧截取得 $b^\times$、$c^\times$、$d^\times$ 点。以 $d^\times$ 为圆心，俯视图中 d 到 $1^\pm$~$3^\pm$ 长为半径，截取相交 $1^\pm$~$3^\pm$ 弧上为 $1^\times$~$3^\times$，以 $1^\times$~$3^\times$ 为圆心，俯视图中 $1^\pm$~$3^\pm$ 到 $4^\pm$ 长为半径，截取在 O—$4^\pm$ 弧上，以下用同样方法作出得出所有点。在不开孔的另一侧不需要将素线安排过密，只选择 $6^\times$、$4^\times$、$1^\times$~$3^\times$、……、$a^\times$ 点即可。过 $a^\times$~$e^\times$~$a^\times$ 所有点与 O 连接，构成放射线。过主视图相贯点作水平线与各自实长线相交得点，以 $5^\pm$ 为例，过 $5^\pm$ 作水平线交 O—$5^\pm$ 线上，得到实长线 O—$5^\pm_1$，其他点也用同样方法作出。以 O 为圆心，分别以 Of、Og，以及上端口各素线实长点为半径（未注号）和以 O 到 $1^\#_1$~$3^\#_1$、O~$4^\#_1$、O~$5^\#_1$、…、O~$8^\#_1$ 的距离为半径画弧，与各对应放射线编号得交点。$1^\#$~$8^\#$ 是开孔位置，用折曲线连接各点，即完成斜圆台的展开。$a^\times e^\times a^\times a^{\times\times} e^{\times\times} a^{\times\times}$ 所包括的部分为展开图。因不对称，应注意弯曲方向，本例为反曲。

矩形管展开：如图 2-27d 所示，作一组垂线，$1^+—2^+$、$2^+—3^+$、$3^+—4^+$、…、$8^+—1^+$ 之间长等于俯视图断面。以端面 TT 为基准，截取 $T—1$、$T—2$、…、$T—8$ 各线长度，移到展开图对应编号线上，得到 $1^×\sim 5^×\sim 1^×$ 各交点。用折曲线连接各点后，$1^×—5^×—1^×—1^+—5^+—1^+$ 所包括的部分为矩形管展开图，$3^×—5^×—7^×$ 线为折弯线，反曲。

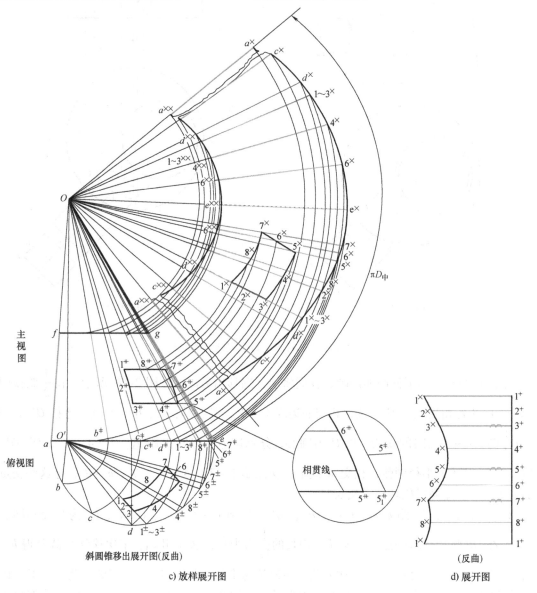

c) 放样展开图

斜圆锥移出展开图(反曲)

d) 展开图

（反曲）

图 2-27　矩形管水平斜交斜圆台的展开（续）

3. 任意剖切

任意剖切是指假想剖切平面垂直于主视图投影面，而倾斜于俯视图投影面。与上述两种剖切法相同，任意剖切的平面，它只要过二形体剖切，都可以得到两个交点。如图 2-28 所示，这是一个小正圆台斜交大正圆台，在过小圆台中心轴线上作剖切面，那么，在小圆台得到的截交线是梯形，在大圆台上得到的截交线是部分椭圆。二形体的截交线交点是 J_1、J_2，就是相贯点，这两个相贯点也是水平排列的。

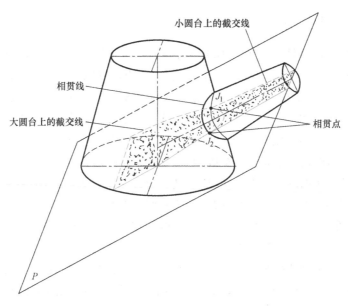

图 2-28　二形体被假想平面任意剖切的情形

图 2-29 是把立体图改画成的放样图，首先在主视图中，过小圆台轴线作一切面 P。用纬线定位法把这个切面 P 投到俯视图中去，纬圆的半径 OA，投到平面是 $O'A'$，纬圆与 P 面交点是 B，投到平面是 B'。P 面与大圆台轮廓交点是 C，投到平面是 C'，与圆台底缘相交是 D，投到平面是 D'。将 D'、B'、C' 用曲线连接，便得到大圆台的截交线。与小圆台的轮廓相交，即得到两个交点 J_1、J_2。将 J_1、J_2 投到主视图中切面 P 上，切面 P 与 J_1、J_2 的交点是 J，J 点就是相贯点。如果要得到一组相贯点的话，同样需作多个切面。

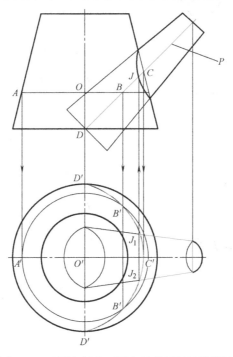

图 2-29　正圆台斜交正圆台任意剖切的放样图

实例 14　小圆台斜交大圆台的展开

如图 2-30a 所示，这是一个倾斜小圆台与大圆台相交的构件。二轴线都平行于立面，根据已知尺寸 H、h、m、D、d、d_1、d_2、α、δ_1、δ_2 画出放样图，如图 2-30b 所示。

求相贯线：首先在主视图小圆台断面中作圆的 8 等分，半圆的等分点为 1~5，过 2、3、4 点作轴线的平行线，交 1—5 线是 $2^\#$、$3^\#$、$4^\#$ 点，过 $2^\#$、$3^\#$、$4^\#$ 点与 O_1 连线，则 O_1—$2^\#$、O_1—$3^\#$、O_1—$4^\#$ 就是三个假想切面 P，用素线定位法将这三个切面投到俯视图中。在能相交三个切面的前提下，连接 OA、OB 两条素线，OA 与三个切面的交点是 A_2、A_3、A_4，OB 与三个切面的交点是 B_2、B_3、B_4。OA、OB 投到俯视图中是 $O'A'$ 和 $O'B'$，与三个切面的交点分别是 A'_2~A'_4、B'_2~B'_4。三个切面与大圆台轮廓在立面上的交点是 C_2、C_3、C_4，投到平面是 C'_2、C'_3、C'_4。将上述各点按层次用曲线连接，便得到大圆台的截交线，也就是部分椭圆轨迹的投影线。将小圆台大口的 1~5 点投到平面中去，得到 $1'$~$5'$ 点，与 O'_1 连线后，就得到小圆台上的三个切面在俯视图中的截交线。与之对应的大圆台三条截交线交点是 $2°$、$3°$、$4°$，至此，二形体的相贯点在俯视图中已求出，再把主视图中的 $1^\#$、$5^\#$ 两点投到俯视图中（未标符号），用曲线连接后，就形成了俯视图中的相贯线。将 $2°$、$3°$、$4°$ 投回立面各对应切面上，就得到 $2^\#$、$3^\#$、$4^\#$ 点，与 $1^\#$、$5^\#$ 连线后，便完成了求相贯线。

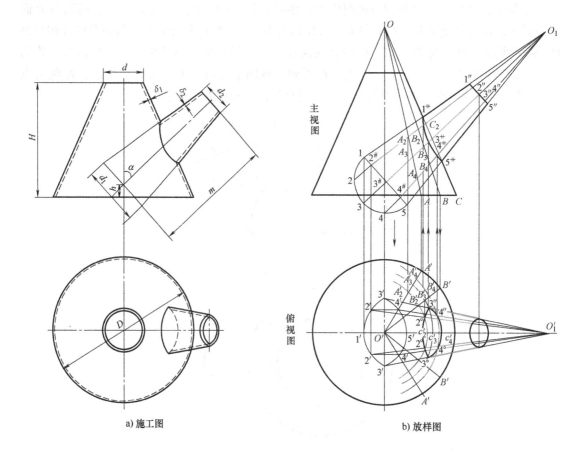

a) 施工图　　　　　　　　　　　b) 放样图

图 2-30　小圆台斜交大圆台的展开

大圆台的展开：仍然把展开图移出来画，如图 2-30c 所示，过平面相贯点 $1°$、$2°$、$3°$、$4°$、$5°$ 与 O' 连线，相交底边缘是 $1^±$、$5^±$、$4^±$、$2^±$、$3^±$ 点。在主视图过相贯点 $1^\#$～$5^\#$ 作水平线，与 OE 线相交是 $1^\#$～$5^\#$ 五点，以 O 为圆心，分别以 OE、$O—1^\#$、$O—2^\#$、…、$O—5^\#$、OF 为半径画同心圆。在 OE 弧上选定点为 1^+、5^+，按照俯视图中 $1^±$、$5^±$、$4^±$、$2^±$、$3^±$ 的顺序，截取各点间的弧长，移到展开图上，即 1^+、5^+、4^+、2^+、3^+ 点。把各点与 O 连接线段，与对应圆弧编号交点是 $1^×$～$5^×$，用曲线连接各点是孔的展开。$E^×E^{××}$ 等于大口中径的展开周长，$E^×E^{××}F^{××}F^×$ 所包括的部分为大圆台的展开。

小圆台的展开：如图 2-30d 所示，它是一个被截切的正圆台，因此，用展开正圆台的方法。以 O_1 为圆心，分别以 O_1E、O_1F、$1^\#$～$5^\#$ 点各实长线 $1^\#$～$5^\#$ 为半径画弧，在 O_1E 弧上截取 $1^+—5^+—1^+$ 等于 d_1 中径展开周长，并分出 8 等分，与 O_1 连线后，对应圆弧的同名编号交点是 $1^×$～$5^×$～$1^×$，用曲线连接 $1^×—1^×—1^{××}—1^{××}$ 所包括的部分为小圆台的展开。

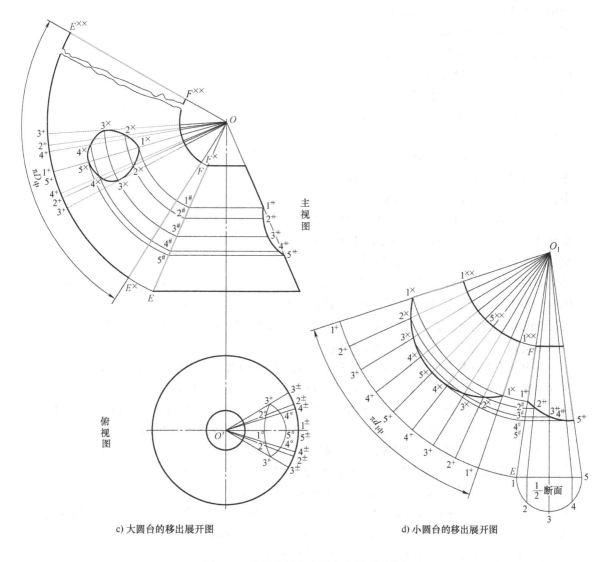

c) 大圆台的移出展开图　　　　　　　　　　　　　d) 小圆台的移出展开图

图 2-30　小圆台斜交大圆台的展开（续）

实例 15　四棱台平交圆台的展开

如图 2-31a 所示，这是一个由四棱台水平相交正圆台的构件。根据已知尺寸 H、h、D、d、m、n、δ_1、δ_2 画出放样图，放样图如图 2-31b 所示。板厚处理原则是以实际接触部分为准放样，如果是不铲坡口，则圆台是外皮，四棱台是按里皮放样。但四棱台下面板是按外皮放样，也就是说按实际接触部分放样。四棱台展开长度仍然按里皮计算，圆台的展开长度按中心层计算。

求相贯线：本例采用的是在主视图投影面作三个切面 P，这三个切面是垂直于主视图，而与俯视图投影面有一定夹角，也就是过四棱台的轮廓线和中心线，如图 2-31b 所示 $1°$—$(1'')$　$3''$、$8°$—$(8'')$　$4''$、$7°$—$(7'')$　$5''$。用素线定位法将三个切面投到平面中，在适当的部位过 O 点作 OA、OB 两条素线，与第一层切面交点是 A_1、B_1。因为第二层是水平切面，反映在平面的截交线是规圆形，所以无须作与素线 AB 的交点，只是将 D 点投向平面中，即可得到切面半径。第三层切面与素线的交点是 A_7、B_7。将 A_1、A_7、B_1、B_7 投到平面得到 A_1'、A_7'、B_1'、B_7'，再用纬线定位法求出截交线的半宽 C''、G''，用光顺曲线连接第一层

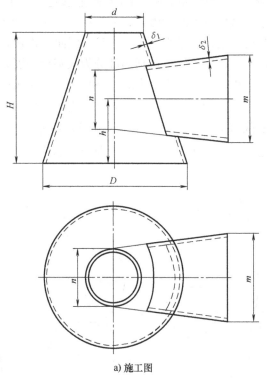

a) 施工图

图 2-31　四棱台平交圆台的展开

切面的截交线，C''、A_1'、B_1'、2^+（因截交线对称，字母只标写一边，2^+ 点是自然相贯点由主视图投下来的）。第二层是规则圆形，第三层的光顺点是 G''、A_7'、B_7'、6^+。三层截交线与四棱台对应层面的截交线的交点是 1^+~8^+，把 1^+~8^+ 投回到主视图各层面上，得交点是 $2''$~$1''$~$8''$~$7''$~$6''$，将各点光滑顺序连接后，即完成求相贯线。

展开：先作四棱台的展开，如图 2-31c 所示，按照放样图原封不动的把四棱台移画出来。采用旋转法求实长，以俯视图中 O' 为圆心，以 O'—3 长为半径，画弧交水平线得 B 点，连接 OB，即为四棱锥棱线的实长。过主视图中的 $1''$、$3''$ 点作水平线与实长线相交，过 $5''$、$7''$ 点作水平线与实长线相交，分别得到交点 1^+、3^+、5^+、7^+ 四个相贯点到 O 点间的实长。过 $4''$、$8''$、$6''$ 点作水平线，与 OE 线相交，即得到 2^+、4^+、8^+、6^+ 的实长线 2^+~6^+（2^+ 点是原有的）。以 O 点为圆心，分别以 OB、O—1^+、O—3^+、O—2^+、O—4^+、O—5^+、O—7^+、O—6^+ 为半径画同心圆弧。在 OB 圆弧上选定一点为 $5^×$，以俯视图边长宽度 a 截取四次，得到 $5^×$—$7^×$—$1^×$—$3^×$—$5^×$，以及中间点顺次移过来，得到 $6^×$、$8^×$、$2^×$、$4^×$ 点。将上述各点与 O 连接后，构成放射线，与同名编号圆弧形成交点 $5^{××}$、$6^{××}$、$7^{××}$、$\cdots$、$5^{××}$，用折曲线连接各点，$5^{××}$—$5^×$—$5^×$—$5^×$ 所包括的部分为四棱台的展开。所得到的展开料为正曲。

圆台的展开：简述如下，如图 2-31d 所示，$E^×E^{××}F^{××}F^×$ 为所求的展开形状和大小。$E^×$ ~ $E^{××}$ 弧长等于圆台大口中径的展开周长。在弧上确定一点为 6^+、2^+，按俯视图 O' 过相贯点连

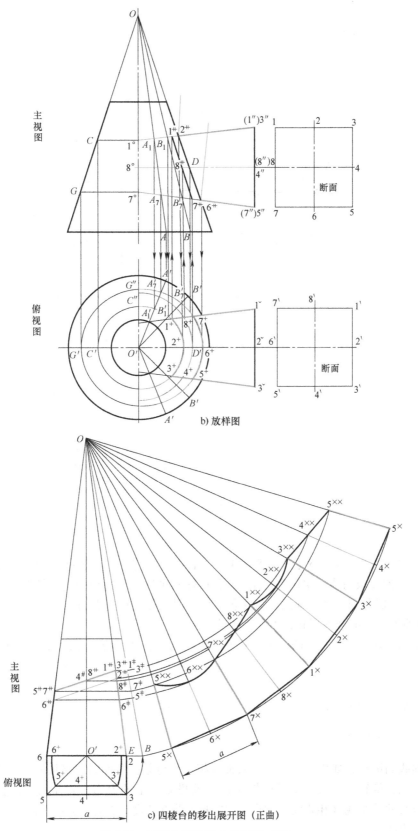

b) 放样图

c) 四棱台的移出展开图（正曲）

图 2-31　四棱台平交圆台的展开（续）

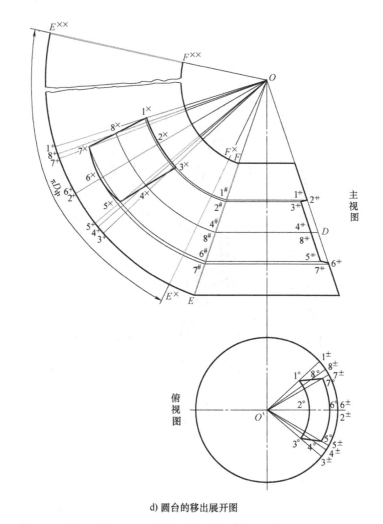

d) 圆台的移出展开图

图 2-31　四棱台平交圆台的展开（续）

线到底边的 $1^±$—$8^±$—$7^±$—$6^±$、$2^±$—$5^±$—$4^±$—$3^±$ 的顺序，截取各点间的圆弧长到展开图上，与 O 连线，形成放射线。主视图过 $1^\#$~$8^\#$ 各点作水平线，与边线的交点是 $1^\#$—$8^\#$。以 O 为圆心，O 到 $1^\#$~$8^\#$ 分别为半径画弧，与同名编号放射线相交得交点为 $1^×$—$8^×$，用曲线光顺连接 $1^×$~$8^×$ 点即为开孔的开展形状，本例为正曲。

　　关于用剖切面求相贯线的三种形式就介绍到这里，现就应该注意的几点归纳如下：

　　1）无论是用哪种形式的剖切平面，都应该使剖切面 P 同时剖切二形体。

　　2）根据二形体的形状、相交形式来选择剖切面的方向。

　　3）剖切面求相贯线的方法，适用于任何相交构件的相贯线求出。

六、球面求点法

　　前面我们讲过，如果一个旋转体的轴线相对平行某投影面时，又被一个垂直轴线的平面截切，那么，旋转体的截交线（相贯线）在该投影面上的投影一定是直线。换言之，就是呈平面分布的截交线（相贯线），所包括的平面垂直某投影面时，其截交线（相贯线）投影一定是一直线段。

　　一个球体无论被某一平面怎样任意地截切，它的截交线都是一个圆形。如图 2-32 所示，假想切面 P 任意截切球体，所得到的截交线都是一个圆形，只要切面 P 垂直于某一投影面，那它在该投影面上的投影就是一直线段。同样，假设一个球体的球心正好在另一个旋转体的中心线上，并且两个形体的表面是处于相交状态，这时，旋转体与球体的接触面，就相当于被某一平面截切，它们的相贯线（截交线）当然是个圆形，这条相贯线在平行旋转体轴线的投影面上的投影就是一直线。如图 2-33a 立体图所示，图 2-33b 是它的投影图。

　　如果把图 2-33a 所示的圆管上增加一个相交的圆管，并且二管的轴线相交，又都平行于某一投影面，这时与该球体相交，球心自然在两管的轴线交点上，那就能得到两条截交线，两条截交线又相交出两个交点，这两个点就是两管的相贯点。如图 2-34a 所示，图中的 J_1、J_2 就是相贯点，AB 和 CD 分别是两个截交圆形的直径，这两个直径线条的交点反映在投影图上就是相贯点 $J_{1,2}$，如图 2-34b 所示，这就是球面求点法求相贯线的基本作图原理。如果再增加几个大小不等的球体（改变球体 R 的大小），就可以得到一系列相贯点。

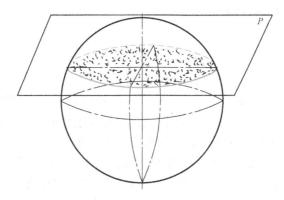

图 2-32　球体被任意一平面截切的情形

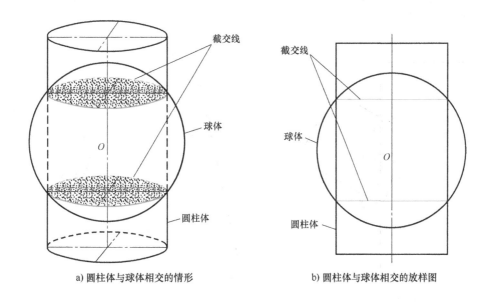

a) 圆柱体与球体相交的情形　　　　　　　b) 圆柱体与球体相交的放样图

图 2-33　圆柱体与球体相交

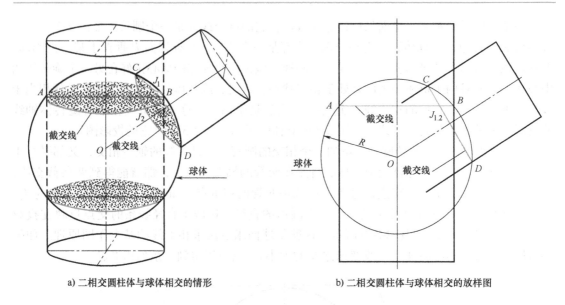

a) 二相交圆柱体与球体相交的情形　　　　b) 二相交圆柱体与球体相交的放样图

图 2-34　二相交圆柱体与球体相交

　　图 2-35 是一个异径斜交三通管的放样图实例，共作出三个球体圆弧，由 1—1 与 1′—1′相交出 1⁺，2—2 与 2′—2′相交出 2⁺，3—3 与 3′—3′相交出 3⁺三个相贯点。a^+ 与 b^+ 是自然相贯点的投影，无须另求，这样，用平滑的曲线光滑顺序连接 a^+—1⁺—2⁺—3⁺—b^+ 便完成求相贯线步骤。二管都可用平行线法展开，本例没有作出展开。

　　图 2-36 所示的是一个由两个大小不等的正圆台相交组成的构件。图中也作了三段由大到小的圆弧，由 1—1 与 1′—1′相贯出 1⁺，…，3—3 与 3′—3′相交出 3⁺，最后光滑顺序连接 a^+—1⁺—2⁺—3⁺—b^+。两圆台都可用放射法展开，本例没有作出。学习展开图的展开方法，展开主管的开孔方法固然重要，但在很多场合是不需作开孔展开的，例如，主管不需要开孔，或者是将制作成形的支管贴在主管表面画出开孔形状，在一些要求不高的场合，为了节约时间而经常采用。

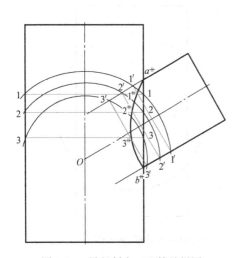

图 2-35　异径斜交三通管放样图

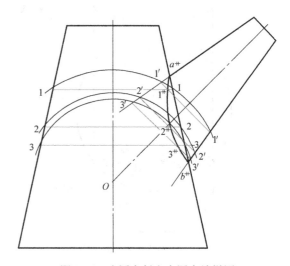

图 2-36　小圆台斜交大圆台放样图

　　球面求点法虽然操作步骤简单、方便，但有一定条件限制，在大多情况下，得到的相贯点不均匀，靠近圆心处的点较少，只适用于一些不太精确的场合，因此使用范围较小。使用时应注意以下几点：

　　1）球面求点法求相贯线，只适用于旋转体的形体相交。

　　2）二形体的轴线必须是空间相交，并且同时平行于某一投影面。

　　3）所选定的球体直径（作圆弧 R 大小），一定大于较大直径的形体和小于二形体的相交范围。

　　至此，我们已经掌握了几种相贯线的方法，现将如何灵活运用构件求相贯线的方法归纳如下：

　　1）人为相贯线放样步骤简单、方便，但应用范围小。

　　2）直线型相贯线放样步骤也比较简单，应用范围较大。

　　3）在有一个投影面的相贯线是已知的条件下，就应该用素线定位法，如果是锥体的构件也可以用纬线定位法或者是素线定位法。这两种方法涉及的范围很大。

　　4）如果相交构件的相贯线在任何投影面都是未知的，就必须运用切面求点法，选择切面的方法可根据形体的结合形式而定。如果是要求不高的构件，还可以用球面求点法，比如构件尺寸较小的条件下。这两种方法通常是适用于比较复杂的形体相贯线求出。

第三章　变换投影面法

主要内容： 本章介绍的是针对复杂条件下的管件展开方法。通过三维立体的说明，从变换投影面的产生和目的、作图方法、以及应用举例做了细致系统的讲解。

特点： 分图分步，逐级说明，理论知识与实例相对应。

第一节　变换投影面的形成和目的

根据解析几何学得知：点的空间位置由 X、Y、Z 三个坐标决定。变换投影面法就是改变空间几何元素与投影面相对位置的一种方法，也就是在原有的空间几何元素和基本投影面相对位置不变的前提下，改变投影面相对位置的方法。那么，这个改变了位置的投影面是哪来的呢？其实是新增加的，通过它来达到求解展开图的目的。

为什么要增加新的投影面呢？前面讲过，如果空间有一条线段，只有在它平行于某一个投影面时，它才会在该投影面上反映实长。如果是两条线段组成的夹角，显然，这两条线段同时平行于某一个投影面，才会在该投影面上真实地反映两条线之间的角度。如图 3-1 所示，AB 和 BC 两条线段同时平行于 V 面，所以，AB 和 BC 在 V 面都反映实长，$\angle ABC$ 也是反映实际角度。那么，既然反映真实夹角，为什么还要增加新的投影面呢？那是因为如果给出的几何元素是处于一种复杂的形式，无论怎样选择投影面，它在哪一个面也有不

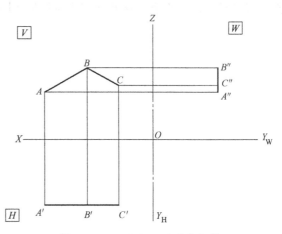

图 3-1　$\angle ABC$ 在 V 面反映实形

反映实长的部分。如图 3-2 所示，线段 CD 在三个面上都不反映实长，$\angle BCD$ 在三个面上也不能反映真实的角度。这时，必须增加一个新的投影面，使这个投影面既能反映线段实长，又能反映线段组成夹角的实际角度。同时这个新的投影面和原有的投影面之间也有着几何关系，以达到能用简单的方法，解决复杂的问题的目的。下面，将详细讲一下变换投影面法的基本原理和作图步骤。

为了能使读者直观地理解变换投影面法的基本原理，先画一个立体图来进行分析。如图 3-3 所示，在空间有一线段 MN，它既不平行于 V 面，也不平行于 H 面，现在假设作一个新的投影面 V_1，让 V_1 满足两个条件：平行于线段 MN；垂直于 H 面。在图 3-3 中，可以看到，原投影 V 面和新投影 V_1 面中的对应点高度相等。即：$mm'' = Mm' = m^+ m^\#$，$nn'' = Nn' = n^+ n^\#$，$Mm^+ = Nn^+ = n'n^\# = m'm^\#$。很显然，线段 MN 在 V_1 面上的投影 $m^+ n^+$ 就是实长，这就是变换投影法的基本原理。这里要强调的是：V_1 面一定要垂直于原 H 面，也有在 V 面增加新投影面的情况，同样，这个新投影面 H_1 也必须垂直于原投影面 V，就是变换投影法的核心要素。

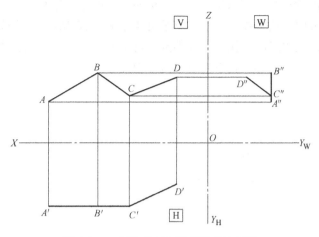

图 3-2 ∠BCD 在三个面都不反映实形

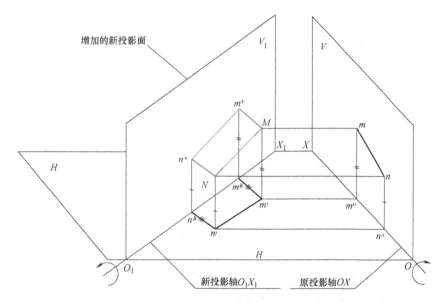

空间线段 MN 在一次变换投影面中反映实长的情形

图 3-3 线段 MN 在一次变换投影面中反映实长的情形

现在把图 3-3 中的三个投影面旋转到同一平面上，以 H 面为基准，V 面以 XO 为轴往外翻转 90°，V_1 面以 X_1O_1 为轴往外翻 90°，展开铺成了一个平面后，就变成了图 3-4 所示的样子。再去掉多余的边框线，就变成了图 3-5 所示的样子。

根据基本原理，可以归纳出换面法的作图步骤：

第一步：以 $m'n'$ 为基准，作 X_1O_1 平行于 $m'n'$。

第二步：过 m' 和 n' 两点，分别作垂直 X_1O_1 的垂线。

第三步：分别截取 $m^+m^\#=mm''$，$n^+n^\#=nn''$。将得到的交点 m^+ 和 n^+ 连接起来，就完成求空间线段 MN 实长的步骤，m^+n^+ 为所求的实长线，这就是一次换面法的作图步骤。

通过以上分析可以看出，增加一个新的投影面，可以求出线段 MN 的实长，这叫一次变换投影面（简称一次变换）。但目的是要求出多条线段组成的夹角实际角度，因此，还需要再增加一个新的投影面，这个投影面一定要垂直于空间线段 MN，使线段 MN 在二次变换投影面中变成一个点，这叫二次变换。以此类推，再增加一个垂直二次投影面的新投影面叫作三次变换。还有四次、五次等。在下一节中将详细介绍。

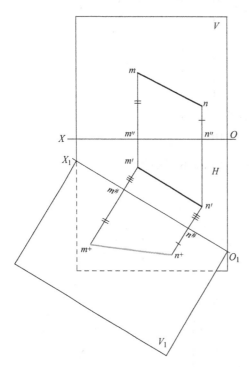

图 3-4　将一次换面的相互立体关系呈展平状态

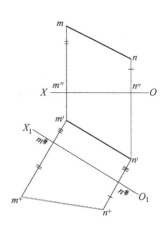

图 3-5　整理后的一次变换投影图

第二节　多次变换投影面的方法

　　我们已经掌握了一次变换投影面的基本原理和作图方法，现在讲多次变换投影面的方法。二次变换投影面的方法和投影变换关系与一次的完全相同，是一次变换作图方法的重复，理解了一次变换的基本原理，二次变换的作法就迎刃而解了。作二次换面时，二次变换的新投影面必须建立在一次换面的基础之上，并且垂直一次投影变换面。

　　如果是需要多次换面，作图时也必须遵守这个原则，从一次换面开始，一次变换投影面必须建立在原来旧的投影面之上，并垂直于旧投影面，接着是重复作图二次、三次……，每一个新的投影面都建立在上一个投影面之上，并垂直于它。

　　图 3-6 所示的是一个由两条线段组成的夹角，不难看出，线段 AB、BC 无论是在 V 面，还是在 H 面都不能反映实长，当然，∠ABC 就不是实际夹角了。怎样才能求出线段的实长和∠ABC 的夹角呢？可以用三次变换投影面的方法来求出它们。

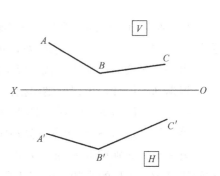

图 3-6　空间两条线段组成的任意夹角

如图 3-7 所示，首先，作一次变换投影面，在 H 面作一新投影面 V_1，使 V_1 垂直于 H 面，平行于线段 BC，那么，在 V_1 面上 $B''C''$ 是实长，而 $A''B''$ 则不是实长。其次作二次投影变换，作一个投影面既垂直于 V_1 面，又垂直于实长线段 $B''C''$，并且是建立在 V_1 面上，那么在这个投影面上有线段 $B'C'$ 投影为一点（$B^{\pm}$）$C^{\pm}$，$A'B'$ 投影为 $A^{\pm}$（$B^{\pm}$），$A^{\pm}$（$B^{\pm}$）不是实长，这一步的目的是将组成夹角的一边 $B'C'$ 变为一点。最后作三次投影变换，这个三次变换投影面既垂直于二次变换投影面，又平行于线段 $A^{\pm}$（$B^{\pm}$），得到投影线段是 $A^{+}B^{+}C^{+}$。因为线段 $B'C'$ 垂直于二次变换投影面，三次投影面也垂直于二次投影面，所以，三次变换投影面平行于空间线段 $B'C'$，又因为三次投影面是平行于 $A^{\pm}B^{\pm}$ 建立的，也就是平行于空间线段 $A'B'$，至此，线段 $A'B'$、$B'C'$ 同时平行于三次投影面，显然，在三次变换投影面上，$A^{+}B^{+}C^{+}$ 都反映实长，$\angle A^{+}B^{+}C^{+}$ 也是实际角度。

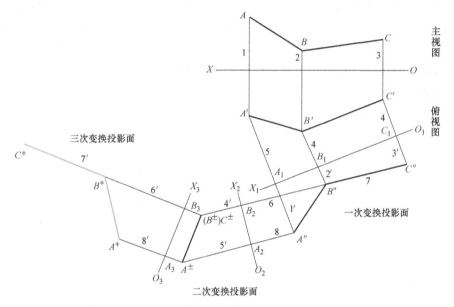

图 3-7　三次变换投影面求出的线段 AB、BC 实长和夹角

通过上面分析，将三次变换投影求空间线段实际夹角的方法总结如下：

1) 求出两条线段其中一条的实长。即在俯视图作 X_1O_1 平行于 $B'C'$，过 A'、B'、C' 三点作垂直于 X_1O_1 的直线，截取 $1'$、$2'$、$3'$ 分别等于主视图 1、2、3。

2) 将实长线 $B''C''$ 变为一个点。在适当位置作 X_2O_2 垂直于 $B''C''$ 的延长线，截取 $4'$、$5'$ 分别等于 4、5。

3) 增加三次变换投影面平行于线段 $A'B'$。即作 X_3O_3 平行于 $A^{\pm}$（$B^{\pm}$），过 $A^{\pm}$（$B^{\pm}$）两点作垂直 X_3O_3 的直线，截取 $6'$、$7'$、$8'$ 分别等于 6、7、8（其中 $7' = B_2C''$），线段 $A^{+}B^{+}$、$B^{+}C^{+}$ 等于实长，$\angle A^{+}B^{+}C^{+}$ 是实际角度。

以上是用三次换面法求出线段 ABC 的实长和实际夹角，如果是复杂的图形，根据实际需要还可以作四次、五次换面等。这里要特别强调，无论变换几次投影面，都要记住：第一次变换投影面应建立在平面（H）、立面（V）或侧面（W）上，第二次变换投影面应该建立在第一次之上，并且每次换面都垂直于它所在的基础面上，就这样延续下去，直至完成。

最后，将多次变换投影面的关系和截取尺寸的规律归纳起来如下：

1）新投影和不变的旧投影之间连线，必须垂直新投影轴。

2）截取和被截取的尺寸方向必须垂直于投影轴。

3）截取和被截取的尺寸必须要间隔一个视图或者一个变换图。

4）所截取的尺寸和被截取的对应尺寸必须相等。

第三节　变换投影面法应用的相关问题

我们已经知道，假设空间有某线段不反映实长时，或者是由线段组成的夹角不反映实形时，可以用多次换面法来求出。如果这种情形体现在圆管件的相交时，就涉及一个展开管口的问题。在讲变换投影法的应用之前，先来认识一下几个概念。我们已经掌握了圆管一端被斜截后的展开方法。当一段圆管两端都被不垂直轴线的平面斜截后，并且截面椭圆长轴在断面图上看又不重合，如图 3-8 和图 3-9 所示。这种管件如何展开呢？我们可以假设有一个垂直轴线的平面 P 截切圆管，作为基准面。那么，相对于这个平面两头的斜面就形成了长边、短边和差心值。

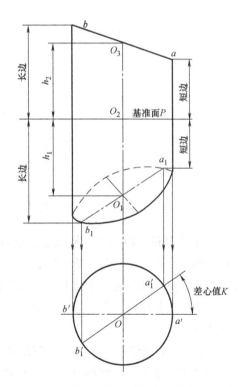

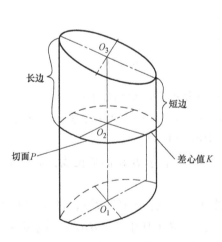

图 3-8　圆管两端被平面任意斜截的情形　　　　图 3-9　圆管两端被平面任意斜截的投影图

在展开这段圆管时，只要将 P 以上的部分作为一次展开，然后，截取出差心值，再将 P 以下的部分作一次展开，最后两边的展开合为一个整体，形成一个完整的展开图。作图步骤简述如下：

图 3-10a 是放样图，用平行线法展开。基准面 P 以上的作一次展开，与一般的斜圆管展

开相同。关键是基准面 P 以下的部分，一是圆管的斜截角度是未知的，二是两头的差心值是未知的。我们用一次变换投影面的方法解决上述两个问题。作 X_1O_1 轴平行于 $a_1'b_1'$，过 a_1'、b_1'、O 点作 X_1O_1 的垂直线，在各线上分别截取主视图中的 H_2 和 h_2 的长度，得 H_2' 和 h_2'，连接后便得到圆管的倾斜度。将主视图中的 a 投到俯视图中得 a' 点，主视图中的 a_1 点投到俯视图对应的是 a_1' 点，则 a_1'—a' 弧长就是圆管两头的差心值 K。

图 3-10b 是展开图，在展开周长上分出 12 等分，并过各点作垂线，完成展开。在基准线以下截取差心值 $K^×$ 等于放样图 K，然后向左量取一个周长并分出 12 等分，按照一次变换图中的各点展开这一部分。我们发现展开图右边下部少一部分，而左边却又多一部分，基准线上下两部分是错位的，我们把这一部分错位补齐后，就形成了图 3-10c 所示。具体方法就是把图 3-10b 中的 $T^×$ 以左部分按顺序移到右边，光滑连接各点后就完成作图。像这种不对称图形展开时正反曲是必须事先确定的，本例是正曲。

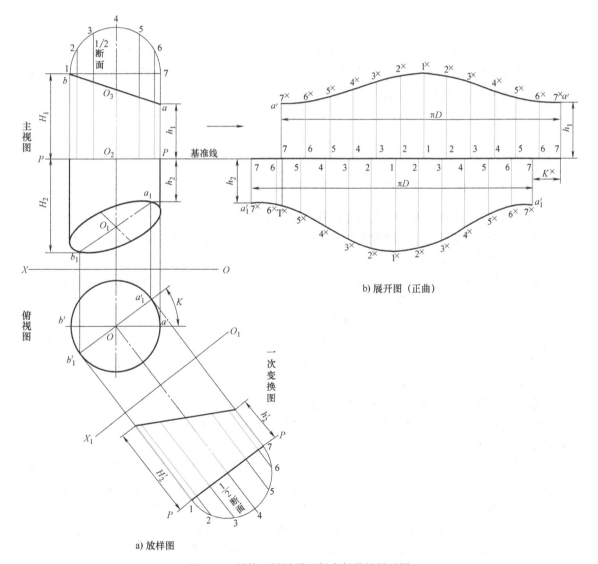

b) 展开图（正曲）

a) 放样图

图 3-10　圆管两端被平面任意斜截的展开图

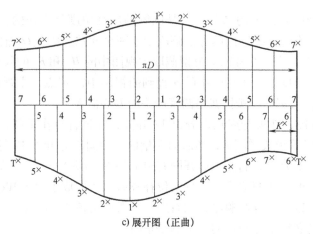

c) 展开图（正曲）

图 3-10　圆管两端被平面任意斜截的展开图（续）

这里需要重申一下，正曲是把板料卷成管件时，画线的一面在里皮为正曲，反之，画线的一面在外皮为反曲。如果是对称的展开料全部正曲和全部反曲后，所得到的构件是一样的。如果是展开料不对称，或者一块板料有部分正曲，部分反曲，那就必须事先考虑清楚确认，并严格操作，否则，正反曲搞错了，轻者是接缝部位不对，重者就出现废品。

第四节　变换投影面法的应用

实例 1　立体变化的 90° 三节弯头的展开

图 3-11a 所示的这种有立体范围变化管结构件俗称"蛇形"弯头，它展开比较麻烦。因为从正常三个投影视图中，是不能同时得到所有中心线的实长和实际夹角，所以它无一例外的要用到变换投影面法，来求出管件中心线的实长和实际夹角及差心值，最后作出展开料。

如图 3-11b 所示，主要尺寸有 H、h、a、b、c、D、δ。根据本例的构成特点，选择在俯视图中作一次换面，这样作简单方便。

第一步：作一次换面，在俯视图中作 BC 的平行线 X_1O_1，作为一次换面投影轴，然后过 A、B、C（D）三点作 X_1O_1 的垂直线。截取主视图中 H、h 的高度，移到一次变换投影面中 H_1 和 h_1 所对应的高度上，得到交点 $A_1 \sim D_1$。至此，完成了一次换面，$\angle D_1C_1B_1$ 为二、三两节管相交的实际夹角。

第二步：作二次换面，将 B_1C_1 变换投影为一点。延长 C_1B_1，并且作垂线 X_2O_2 为二次投影轴，同时过 A_1 点作 X_2O_2 的垂直线。截取俯视图中的 f、T 移到二次投影面中对应线上，得到交点 $A_2 \sim B_2$。

第三步：作 A_2B_2 平行线 X_3O_3 为三次换面投影轴，过 A_2、B_2 作 X_3O_3 的垂直线。在一次换面图中管节二适当位置，作一垂直轴线的切面，作为展开基准面 P。截取 W、N、E 三个长度移到 X_3O_3 的对应位置上，则 W_1、N_1、E_1 所得到的交点为 A_3、B_3、J_1，于是 $\angle A_3B_3J_1$ 即为一、二两管相交的实际夹角。由一次和三次换面图中短边投影到二次换面图中，得到 K 弧长为两管端面斜口的差心值。至此，变换投影面作图全部完成。

展开图：管节一和管节三的展开非常简单，和一般的斜截圆管展开一样，故不再重述。为了使图面清晰，我们将展开图移出来，图 3-11c 和图 3-11e 分别是管节一和管节三的展开图。

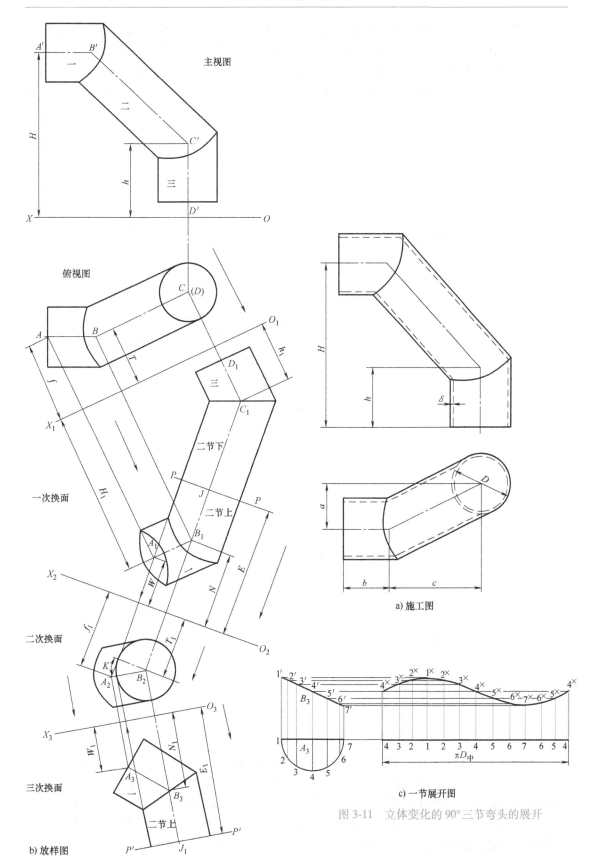

主视图

俯视图

一次换面

二次换面

三次换面

b) 放样图

a) 施工图

c) 一节展开图

图 3-11　立体变化的 90°三节弯头的展开

管节二展开也是移出画的，如图 3-11d 所示，展开步骤如下：首先，将 PP 以上部分作一次展开，在二节下的断面图分出 12 等分（也就是二次换面的投影断面上移），等分点为 1~12。在 PP 的延长线上画展开图线段 $P^{\times}P^{\times}$，作等分 1^{+}~12^{+}~1^{+} 等于中径展开周长。过各等分点作垂线，按照断面图的序号截取 P~P 以上的各线长度，移到展开图上，得到 $1^{\times}$~$12^{\times}$~$1^{\times}$各点时，用平滑曲线连接各点，即为二节下部分的展开。

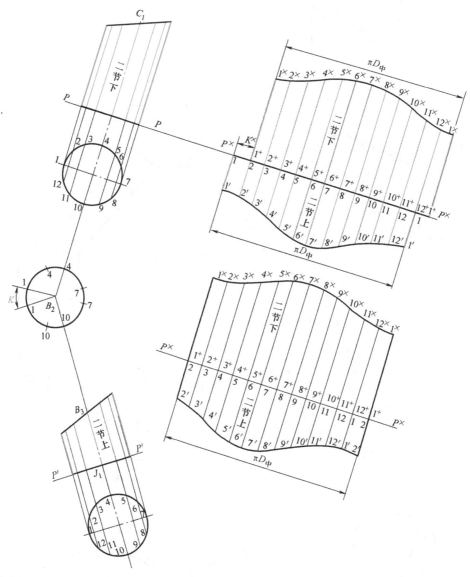

d) 二节移出展开图(正曲)

图 3-11 立体变化的 90°三节弯头的展开（续）

关键是下一步的展开，本例是正曲，所以在左侧截取出差心值 $K^{\times}$ 等于断面图中的 K。然后以这一点为基准，向右量取一个展开周长，并分出 12 等分，等分点为 1~12~1。把三次换面图中的 $P'P'$ 以上部分各线长度，依次移到展开图 $P^{\times}P^{\times}$ 以下部位各对应线的长度，得点 $1'$~$12'$~$1'$，用平滑曲线连接各点即完成下部分的展开。如图 3-11d 所示的那样，显然这个展开图没有作完，如果要完成整个图形，只要将 1—2—$2'$—$1'$所包括的部分平移到右边，也就是把

$K^\times$ 这一部分移到右边。注意在通常的情况下，上下两部分的等分线是不在一条直线上，因为本例 K 值弧长与等分长巧合相等，所以才形成现在的样子，最后，整理好的展开图如图 3-11e 所示的形式。本例是正曲，如果是反曲的话，图 3-11d 中的差心值 $K^\times$ 应以右边截取定位。

图中变换投影面只是求出管件中心线的实长及夹角实形，至于管件的直径和皮厚可随中心线画出。每节之间的相贯线投影圆弧是大约形状，仅仅是为了增加直观效果，它的大小是不影响展开结果的。以后几例也是如此，不再重提。

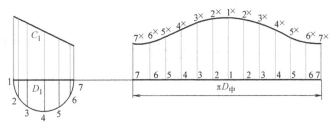

e) 三节移出展开图

图 3-11　主体变化的 90°三节弯头的展开（续）

实例 2　立体变化的 90°四节双向弯头展开

根据图 3-12a 画出放样图 3-12b，主要尺寸有 h_1、h_2、a、b、c、d、e、f、D、δ。根据结构特点，把一次变换投影面选在主视图上比较简单。

本例需要做五次变换投影面，下面将详细介绍作图步骤。

第一步：作线段 CD 的平行线 X_1O_1 为一次换面投影轴，过 $A\sim D$（E）各点作 X_1O_1 的垂线。分别截取俯视图中的 $a\sim d$ 各线的长度，移到一次换面图中相对应的投影线上，得到交点 $A_1\sim E_1$。$\angle J_1D_1E_1$ 为三至四节的实际夹角，J_1D_1、D_1E_1 为实长线。

第二步：将三节中心线投影变为一点。延长一次换面图中的线段 C_1D_1，并且作它的垂线 X_2O_2 作为二次换面投影轴，过 A_1 和 B_1 点作 X_2O_2 的垂线。分别截取主视图中的 e、f、g 各线的长度，移到二次换面图中的相对应投影线上，于是，有交点 C_2、B_2、A_2，连接 A_2、B_2、C_2 三点就是二次换面中圆管轴线的投影。

第三步：作线段 B_2C_2 的平行线 X_3O_3 为三次换面投影轴，并且过 A_2、B_2、C_2 三点作 X_3O_3 的垂线。截取一次换面图中的 n、m、h、k 各线的长度，移到 X_3O_3 的相对应投影

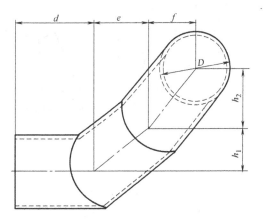

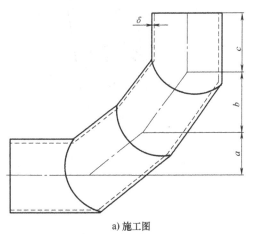

a) 施工图

图 3-12　立体变化的 90°四节双向弯头展开

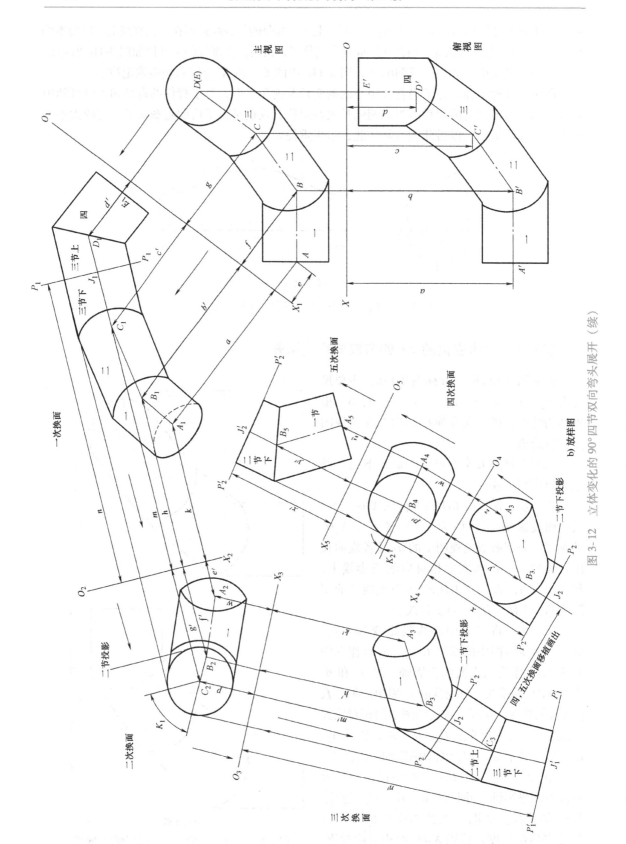

图 3-12　立体变化的 90°四节双向弯头展开（续）

b) 放样图

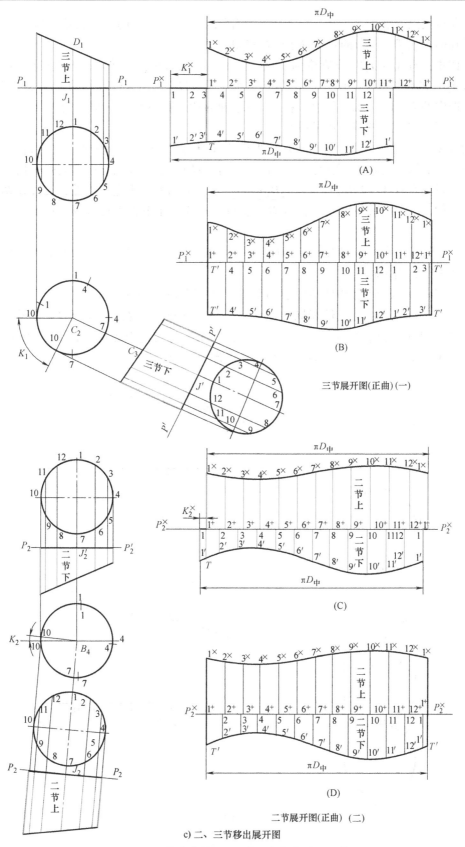

三节展开图(正曲)(一)

二节展开图(正曲) (二)

c) 二、三节移出展开图

图 3-12 立体变化的 90°四节双向弯头展开（续）

线上，获得交点分别是 A_3、B_3、C_3、J_1'，$\angle J_1'C_3J_2$ 为二至三节的实际夹角。P_1P_1 的位置是适当选择的，显然，三节的长度等于 $C_3J_1' + J_1D_1$。

第四步：将线段 J_2B_3 投影变为一点。为了避免图形重叠，将四、五次换面移植画出。在线段 J_2B_3 的延长线上，作 X_4O_4 垂直于 J_2B_3，同时过 A_3 点作 X_4O_4 轴的垂线。分别截取二次换面图中的 P、W 两线的长度，移到 X_4O_4 轴的相应投影线上，得到交点 A_4、B_4，连接 A_4B_4 后，即一节在四次换面中的投影。

第五步：在适当位置上，作 A_4B_4 的平行线 X_5O_5 为五次换面投影轴，并且过 A_4、B_4 两点作 X_5O_5 的垂线。截取三次换面图中 x、y、z 各线的长度，移到五次换面图中相对应的投影线上，得到交点 A_5 和 B_5、J_2'，$\angle J_2'B_5A_5$ 为一至二节的实际夹角。当然，线段 $A_5B_5J_2'$ 也是反映实长的，二节的长度于等 $C_3J_2 + J_2'B_5$。至此，已完成了五次换面投影，达到了所需的展开条件。

展开：管节一和管节四因展开简单，不作介绍，只作管节二、三的介绍，为了使图面清晰，仍将展开移出来画。

图 3-12d 和图 3-12e 分别是管节四和管节一的展开图。图 3-12c（一）所示的是三节的展开，展开步骤如下：与上例相同，也是将一整节管作二次展开。在 P_1P_1 的延长线上作 $P_1^xP_1^x$。在三节上的断面图中作圆的 12 等分，并作平行线向上投影，在 $P_1^xP_1^x$ 间作圆周展开长，作 $1^+ - 12^+ - 1^+$ 的 12 等分，同时过各点作 $P_1^x - P_1^x$ 的垂线，按照断面图的编号顺序

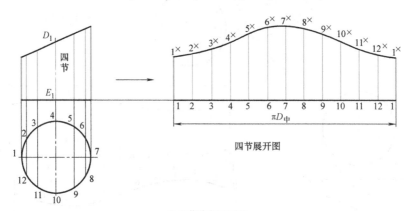

d) 四节移出展开图

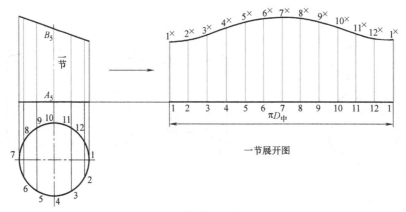

e) 一节移出展开图

图 3-12　立体变化的 90°四节双向弯头展开（续）

依次截取到展开图上，得交点 $1^x \sim 12^x \sim 1^x$。因为本例是正曲，所以差心值 K_1^x 在展开图左边截取定位，这个 K_1^x 值是来自于换面图中，三节上下两部分最长线投到断面图中得到的。以展开图 K_1^x 起点为基准，向右作一个圆周长，并分出 12 等分，过各等分点作 $P_1^x P_1^x$ 的垂直线。在换面图三节下投影图中，截取各线长度到展开图对应的同名编号上，得到 $1' \sim 12' \sim 1'$ 各点，用平滑曲线连接各点即完成三节的展开图（A）。同样方法，将 1—3—3'—1' 这部分移植到右边后，即得到完整展开图（B）。

管节二的展开如图 3-12c（二）所示。展开方法与管节三完全相同，故不重述。但有一点不同的地方，就是三节的上下两端差心值 K_1 弧长恰巧约等于两个等分长度，所以看上去展开图上下平行线好像在一直线上。而二节的差心值 K_2 弧长较短，在展开图左边截取 K_2^x 定位后，上下两部分形成了 1^x—1^+—T 的特殊值，那么只要将 1'—T 左边部分移画右边，1^x—1^x—T'—T 所包括的部分为二节的移出展开图（D）。

实例 3　双向弯曲平行端四节过渡管的展开

如图 3-13a 所示，这是一个由四节组成的双向弯曲两端平行过渡管。由已知尺寸 $h_1 \sim h_4$、a、b、c、e、D、δ 画出放样图。根据已知条件和构件特点，把一次换面选在俯视图上作较好。

第一步：如图 3-13b 所示，在俯视图中，作 $B'C'$ 的平行线 X_1O_1 为一次换面投影轴，过 $B'E'$ 各点作 X_1O_1 的垂直线。截取 $a' \sim e'$ 等于主视图中 $a \sim e$ 各线的长度，连接各交点 $A_1 \sim E_1$ 及按照管直径皮厚画出轮廓。在二节的适当位置作中心线的垂线作为切面 P_1P_1，J_1 为交点。至此，A_1B_1、B_1C_1 为实长，$\angle J_1B_1A_1$ 为一至二节的实际夹角。

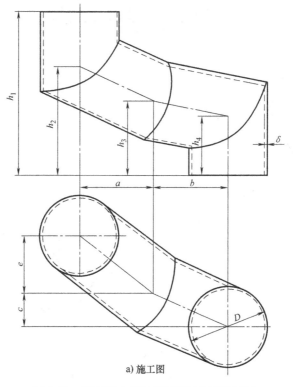

a) 施工图

图 3-13　双向弯曲平行端四节过渡管的展开

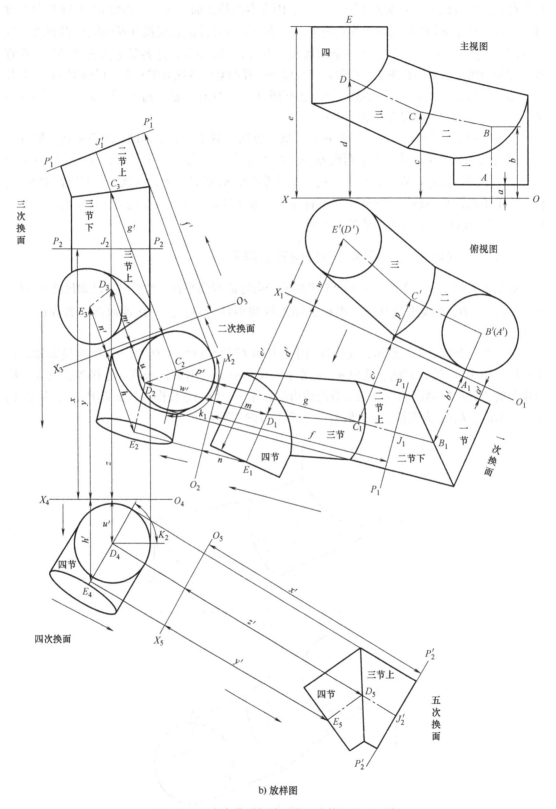

b) 放样图

图 3-13　双向弯曲平行端四节过渡管的展开（续）

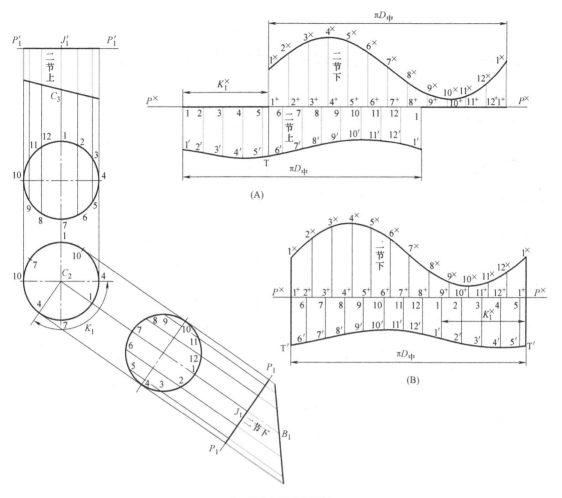

c) 二节移出展开图(正曲)

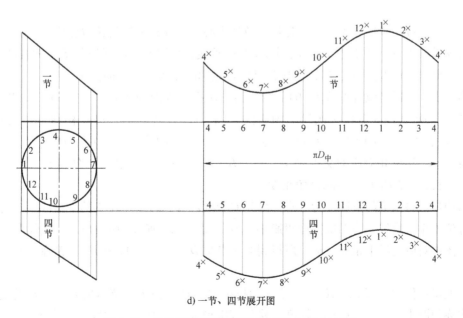

d) 一节、四节展开图

图 3-13 双向弯曲平行端四节过渡管的展开（续）

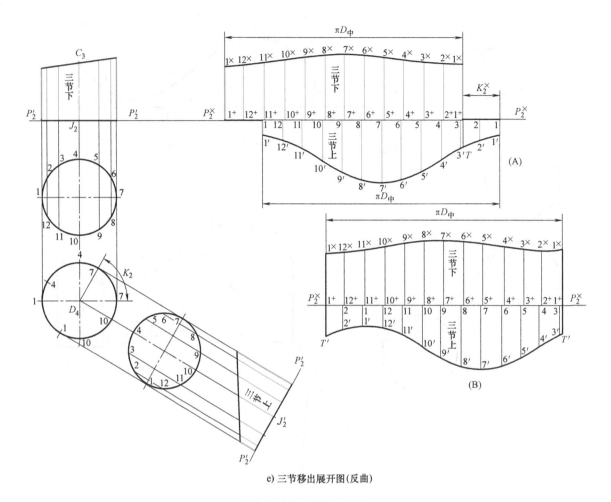

e) 三节移出展开图(反曲)

图 3-13　双向弯曲平行端四节过渡管的展开（续）

第二步：将二节投影为一点，延长二节的中心线，并在适当的位置作出垂线，作为二次换面的投影轴 X_2O_2，并且过 D_1、E_1 作 X_2O_2 的垂线，截取 p'、w' 线段长等于俯视图中 p、w 的长度，得到交点 C_2、D_2、E_2，连接各点以及轮廓即完成二次换面投影。

第三步：在适当位置作 C_2D_2 的平行线为三次换面投影轴 X_3O_3，并且过 C_2、D_2、E_2 三点作 X_3O_3 的垂直线。截取一次换面图中的 f、g、m、n 各线的长度，移到三次换面图中。分别过 C_2 点作 X_3O_3 的垂线是 f' 和 g'，过 D_2 点作 X_3O_3 的垂直线是 m'，过 E_2 点作 X_3O_3 的垂直线是 n'。得到相对应的交点是 J_1'、C_3、D_3、E_3，连接上述各点，便得到二节、三节的中心线实长，$\angle J_1'C_3D_3$ 为实际夹角角度。

第四步：将三节的投影变为一点。延长 C_3D_3 线，同时过 E_3 作它的平行线。在这两条线的合适位置作垂直线，为四次换面投影轴 X_4O_4。截取二次换面图中的 u、h 线长度，移到四次换面图中对应的线上是 h'、u'，所得到的交点是 D_4、E_4，连接 D_4E_4 及轮廓，即完成四次换面。

第五步：作 D_4E_4 的平行线为五次换面投影轴 X_5O_5。过 D_4、E_4 两点作 X_5O_5 的垂线，截取三次换面图中 x、y、z 的各线长度，移到五次换面图中所对应的线上。由 x'、y'、z'，所

得到交点是 J_2'、D_5、E_5，连接 $J_2'D_5E_5$ 线和画出轮廓后，$J_2'D_5$、D_5E_5 即反映实长，$\angle J_2'D_5E_5$ 为三至四节的实际夹角角度。

至此，经过五次换面后，获得了所有管节的夹角实际角度和各节的中心线实长。以及两节之间的差心值 K_1 和 K_2，具备了下一步展开的必要条件。

展开：图 3-13d 所示的是一节和四节展开图，因展开步骤简单，故不再说明。

图 3-13c 所示的是二节的展开图，仍然将整节管分两部分来展开。在 P^xP^x 直线间截取一段长度为中径周长的线段，并分出 12 等分，编号为 $1^+\sim 12^+\sim 1^+$，过各等分点作 P^xP^x 的垂线。在断面图上将二节下圆周 12 等分，过等分点作轴线的平行线，编号是 $1\sim 12$，以 P_1P_1 为基准线，按照同名编号，把各线的长度"搬"到 P^xP^x 以上的等分线上。下面作 P^xP^x 以下的展开，因为本节是正曲，所以将差心值 K_1 截取在左边，同样分出 12 等分，编号为 $1\sim 12\sim 1$，作 P^xP^x 的垂线。在断面图上作二节上的圆周 12 等分，并作等分点到 $P_1'P_1'$ 的垂直线，编号是 $1\sim 12$，以 $P_1'P_1'$ 为基准线，按照同名编号，截取各等分线的长度到展开图 P^xP^x 以下的部分，如图 3-13c（A）所示，至此，二节管上下两部分都展开完毕。但还需将 K_1^x 所包括的部分移到右边。在 1^x—1^+ 的延长线上，得到交点 T，把 T—1^+ 的长度移到右边 1^x—1^+ 线上，得 T'—1^+ 把 $1'\sim 5'\sim T'$ 的五条线长度依次移到右边。最后，用圆滑的曲线连接各点，整理好的展开图如图 3-13c（B）所示。三节的展开如图 3-13e 所示，其作图方法与二节展开步骤完全相同，故不再重述。

实例 4　任意角度倾斜两管间的过渡管展开

这是一个由两根任意角度倾斜的等径管和两根中间过渡管组成的复杂构件，施工图如图 3-14a 所示。根据已知尺寸 D、a、b、c、d、e、f、g、i、$h_1\sim h_5$ 和 δ 画出放样图，如图 3-14b 所示，用变换投影面法求出各管之间的实际角度及管轴线的实长，然后再进行展开。

根据其结构特点，选择在俯视图作一次换面，作图步骤比较简单。

第一步：在俯视图中延长二节管中心线，并在适当位置作垂线 X_1O_1，同时过 A'、B'、C' 作 X_1O_1 的垂线。分别截取主视图中的 $a\sim d$ 各线高度，移到一次换面图中是 $a'\sim d'$，得到交点 A_1、B_1、C_1、D_1。连接在一起后，即完成一次变换投影，本步骤的目的是把投影变成一点。

第二步：作 B_1—D_1 的平行线为 X_2O_2。过 D_1、C_1、B_1、A_1 作 X_2O_2 的垂直线，在俯视图中作 P_1P_1 切面线垂直于管节二的中心线，截取俯视图中的 e、f、g、h、i 各线的长度，分别移到二次换面中对应线上是 e'、f'、i'、h'、g'，得到的交点为 J_1'、A_2、B_2、C_2、D_2。连接各点之间的线段，画出外轮廓线后，即完成二次变换投影，$\angle J_1'D_2B_2$ 为二节管和三节管之间的实际夹角。

第三步：这一步的目的是把三节管的中心线投影变成一个点，在 D_2B_2 的延长线上作垂线 X_3O_3，并且过 A_2、C_2 两点作 X_3O_3 的垂线，截取一次变换图中的 l、m、n 各线的长度，移到三次换面图中对应线上为 l'、m'、n'，得到交点是 A_3、B_3、C_3。将相交轮廓画出，就完成了三次变换投影。

第四步：作 A_3C_3 的平行线为 X_4O_4，同时过 A_3、B_3、C_3 各点作 X_4O_4 的垂线。在二次变换投影面中三节管的适当位置作轴线的垂线 P_2P_2，交点是 J_2。截取二次换面图中 z、w、x、y 的各线长度，移到 X_4O_4 的各对应线上是 z'、w'、x'、y'，所得到的交点是

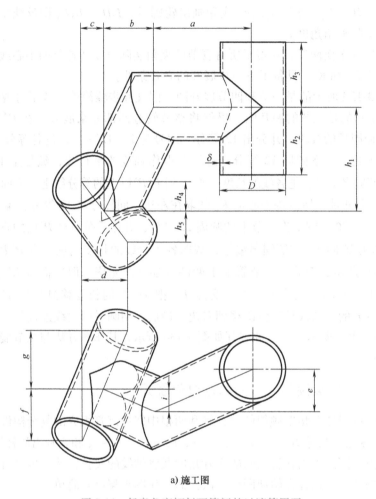

a) 施工图

图 3-14　任意角度倾斜两管间的过渡管展开

J'_2、A_4、B_4、C_4。连接各点及轮廓后，即完成四次变换投影，$\angle J'_2 B_4 A_4$ 是三节和四管的实际夹角。

至此，经过四次变换投影面作图，获得了所有管节的夹角实际角度和各节的中心线长，以及两节之间的差心值 K_1 和 K_2，具备了下一步展开的必要条件。这里需要说明的是，和前几例相同，作这一类管件展开时，都是移出作图展开。每一节管都是分上下两部分展开，其中上部分断面等分圆周和下部分等分圆周，都应该重叠画在差心 K 所在的断面图上。图中将一个断面图分开画出三个断面，是为了图面清晰、明了。

展开：管节二的移出展开如图 3-14c 所示，在线段 $P^x P^x$ 截取管中径展开长度，并 12 等分，截取 $P_1 P_1$ 以上 1~12 各线的长度移到 $P^x P^x$ 各同名线上，得到各平行线交点，即完成二节管上部分的展开。$P_1 P_1$ 以下部分展开，因为是正曲，所以取差心值 K_1 到右边。以这一点为基准向左端分出 12 等分，也是 1~12~1，过点作 $P^x P^x$ 的垂线，取 $P'_1 P'_1$ 以上部分 1~12 各线上的长度，移到展开图同名线上，得到交点后，用平滑曲线将 $1^x—12^x—1^x$ 和 $1'—12'—1'$ 部分连接起来，即完成管二的展开。

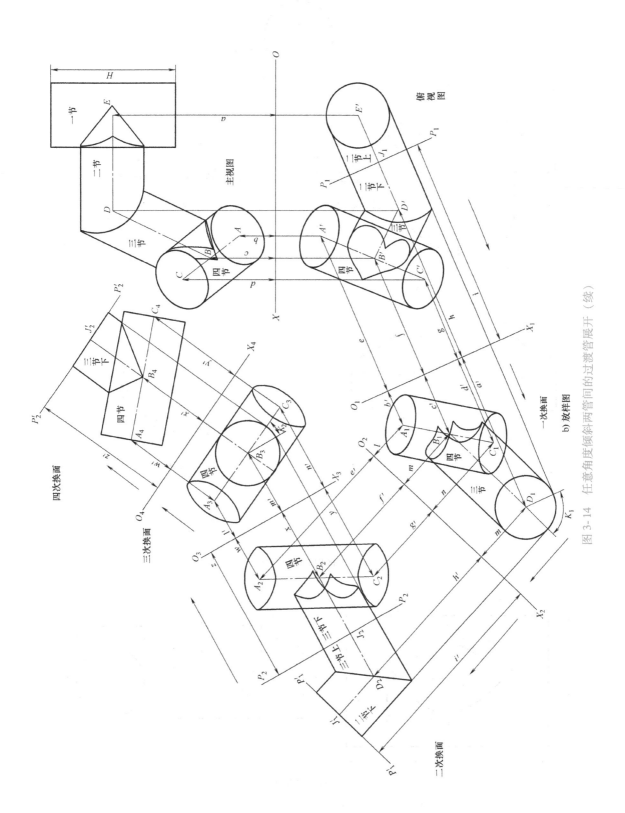

图 3- 14　任意角度倾斜两管间的过渡管展开（续）
b) 放样图

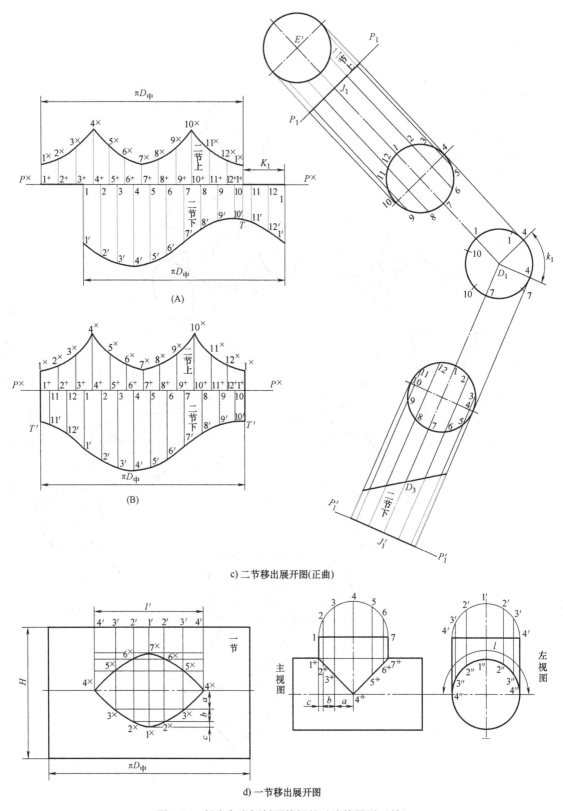

c) 二节移出展开图(正曲)

d) 一节移出展开图

图 3-14　任意角度倾斜两管间的过渡管展开（续）

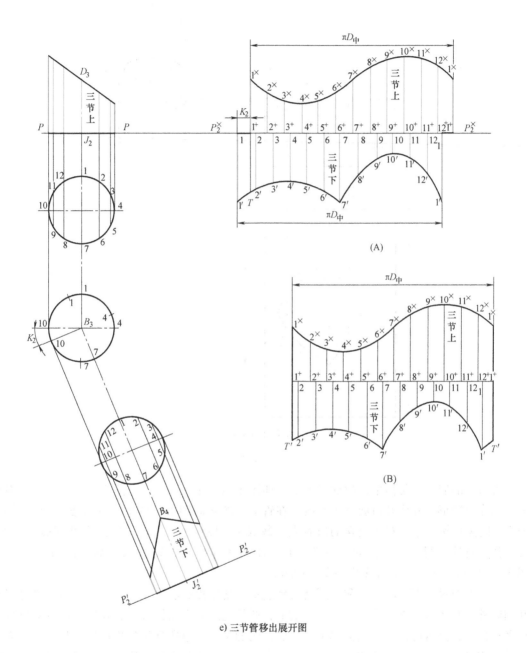

e) 三节管移出展开图

图 3-14　任意角度倾斜两管间的过渡管展开（续）

　　将图 3-14c（A）中的右边 $1^{\times}$—1^{+} 线延长到下边线，得到 T 点，把 1^{+}—T 以右的部分移到左端后，即得到整理好的展开图（B）。三节管的展开方法与二节管完全相同，故无须重述，移出展开如图 3-14e 所示。

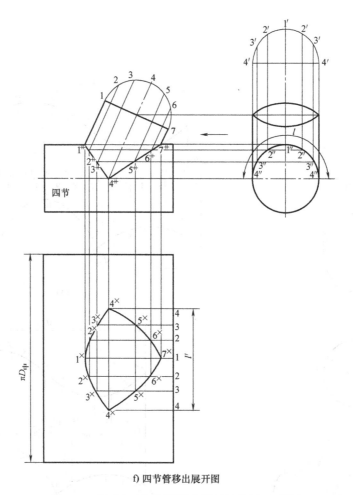

f) 四节管移出展开图

图 3-14　任意角度倾斜两管间的过渡管展开（续）

管节一的展开非常简单，故简述如下，如图 3-14d 所示，取一段长等于管节一中径周长的线段作出矩形，并作开口展开中心线。在管节一的侧面图中截取各点间长度到展开图上，即 l 所包含的各点等于 L' 所包含的所有点，截取主视图中的 a、b、c 间的宽度到展开图上，各自作平行线，得到的交点是 $1^×\sim7^×\sim1^×$，用曲线连接后即得开口形状。四节的展开如图 3-14f 所示，作图方法与管节一完全相同。

关于变换投影面法的原理和应用就讲到这里，变换投影法除了能解决任意角多管之间展开问题外，它还可以求出构件的某断面实形，两板之间的卡角样板等，在以后的章节里将出现多种例子，读者可以逐渐领会理解。需要说明的是，本章所列举的构件展开是按开双面坡口处理皮厚的，如果是不开坡口，就应该是主管外皮、支管里皮放样，两管对接时，也是遵循任意角度圆管弯头的板厚处理原则。

第四章　独立构件的展开

主要内容： 前面三章已经讲解了展开下料的全部方法。本章根据构件的形状特点，由简入繁，几乎把通用实例的独立构件都包括在其中。比如实例2、3、4、7、10、14、17、18、27、34、35、40、47、48、49、50等。

特点： 按照构件形状的不同，分为曲面体，棱角体曲面和棱角的结合体，通过逐步讲解，示范举例，同步说明，达到突出重点，覆盖全面的效果。

第一节　曲面体的展开

实例1　任意斜截圆管的展开

结构介绍： 这是一段圆管两端分别被圆弧和两个平面斜切的结果，施工图如4-1a所示，已知尺寸有 h、r、a、b、c、d、δ。

展开分析： 根据已知尺寸和处理过的板厚尺寸画出放样图，如图 4-1b 所示。

操作步骤： 展开图。平行线法展开，首先画1/2断面图，并6等分得1~7，过2~6各点向上作垂线，与上下两端相交得交点分别是1″~7″和1′~7′，将折角点 A 投到断面图上是 A' 点。作一线段长等于圆管中径展开周长，并且分出12等分是1~7~1，过各点作线段的垂线。把断面图中的 A' 点移画到展开图5~6点之间，同时过 A' 点作线段的垂直线。以基准线 $P—P$ 为界，把各等分点 1″~7″和1′~7′点以及 A 点各线的长度，依次分别截取到展开图对应线上，得到等分点交点 $1'^{\times}$ ~ $7'^{\times}$~$1'^{\times}$ 和 $1^{\times}$~$7^{\times}$~$1^{\times}$，用曲线将各点连接后便完成展开。

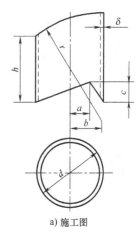

a) 施工图

图 4-1　任意斜截圆管的展开

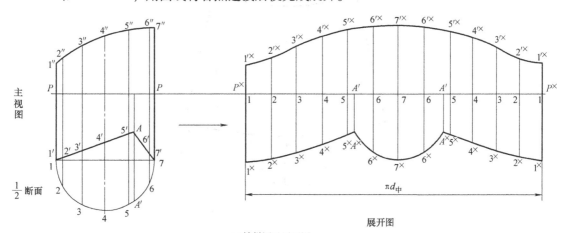

b) 放样图及展开图

图 4-1　任意斜截圆管的展开（续）

实例2　锥度很小的正圆台展开

结构介绍：如图 4-2a 所示，已知尺寸有 h、d_1、d_2、δ，按中径放样，放样图如图 4-2b 所示。

展开分析：一般情况下，展开正圆台都是用圆规直接画出的。如果是锥度很小的正圆台展开，用圆规展开的话，其展开半径太大，不易操作，因此，在展开类似构件时，可以用三角形法展开。

操作步骤：将上下口断面半圆 6 等分，编号为 1~7、1'~7'，然后将各等分点投到上下口端面（未注符号），连接等分点间的直线和对角线，即完成其表面分割。展开正圆台只需求出两个实长线，第一条是 1'—1，也就是边投影线。第二条是 1'—2'，即对角线，这两条线在圆台表面对应位置是各自相等的。1'—2" 是需要求实长的，本例采用梯形法，截取 1'—2" 的投影长，再拿出 2—2" 的半宽作一个直角三角形，就完成求实长。

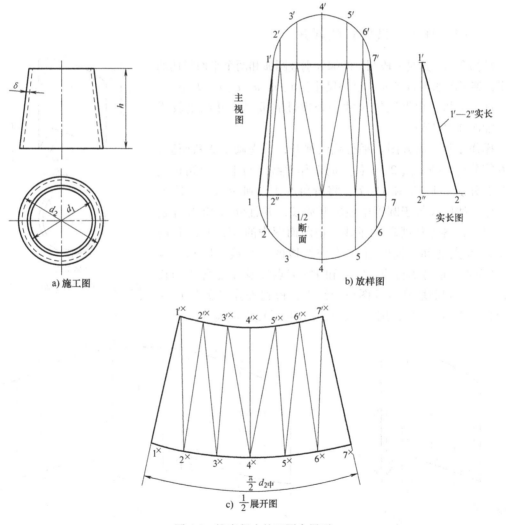

图 4-2　锥度很小的正圆台展开

展开：如图 4-2c 所示，作一线段等于 1—1' 长，并确定编号是 4'×—4×。以 4'× 为圆心，

断面图 $\frac{1}{6}$ 弧长为半径画弧，与以 4$^\times$ 为圆心，实长线 1′—2″长为半径画弧相交 3′$^\times$ 点。以 4$^\times$ 点

为圆心，断面图 $\frac{1}{6}$ 弧长为半径画弧，与以 3′$^\times$ 点为圆

心，实长线 1′—1 长为半径画弧相交 3$^\times$ 点，以此类

推，以下用交规法完成整个展开，本例作 $\frac{1}{2}$ 展开。

实例 3　圆顶椭圆底曲面台的展开

结构介绍：如图 4-3a 所示，这是一个圆顶、椭圆底的异形圆台。

展开分析：已知尺寸有 h、a、b、d、δ，放样图如图 4-3b 所示，中径放样，用三角形法展开。

操作步骤：首先，将俯视图的上口半圆形和下口的半椭圆形分别 6 等分，等分点为 1~7 和 1′~7′。然后将等分线和对角线分别连线，把这些线投到主视图后，对应编号连线，即 1$^\pm$—1″、1$^\pm$—2″、2″—2$^\pm$、…、7$^\pm$—7″，至此，就完成了表面分割。

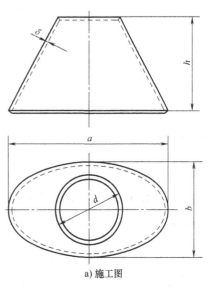

a) 施工图

图 4-3　圆顶椭圆底曲面台的展开

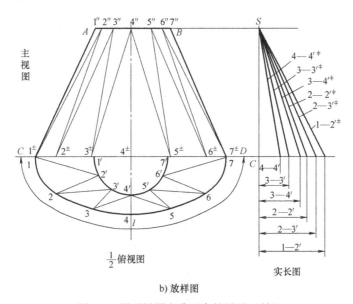

b) 放样图

图 4-3　圆顶椭圆底曲面台的展开（续）

求实长线：用三角形法求实长，在 AB 和 CD 的延长线上作垂线 SC，分别将俯视图中各线的投影长移到实长图上，得到斜线 1—2′$^\pm$、2—2′$^\pm$、2—3′$^\pm$、…、4—4′$^\pm$，就是各投影线的实长。

展开：$\frac{1}{2}$ 展开图如图 4-3c 所示。截取一段实长线 4—4′$^\pm$，编号为 4$^\times$—4′$^\times$画在展开图上，以 4$^\times$为圆心，俯视图 4—3 弧长为半径画弧，与以 4′$^\times$为圆心，实长线 3—4′$^\pm$为半径画弧，得交点 3$^\times$。以 3$^\times$为圆心，以实长线 3—3′$^\pm$长为半径画弧，与以 4′$^\times$为圆心，俯视图 $\frac{1}{6}$ 半圆弧长为半径画弧，

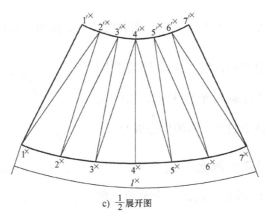

c) $\frac{1}{2}$ 展开图

图 4-3 圆顶椭圆底曲面台的展开（续）

得交点 $3''^{\times}$。以下用同样手段作出所有交点，最后用平滑的曲线连接各交点即可。

实例 4　椭圆锥的展开

结构介绍：施工图如图 4-4a 所示。椭圆锥与正圆锥有些类似，只是下口是椭圆形。

展开分析：在展开时，它一周每个不同地方的素线长度是不相等的，因此，需要求出每根素线的实长，然后才能展开。

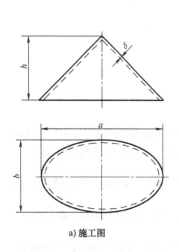

a) 施工图

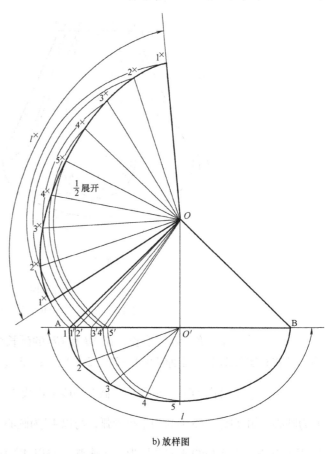

b) 放样图

图 4-4　椭圆锥的展开

操作步骤：根据施工图的已知尺寸画出放样图，如图 4-4b 所示。首先在俯视图上作椭圆的 16 等分，$\frac{1}{4}$ 椭圆周的等分点编号为 1~5，由等分点向顶点 O' 连线为展开素线的投影长。

求实长线：采用旋转法，俯视图中以 O' 为圆心，过2~5点画弧，相交于水平线 AB 得交点，编号是 2'~5'，过 2'~5' 点与主视图 O 连线后，即得到每条素线的实长（主视图中的投影线未画）。

展开：放射线法，以主视图 O 点为圆心，过 1'、2'、3'、4'、5' 各点，分别画同心圆弧，在 O—1' 圆弧上选定一点为 1^x，以 1^x 为圆心，俯视图 1—2 弧展开长为半径画弧，相交于 O—2' 弧线上，得到交点 2^x。以 2^x 为圆心，俯视图 2—3 弧长为半径画弧，相交 O—3' 弧线上，得到交点 3^x。

以此类推，用同样方法求出所有交点，本例作 $\frac{1}{2}$ 展开图，将各点用曲线连接后，即完成展开。

实例 5 任意角度倾斜的变径曲面圆台展开

结构介绍：由图施工图 4-5a 得知相关尺寸：h、d_1、d_2、δ、α，这是一个异形任意角度倾斜的曲面台，不属于正圆台和斜圆台，因此。

展开分析：由于本构件的结构形式不属于正圆台和斜圆台，所以只能用三角形法展开。

按中径画出放样图，放样图由主视图和上下口 $\frac{1}{2}$ 断面图组成，如图 4-5b 所示。

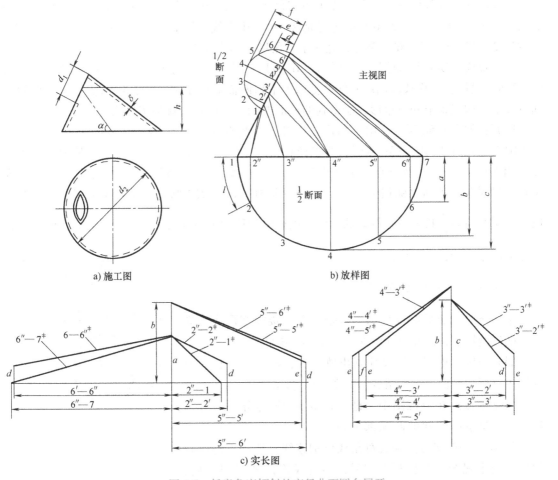

a) 施工图 b) 放样图

c) 实长图

图 4-5 任意角度倾斜的变径曲面圆台展开

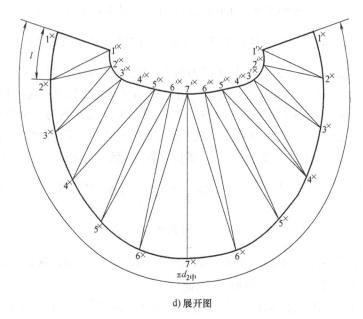

d) 展开图

图 4-5　任意角度倾斜的变径曲面圆台展开（续）

操作步骤：在放样图中，分别作上下口断面的半圆周 6 等分，编号为 1~7，大口 2~6 点的垂足是 2″~6″，小口 2~6 点的垂足是 2′~6′。用直线连接 2′—2″、3′—3″、…、6′—6″和 1—2″、2′—3″、…、7′—6″，至此，完成了三角形分割形体表面。

求实长线：实长图如图 4-5c 所示，用梯形法求实长，分别截取 2″—1、2″—2′、…、6″—7 各线投影长，作线段两端垂线，截取上下口断面对应半宽 a—f，移到实长图各自的端面垂线上，构成梯形和三角形，所得到的梯形腰和三角形斜边就是实长线。

展开：如图 4-5d 所示，用三角形法展开。画竖直线 7′×—7× 等于主视图中的 7—7，以 7× 为圆心，大口断面图中 7—6 弧长为半径画弧，与 7′× 为圆心，实长线 6″—7⁺ 长为半径所画弧，相交 6× 点。以 7′× 为圆心，小口断面图中 7—6 弧长为半径画弧，与实长线 6′—6″⁺ 长为半径，以 6× 为圆心所画弧相交 6′× 点。以下用同样方法，依次将每个小三角形展开，直至完成，图中的圆周 $\frac{1}{12}$ 长 L 不是量取的，而应该根据计算的中径周长 $\frac{1}{12}$ 来展开。最后用曲线将各点光滑顺序连接，即完成展开。

实例 6　腰圆变规则圆的平行口过渡节展开

结构介绍：如图 4-6a 所示，这是一个由腰圆变形成为规圆口的过渡管节，已知尺寸由 h、a、d、r、δ 组成。

展开分析：根据已知尺寸画出放样图，按中径放样，放样图由立面和平面二视图组成，如图 4-6b 所示。

操作步骤：在俯视图中，把上口规圆 12 等分，编号是 1~7~1，把下口腰圆的圆弧部分也作 12 等分，编号是 1′~7′~1′。将各同名等分点和其对角线分别连线，然后，把所有线段投向主视图，并且写上编号，用直线连接各对应点后，

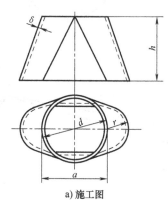

a) 施工图

图 4-6　腰圆变规则圆的
平行口过渡节的展开

就完成了形体的表面分割。

求实长线：采用三角形法，在 *AD* 和 *BC* 的延长线上作垂线 *SC*，分别截取俯视图中各投影线的长度，按照编号移到实长图上，构成三角形的两个直角边，则斜边 1—2′⁺、2—3′⁺、3—4′⁺、2—2′⁺、3—3′⁺、4—4′⁺就是所求的实长线。

展开：如图 4-6c 所示，作线段 4′ˣ—4′ˣ 等于俯视图中 4′—4′，分别以两个 4′ˣ 点为圆心，以实长线 4—4′⁺长为半径画弧，相交出 4ˣ 点。以 4ˣ 点为圆心，以 $\frac{1}{12}$ 圆周 4—3 长为半径画弧，与以 4′ˣ 点为圆心，实长线 3—4′⁺长为半径所画弧，相交出 3ˣ 点。以 3ˣ 点为圆心，实长线 3—3′⁺长为半径画弧，与以 4′ˣ 为圆心，以俯视图中 3′—4′ 弧长为半径所画弧，相交出 3′ˣ。以下用同样手段完成所有的交点，最后，用直线和曲线光滑顺序连接各点，即得到所求的展开图。

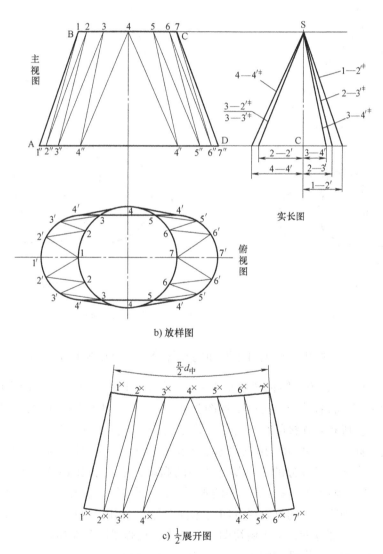

b) 放样图

c) $\frac{1}{2}$ 展开图

图 4-6 腰圆变规则圆的平行口过渡节的展开（续）

实例 7　腰圆变规则圆上下口呈任意角度倾斜偏心过渡节的展开

结构介绍：这是一个复杂的独立构件，如图 4-7a 所示，已知尺寸有 a、b、c、h、d、α、δ、r。

展开分析：按中皮画出放样图。用三角形法展开，放样图如图 4-7b 所示。

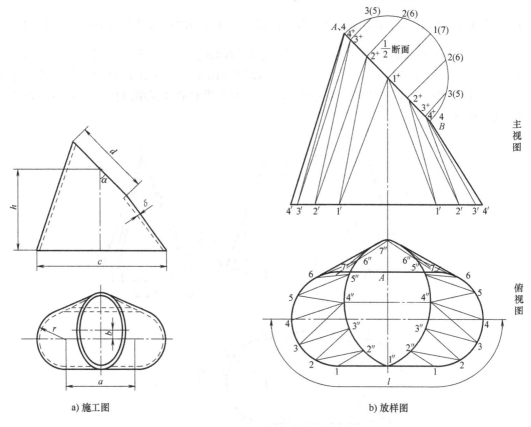

a) 施工图　　　　　　　　　　b) 放样图

图 4-7　腰圆变规则圆上下口呈任意角度倾斜偏心过渡节的展开

操作步骤：在主视图中，作上口 $\frac{1}{2}$ 断面的 6 等分，等分点为 4～1（7）～4，各等分点投到 AB 线交点是 3^+～3^+，投到俯视图中是 $1''$～$7''$。在俯视图中，将下口腰圆半圆弧部分 6 等分，等分点为 1～7。将各等分点投向主视图为 $4'$～$1'$～$4'$，把俯视图和主视图同名点对应用直线连接起来，构成相互连接的小三角形，就完成了形体表面的分割。

求实长线：如图 4-7c 所示，用三角形法求出。由于每一根线段的长度都不相同，所以必须全部求出。先求左半部分的，也就是图中的高端，依次拿出 1～2″、2～2″、2～3″、…、7～7″、7″～A 的平面投影长，移到实长图的水平方向，同时拿出与之对应的每条线在主视图的垂直投影高，移到实长图的垂直线方向（未注符号），构成各自的小三角形，得出斜边为实长线。然后求右半部分的，由于俯视图左右对称，投影线同名端相等，所以只需拿出主视图投影高即可求出实长，即低端的 1～2^+、2～2^+、…、7～6^+。

展开：如图 4-7d 所示，作水平线 $1'^x$—$1'^x$ 等于俯视图中的 1—1，分别以两个 $1'^x$ 为圆心，以主视图中 $1'$—1^+ 长为半径画弧，相交出 1^x 点。以 1^x 点为圆心，以断面图中 1—2 弧长为半径画弧，与以 1′$^×$点为圆心，实长线 1—2‡为半径所画弧，相交得到左右两个 2$^×$点。以 2$^×$点为圆心，实长线 2—2‡长为半径画弧，与以 1′$^×$点为圆心，以俯视图中 1—2 弧长为半径所画弧，相交出 2′$^×$点。以下用同样方法依次相交出所有展开点，最后，用直线和曲线光顺各点，即得到展开图。

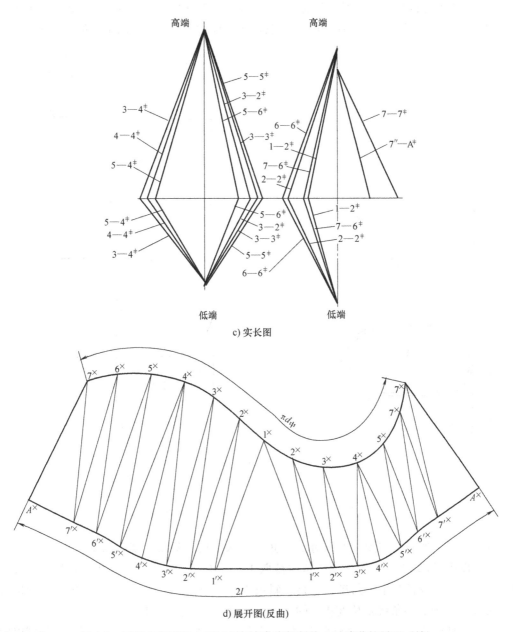

c) 实长图

d) 展开图(反曲)

图 4-7 腰圆变规则圆上下口呈任意角度倾斜偏心过渡节的展开（续）

实例 8 上下口扭曲 90°腰圆过渡节的展开

结构介绍：如图 4-8a 所示，这是上下口扭曲 90°的腰圆过渡节。根据施工图已知尺寸 h、a、r、δ，画出放样图 4-8b。

展开分析：由放样图可看出，这是一个上下腰圆扭曲 80°的复杂过渡节，因为变构件固有形状的限制，便形成了腰圆弧轮廓切线点不在中心线上，所以图中 4~6，5~7 点是不需要等分的。

操作步骤：首先，确定上口 *R* 止是 5 点，下口 *R* 止是 6 点，轮廓线交点是 5~6。然后将腰圆的其余圆弧部分进行等分，等分点编号是上口 1~4、7~10 和下口 1~4、7~10，将上述所有点投到主视图，把两图中的各对应点用直连接起来，即构成了形体表面小三角的完整分割。

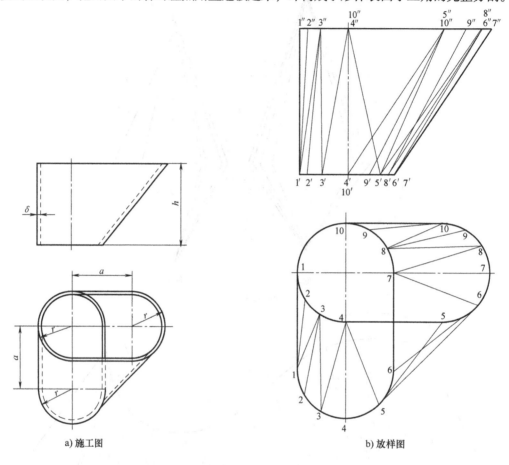

a) 施工图　　　　　　　　　　　　　　　　　b) 放样图

图 4-8　上下口扭曲 90°腰圆过渡节的展开

求实长线。实长图如图 4-8c 所示，三角形法求实长。截取主视图的垂直投影高 $4'—4''$，移到实长图中 *SC* 线上。在俯视图中依次截取 1—1、1—2、1—3、…、10—10 各线的投影长到实长图中，构成各个小三角形，于是，斜边 $1—1^+$、$1—2^+$、$1—3^+$、…、$10—10^+$ 就是所求的实长线（图中有多条线是长度相等的，如：1—1、3—3、4—4、…）。

展开：如图 4-8d 所示，画竖直线 $4'^×—4^×$ 等于实长线 $4—4^+$，以 $4'^×$ 为圆心，分别以俯视图中 4—3 和 4—5 弧长为半径所画弧，与以 $4^×$ 为圆心，实长线 $4—3^+$ 和 $4—5^+$ 长为半径所画弧，相交出 $3'^×$ 和 $5'^×$ 点。以 $4^×$ 点为圆心，俯视图中 4—3 弧长为半径画弧，与以 $3'^×$ 为圆心，实长线 $3—3^+$ 长为半径画弧，相交出 $3^×$。以下用同样手段求出所有展开点，$4^×—5^×$ 等于俯视图中的 4—5 直线段，$6'^×—7'^×$ 等于俯视图中的 6—7 直线段。图中 $10'^×—1^{××}—1^×—10^{××}$ 是一个矩形，$10'^×—10^{××}$ 等于主视图垂直高，$10^{××}—1^×$ 等于以 *r* 为半径的 $\frac{1}{4}$ 圆周展开长，最后用曲线和直交替连接光顺各点，完成展开图，本图为反曲。

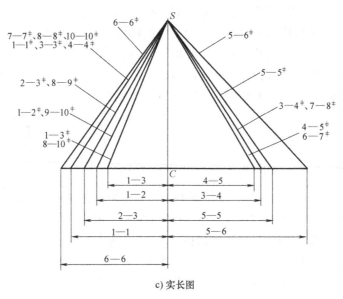

c) 实长图

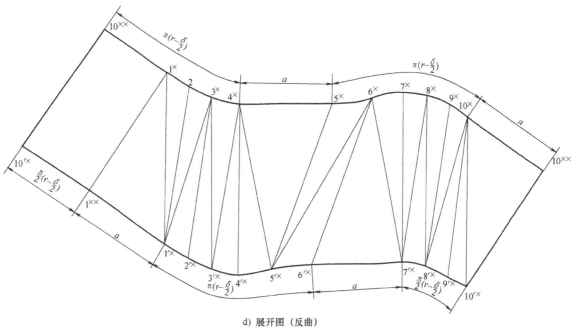

d) 展开图（反曲）

图 4-8　上下口扭曲 90°腰圆过渡节的展开（续）

实例 9　上下口扭曲 90°平行端过渡节的展开

结构介绍：如图 4-9a 所示，这是一个上下口扭曲 90°的椭圆口过渡节，已知尺寸有 h、a、b、δ，按照中皮放样，放样图如图 4-9b 所示。

展开分析：类似这种不规则的曲面体只能用三角形法展开。

操作步骤：画出主视图和 $\frac{1}{2}$ 俯视图，先在俯视图将上口圆弧线作间断性等分，即以交叉点3和7为基准点，3~7点是等分的，1—2等于2—3，也等于7—8和8—9。下口也是同样分法，编号是1′—9′，将各点之间连线的同时，又将各线投到主视图中，便完成放样图。

求实长线。三角形法求实长，在 AD 和 BC 的延长线上作垂线 SC 为投影高，然后在俯视图中分别截取1—1′、1—2′、2—2′、…、5—5′的长度，移到实长图中构成另一个直角边，于是，斜边 1—1′‡、1—2′‡、2—2′‡、…、5—5′‡各线就是所求的实长线。

展开：展开图只作 $\frac{1}{2}$，如图 4-9c 所示。画竖直线 5ˣ—5′ˣ 等于实长线 5—5′‡，以 5′ˣ 为圆心，俯视图中 4′—5′长为半径画弧，与以 5ˣ 为圆心，实长线 4′—5‡长为半径所画弧，相交得点 4′ˣ点和 6′ˣ点。以 5ˣ点为圆心，俯视图中 4—5 长为半径画弧，与以实长线 4—4‡长为半径，分别以 4′ˣ 和 6′ˣ 为圆心所画弧，相交出 4ˣ点和 6ˣ点。以 4ˣ 为圆心，俯视图 3—4 长为半径画弧，与以 4′ˣ 点为圆心，实长线 3—4′‡长为半径所画弧，相交出 3ˣ点，7ˣ点也是同样获得。以下用同样方法作出所有交点，最后，用曲线光滑顺序连接各交点，便完成展开图。

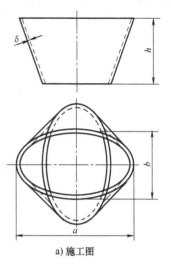

a) 施工图

图 4-9　上下口扭曲 90°平行
端过渡节的展开

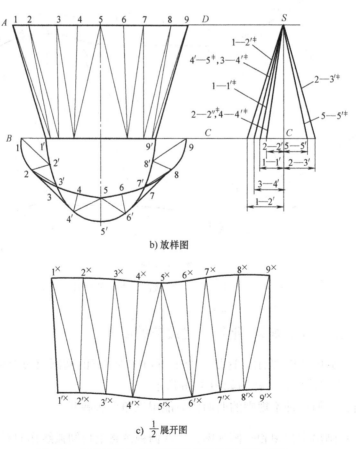

b) 放样图

c) $\frac{1}{2}$ 展开图

图 4-9　上下口扭曲 90°平行端过渡节的展开（续）

实例 10　90°角变径过渡节的展开

结构介绍：如图 4-10a 所示，这是一个直角变径过渡节，类似于斜圆锥，用三角形法展开。

展开分析：根据已知尺寸 a、h、d_1、d_2、δ 画出放样图，如图 4-10b 所示，按照中皮放样，因为上下口都是规则圆，所以作表面分割比较简单。

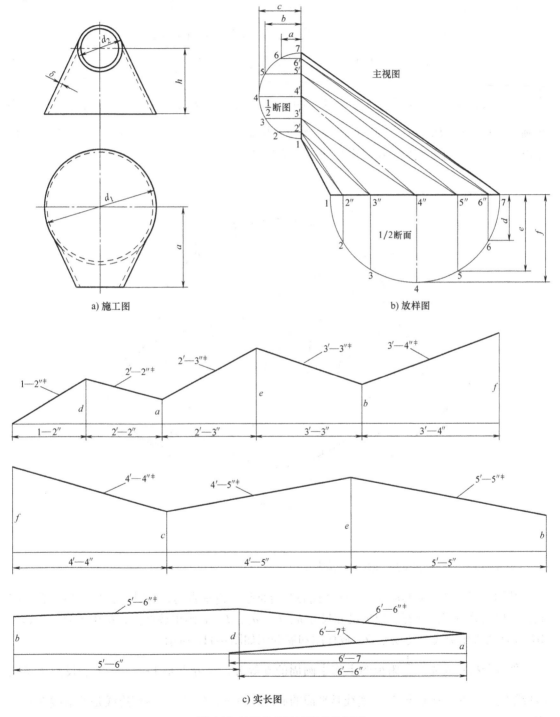

a) 施工图　　　　　　　b) 放样图

c) 实长图

图 4-10　90°角变径过渡节的展开

操作步骤：将小口半圆断面6等分，等分点是1~7，过2~6点作端面投影的垂线，垂足是2′~6′，再将大口半圆断面6等分，同样是1~7点，过2~6点作端面投影垂线，垂足是2″~6″。用直接线连1—2″、2″—2′、2′—3″、……对应点的线和对角线，即得到形体的表面分割。

求实长线：如图4-10c所示，分别截取主视图分割线的投影长1—2″、2′—2″、2′—3″、……，作出两端的垂直线，对应截取断面的半宽a、b、c、d、e、f到实长图上，得到每个小梯形，则梯形腰1—2″⁺、2′—2″⁺、2′—3″⁺、……就是实长线。

展开：如图4-10d所示，因为是对称构件，所以可从中间向两边同时展开。作线段7‴—7′×等于主视图中的投影线7—7，以7′×为圆心，小口中径$\frac{1}{12}$周长为半径画弧，与以7‴为圆心，实长线6′—7⁺长为半径所画弧，相交于6′×点。以7‴为圆心，大口中径$\frac{1}{12}$周长为半径画弧，与以6′×为圆心，实长线6′—6′⁺为半径所画弧，相交出6‴点……。以下用同样方法作出所有交点，直至完成，用平滑的曲线连接各点，即完成展开。

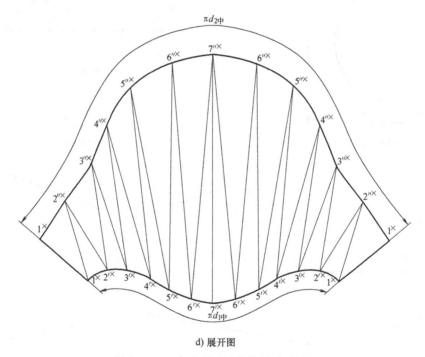

d) 展开图

图4-10　90°角变径过渡节的展开（续）

实例11　一边直偏心圆台的展开

结构介绍：如图4-11a所示，这个偏心圆台是呈一边垂直的，它其实是属于斜圆台，因此，可以用放射线法展开。根据已知尺寸h、m、d_1、d_2、δ画出放样图，按中径放样，延长AB、CD两边轮廓线得到顶点O，放样图和展开图如图4-11b所示。

展开分析：首先在$\frac{1}{2}$俯视图上作半圆周的6等分，等分点是1~7。过各点投到主视图BD线上是2′~6′，O'点与2~7连线是平面的放射线投影，O点与2′~6′连线是放射线在立面中心投影。

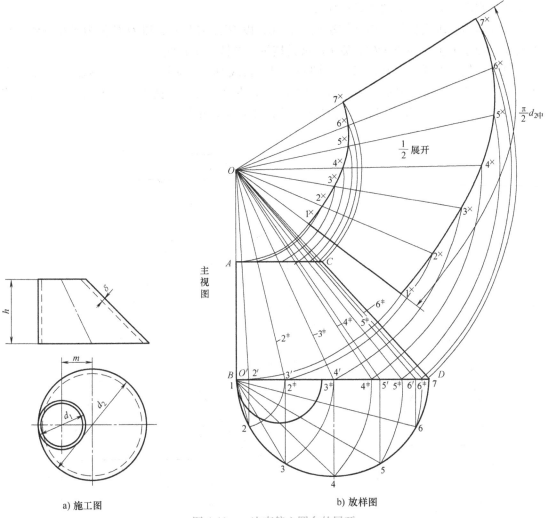

a) 施工图　　　　　　　b) 放样图

图 4-11　一边直偏心圆台的展开

操作步骤：求实长线。用旋转法，以 O' 点为圆心，过俯视图中 2~6 点画同心圆弧、相交到 BD 线上（即 $2^{\#}$~$6^{\#}$），然后将各点与 O 点连线，便得到每一条素线的实长。

展开：以 O 点为圆心，以 $O—1$、$O—2^{\#}$、$O—3^{\#}$、$O—4^{\#}$、$O—5^{\#}$、$O—6^{\#}$、$O—7$ 各线为半径画同心圆弧，同时过 AC 线与实长线交点画同心圆弧。在 $O—1$ 圆弧线上确定一点 $1^{\times}$，以大口中径周长的 $\frac{1}{12}$ 弧展开长为半径，依次截取相邻圆弧获得交点，相应得出 $2^{\times}$、$3^{\times}$、$4^{\times}$、$5^{\times}$、$6^{\times}$、$7^{\times}$ 各点。将以上各点与 O 连线，构成放射线，与小口同名圆弧编号得出交点是 $1^{\times}$~$7^{\times}$，则 $1^{\times}—7^{\times}—7^{\times}—1^{\times}$ 所包括的部分为 $\frac{1}{2}$ 展开。

第二节　棱角体的展开

实例 12　矩形四棱锥的展开

展开分析：根据施工图 4-12a 的已知尺寸 h、a、b、δ，画出放样图，里皮放样，画出主视图和俯视图，放样图如图 4-12b 所示。

操作步骤：求实长线。用旋转法或实长线，以 O' 点为圆心，以 $O'C$ 长为半径画弧，相交与水平面于 C' 点。连接 OC'，则 OC' 就是棱锥 4 个棱的实长线。

展开：用放射线法展开，以 O 为圆心，以实长线 OC' 长为半径画弧，在弧线上任取一点为 $C^\times$，依次以俯视图中的 $2n$ 和 m 长为半径，交替用圆规画出棱锥的 4 个底边，用直线连接，$C^\times A^\times B^\times D^\times C^\times$，以及上述五点与 O 连接后，即完成展开图。

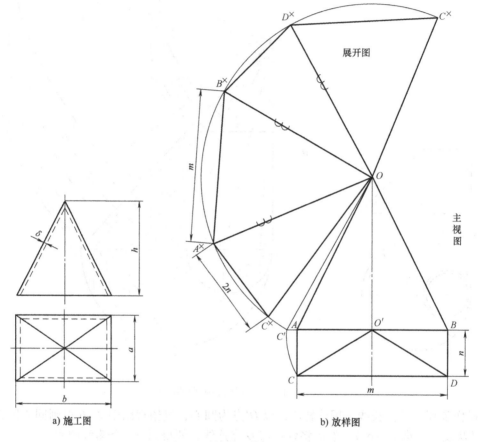

a) 施工图   b) 放样图

图 4-12 矩形四棱锥的展开

实例 13 正四棱锥的展开

如图 4-13a 所示，已知尺寸有 h、a、δ，根据已知尺寸画出放样图，按照里皮放样。

本例的作图方法与上例完全相同，只是截取底边长的是连续 4 次。放样图和展开图如图 4-13b 所示，说明略。

实例 14 偏心四棱锥的展开

结构介绍：如图 4-14a 所示，这是一个顶点偏心正四棱锥，根据已知尺寸 h、a、δ 画出放样图，按照里皮放样，放样图如图4-14b所示。

操作步骤：求实长线。采用旋转法求实长线，以顶点 O' 为圆心，分别以 $O'C$ 和 $O'D$ 为半径画弧，相交水平线上是 C' 和 D' 两点。连接 C' 和 D' 两点到顶点 O 的线段，则 $O—C^+$ 和

O—D⁺就是两个侧棱的实长线。

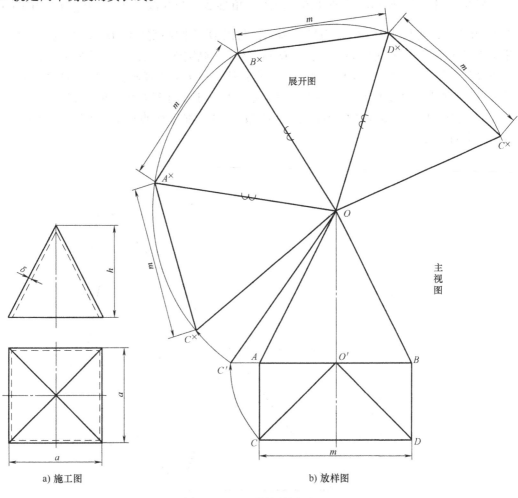

a) 施工图

b) 放样图

图 4-13 正四棱锥的展开

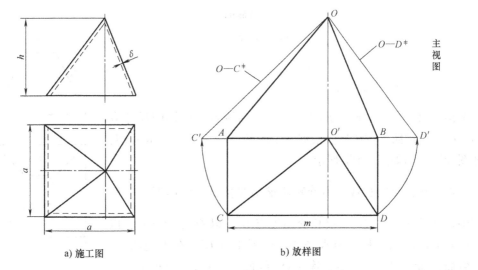

a) 施工图

b) 放样图

图 4-14 偏心四棱锥的展开

展开：图 4-14c 所示的是展开图，使用三角形法。画线段 $C^×D^×$ 等于 $\frac{1}{2}$ 平面中的 m 长，以 $C^×$ 为圆心，实长线 $O—C^+$ 长为半径画弧，与以 $D^×$ 为圆心实长线 $O—D^+$ 长为半径所画弧，相交出 $O^×$ 点。以 $O^×$ 点为圆心、实长线 $O—C^+$ 为半径画圆弧，与以 $C^×$ 点为圆心，以 m 长为半径所画弧，相交出 $A^×$ 点。以 $O^×$ 点为圆心、实长线 $O—D^+$ 为半径画弧，与以 $D^×$ 为圆心，以 m 长为半径所画弧，相交出 $B^×$ 点。以 $B^×$ 点为圆心，以 m 长为半径画弧，相交在以 $O^×C^×$ 为半径的弧线上，得到 $A^×$ 点，用直线连接各点之间的线段，并且都与 $O^×$ 点连接，于是，$O^×A^×C^×D^×B^×A^×$ 就是所求的展形图。

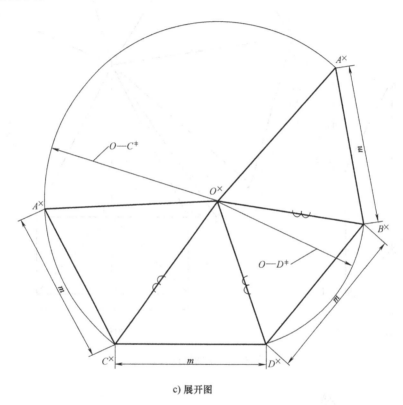

c) 展开图

图 4-14　偏心四棱锥的展开（续）

实例 15　正四棱台的展开

结构介绍：图 4-15a 所示的是一个正四棱台，已知的尺寸有 h、a、b、δ，按照里皮放样。根据施工图的已知尺寸画出放样图，放样图和展开图如图 4-15b 所示。

操作步骤：求实长线。用旋转法求实线长，在放样图的 $\frac{1}{2}$ 俯视图中，延长两个棱线的长度相交出顶点 O'。以 O' 点为圆心，以 $O'C$ 长为半径画弧，相交至水平线，得到交点 C'。在主视图中，延长侧面轮廓线相交出 O 点，连接 OC' 线段，则 OC' 就是四个棱角的实长线。

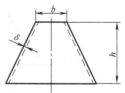

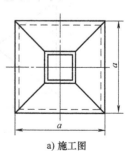

a) 施工图

图 4-15　正四棱台的展开

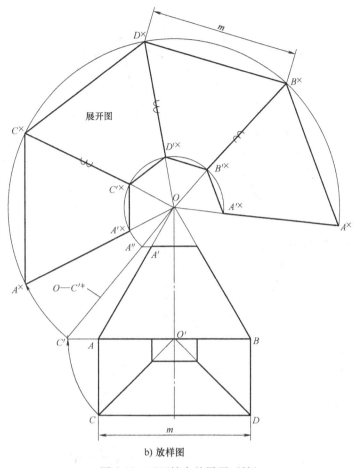

图 4-15　正四棱台的展开（续）

b) 放样图

展开：用放射线法，以 O 点为圆心，以 OC' 和 OA'' 为半径，分别画出两段同心圆弧。在 OC' 为半径的圆弧上，任取一点为 $A^\times$，以 $A^\times$ 为圆心，以俯视图中 m 长为半径，依次截取 4 次，分别得到交点是 $C^\times$、$D^\times$、$B^\times$、$A^\times$，并且都与 O 连接，构成放射线，与 OA'' 为半径的圆弧相交出同名点是 $A'^\times$、$C'^\times$、$D'^\times$、$B'^\times$、$A'^\times$。用直线连接上口和下口的 $A^\times A^\times$，$A'^\times A'^\times$ 之间的线段，即完成展开图步骤。

实例 16　斜截正四棱台的展开（一）

结构介绍：如图 4-16a 所示，这是一个正四棱台的下口被某一平面斜截了的结果。

展开分析：被斜截四棱台的下口呈现的是梯形。根据已知尺寸 h_1、h_2、a、b、c、δ 画出放样图，放样图仍然按照里皮计算，放样图和展开图如图 4-16b 所示。

操作步骤：求实长线。用旋转法，在俯视图中，以 O' 点为圆心，以 $O'G$ 长为半径画弧，相交水平线于 G' 点，连接 G' 点与 O 点，那么，OG' 就是 4 个棱角的实长线。同样过 B 点、C 点，分别作水平线，相交于 OG 线上，得到 B'' 和 C''，就是斜截后的下口和上口的侧棱实长。

a) 施工图

图 4-16　斜截正四棱台的展开（一）

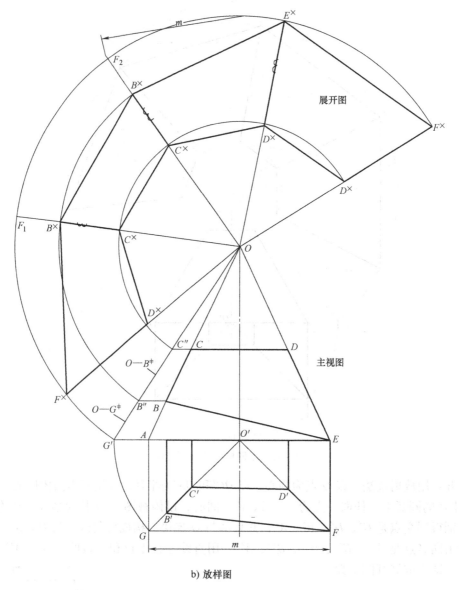

b) 放样图

图 4-16　斜截正四棱台的展开（一）（续）

　　展开：用放射线法，以 O 点为圆心，分别以 OG'、OB''、OC'' 长为半径画同心圆弧。在 OG' 为半径的圆弧线上，任取一点为 $F^×$，以 $F^×$ 为基准点，用俯视图中 m 长为定长，依次截取 4 次，得到的交点是 $F^×$、F_1、F_2、$E^×$、$F^×$。将上述各点用线段与 O 连接，构成放射线。同时，与另外两个圆弧的交点是 $B^×$、$C^×$、$D^×$，则 $F^×B^×B^×E^×F^×D^×D^×C^×C^×D^×$ 所包括的部分，即为斜截四棱台的展开图。

实例 17　斜截正四棱台的展开（二）

　　结构介绍：如图 4-17a 所示，与上例不同，这不是正四棱台被斜截了的结果，它的下口断面不是梯形，而是正方形，因此，它的前后片板是以扭曲状态存在的。根据已知尺寸 h_1、h_2、a、b、δ，画出放样图，放样图如图 4-17b 所示。

展开分析：因为不是正四棱锥被斜切的结果，所以它的四面板就不是一个斜度，因此，不能用放射法，只能用三角形法。将俯视图 4 块板的对角线方向分别连线，编号是 2、4、6、8，至此，完成了构件的表面分割。

操作步骤：求实长线。采用三角形法，在主视图中 $D'(A')$ $C'(B')$ 的延长线上，作 $D'(A')$ $C'(B')'$ 的垂直线 SC，并过 $E'(F')H'(G')$ 两点作 $D'(A')$ $C'(B')$ 线的平行线。在俯视图中分别截取 1—8 各线的投影长，移画到实长图各自线条的对应边上，构成直角三角形，于是，所得到的斜边就是各线段的实长。

展开：在图 4-17c 中，作线段 H^xG^x 等于俯视图中 m 长，以 H^x 点为圆心，以实长线 4^+ 长为半径画弧，与以 G^x 为圆心，以实长线 3^+ 长为半径所画弧，相交得 B^x 点。以 H^x 点为圆心，以实长线 5^+ 长为半径画弧，与以 B^x 为圆心，以俯视图中 CB 长为半径所画弧，相交得出 C^x 点。以 H^x 点为圆心，以主视图 $E'H'$ 长为半径画弧，与以 C^x 为圆心，实长线 6^+ 长为半径所画弧，相交得出 E^x 点。以 E^x 点为圆心，实长线 7^+ 长为半径画弧，与以 C^x 点为圆心，以俯视图中 CD 长为半径所画弧，相交得出 D^x 点。以下用同样方法作出所有交点，最后，用直线连接各点，即完成展开。

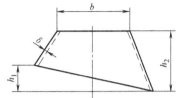

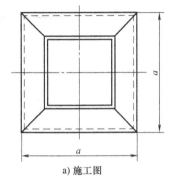

a) 施工图

图 4-17　斜截正四棱台的展开（二）

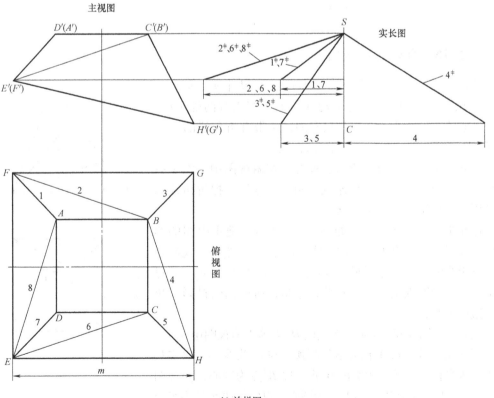

b) 放样图

图 4-17　斜截正四棱台的展开（二）（续）

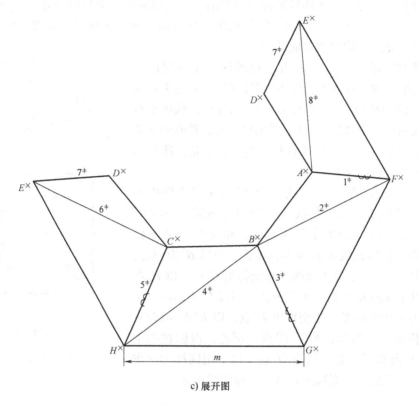

c) 展开图

图 4-17　斜截正四棱台的展开（二）（续）

实例 18　斜截正四棱台的展开（三）

结构介绍：如图 4-18a 所示，根据已知尺寸 h_1、h_2、a、b、δ，画出放样图4-18b。这个构件与上例相比有两处不同：第一，它的前后片板不是扭曲状态的，是带有折角线的（即 2、6 线）；第二，它的下口是带补料的。

展开分析：同样用三角形法展开，在俯视图中，除了折角线以外，把剩下的两块板连成对角线。这样，把折角线和展开用对角线统一编号是 1~8。

操作步骤：求实长线。如图 4-18c 所示，把主视图的两组线的投影高度移出来，并作垂线 SC。然后，按照俯视图各对应投影线的长度，分别画在各自的投影高度上。即：ST 对应 1、7、8，SC 对应 2、4、6 等，于是，所得到的投影三角形斜边就是实长。

展开：如图 4-18d 所示，作线段 $H^{\times}G^{\times}$ 等于俯视图中 m 长，以 $H^{\times}$ 为圆心，实长线 $4^{\sharp}$ 长为半径画弧，与 $G^{\times}$ 为圆心，以实长线 $3^{\sharp}$ 长为半径所画弧，相交出 $B^{\times}$ 点。以 $B^{\times}$ 点为圆心，俯视图上口 BC 长为半径画弧，与以 $H^{\times}$ 为圆心，以实长线 $5^{\sharp}$ 长为半径所画弧，相交出 $C^{\times}$ 点。以用同样的方法作出所有的交点。

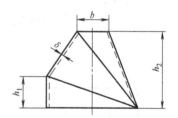

a) 施工图

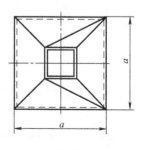

图 4-18　斜截正四棱台的
展开（三）

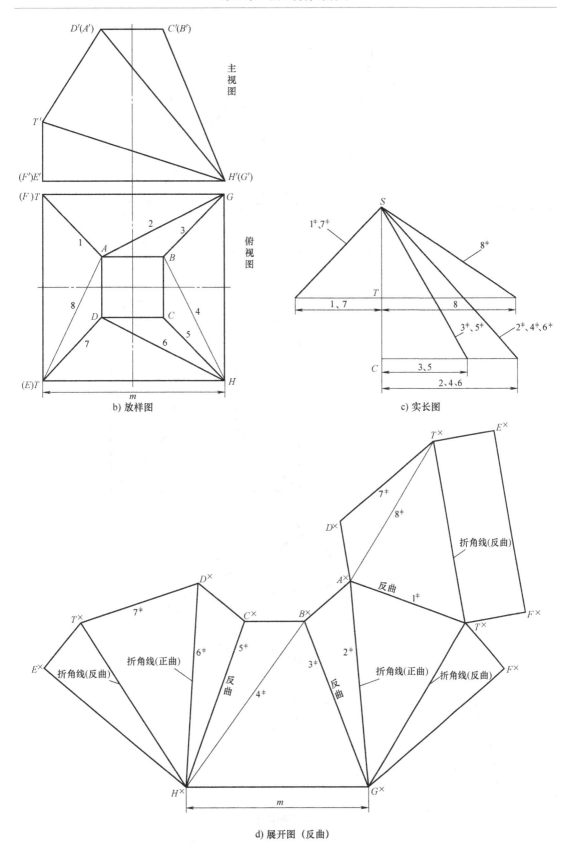

b) 放样图

c) 实长图

d) 展开图（反曲）

图 4-18　斜截正四棱台的展开（三）（续）

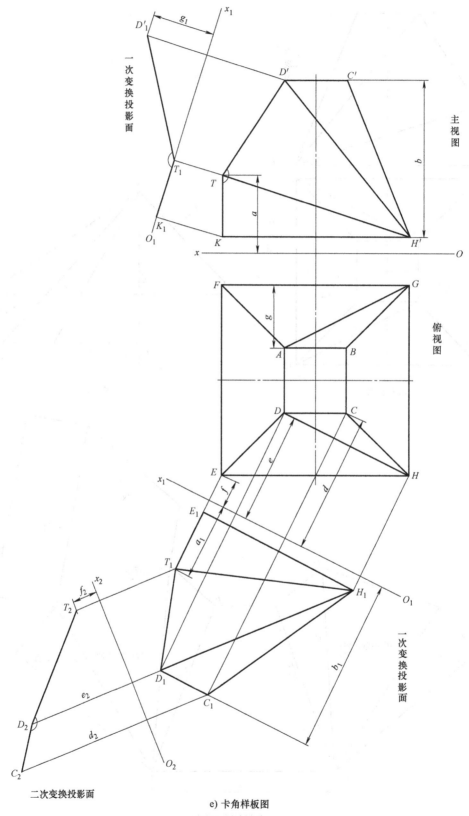

e) 卡角样板图

图 4-18　斜截正四棱台的展开（三）（续）

顺便指出，这里的折角线又是展开线，在实际工作中，不可能是一块整料制作的，而应该是在适当的地方选出接口缝，以便于折弯加工，其他的例子也是如此。

求卡角样板：本例因为是带有补料的，并且前后片板是带有折角线的，所以必须求出带有补料部分和折角线处的角度大小。

左片板和补料的卡角样板在主视图可直接得出，不用单独求出，就是图 4-18e 主视图中的 $\angle D'TK$。

前后片板和带补料部分的卡角样板不能直接得出，因此，必须使用变换投影面法求出。在图 4-18e 主视图中作一次投影面变换，便得出该处的卡角样板角度，即 $\angle D_1'T_1K_1$。

前后片板 DH 折角线处的卡角样板，也必须使用变换投影面法来求出。在俯视图中，作二次投影变换，第一次是求出 DH 的实长，第二次是将该线投影变成一个点。即得出 $\angle T_2D_2C_2$，就是前后片板 DH 折角处的卡角样板。

实例 19　斜截正四棱台的展开（四）

结构介绍：如图 4-19a 所示，这也是一个类似斜截正四棱台，与前几例不同的是，它是在上口的部位斜截的。说它是正四棱台，是指底部而言的，其实它的左右两块板空间相对斜度是不相等的。根据已知尺寸 h_1、h_2、a、b、δ 画出放样图，放样图如图 4-19b 所示。

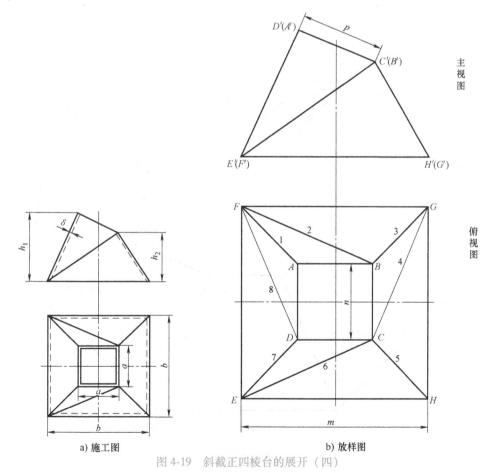

a) 施工图　　　　　　　　　　b) 放样图

图 4-19　斜截正四棱台的展开（四）

展开分析：因为用三角形法展开，所以需要将构件表面分出若干个小三角形。在图 4-19b 中，1、3、5、7 和 2、6 线是形成构件的自然折角线，而 4、8 线则是为展开分割的辅助线。

操作步骤：求实长线。在图 4-19c 中，作水平线 AB，并作 SC 垂直于 AB，使 SC 和 SC_1 分别等于主视图两投影高。然后依次将俯视图中的投影线 1—8 移到对应的投高上，如：SC 与 1、7，SC 与 8，SC_1 与 3、5 等。使投影图中的每一个小三角形，得以还原再现，那么，所得到的每个小三角形斜边就是实长线。

展开：在图 4-19d 中，作水平线 $F^×E^×$，等于俯视图中的 FE，以 $E^×$ 点为圆心，实长线 $7^‡$ 长为半径画弧，与以 $F^×$ 点为圆心，实长线 $8^‡$ 长为半径所画弧，相交出 $D^×$ 点。以 $F^×$ 点为圆心，实长线 $1^‡$ 长为半径画弧，与以 $D^×$ 点为圆心，平面边长 n 为半径画弧，相交出 $A^×$ 点。以 $F^×$ 点为圆心，实长线 $2^‡$ 长为半径画弧，与以 $A^×$ 点为圆心，主视图 p 长为半径所画弧，相交出 $B^×$ 点。以 $B^×$ 点为圆心，实长线 $3^‡$ 长为半径画弧，与以 $F^×$ 为圆心，俯视图边长 m 为半径所画弧，相交出 $G^×$ 点。以下用同样方法作出另一边的展开图，最后，用直线连接所有的展开点，即完成展开。

求卡角样板：如图 4-19e 所示，本例的前后片板是带折角的，即 2、6 线，因此需作出卡角样板。用二次变换投影面求出，第一次是求出 CE 线的实长，即图中 E_1C_1 线；第二次是将 E_1C_1 投影变成一个点。

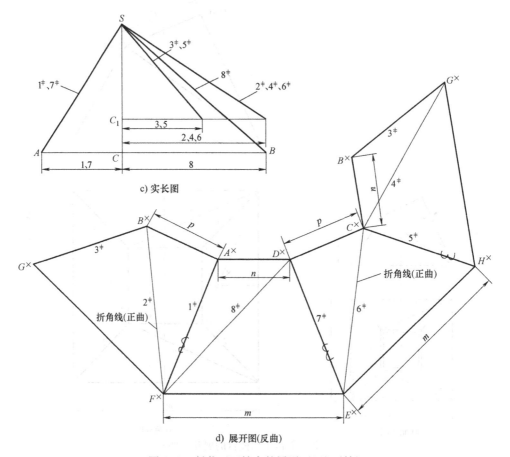

c) 实长图

d) 展开图(反曲)

图 4-19　斜截正四棱台的展开（四）（续）

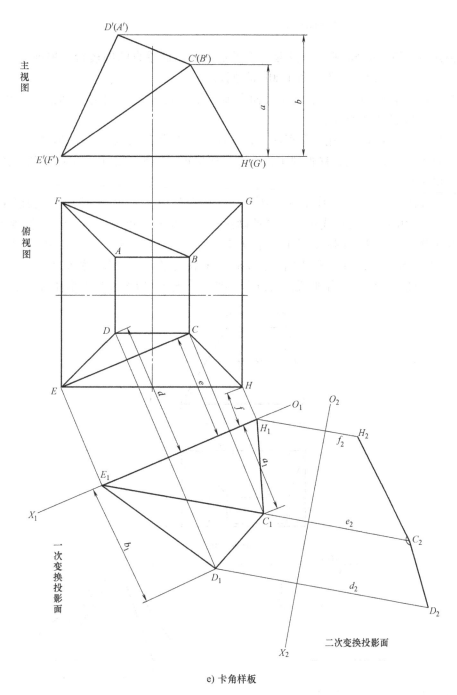

e) 卡角样板

图 4-19 斜截正四棱台的展开（四）（续）

具体作法：作俯视图 CE 线的平行线，作为一次换面投影轴。然后，过 E、D、C、H 各点作 X_1O_1 的垂线，将主视图的投影高 a、b 分别移画到各对应线上，就得到 E_1C_1 线的实长和该片板的投影轮廓。第二次是将 E_1C_1 线的投影变成一个点，就是作 E_1C_1 线的延长线，并作 O_2X_2 垂直于 E_1C_1。然后，过 D_1、H_1 二点作 X_2O_2 轴的垂线，截取 f_2、e_2、d_2 等于俯视图中的 f、e、d，将交点 H_2、C_2、D_2 连接起来，则 $\angle H_2C_2D_2$ 就是所求的卡角样板。

实例 20　异形四棱台的展开

结构介绍：如图 4-20a 所示，这是一个偏心并且一面垂直的四棱台。根据已知尺寸 h、a、b、c、d、e、δ 画出放样图，图 4-20b 是放样图。

展开分析：在俯视图中，作形体表面分割，编号是 1~5。因为一面是垂直的，所以 $AEHD$ 板在主视图是反映实形的。

操作步骤：求实长线。用三角形法。在 $A'D'$ 和 $E'H'$ 的延长线上，作 SC 线垂直于 $A'D'$。分别在俯视图截取 1—5 线，移画到实长图上，连接每一个小三角形，所得到的斜边 1^+—5^+ 即为所求得实长线。

展开：如图 4-20c 所示，作水平线 $B^\times C^\times$ 等于俯视图 BC，以 $B^\times$ 为圆心，实长线 3^+ 为半径画弧，与以 $C^\times$ 为圆心，实长线 4^+ 为半径所画弧相交出 $G^\times$ 点。以 $G^\times$ 点为圆心，俯视图 GF 线长为半径画弧，与以 $B^\times$ 为圆心，实长 2^+ 长为半径所画弧，相交出 $F^\times$ 点。以 $B^\times$ 为圆心，俯视图 AB 线长为半径画弧，与以 $F^\times$ 为圆心，实长线 1^+ 长为半径所画弧，相交出 $A^\times$ 点。以 $A^\times$ 点为圆心，主视图 $A'E'$ 线为半径画弧，与以 $F^\times$ 为圆心，俯视图 FE 线长为半径所画弧，相交出

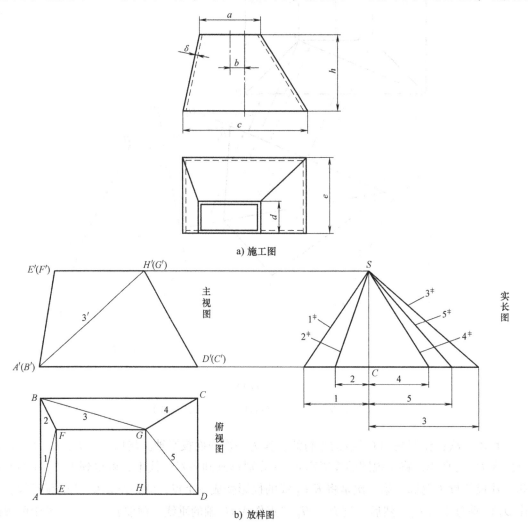

a) 施工图

b) 放样图

图 4-20　异形四棱台的展开

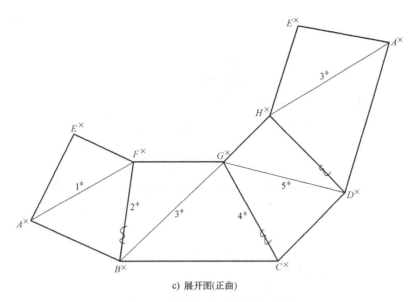

c) 展开图(正曲)

图 4-20　异形四棱台的展开（续）

$E^×$点。以下用同样手段作出所有点，需要说明的是，$H^×D^×A^×E^×$是不用求实长线的，它是从主视图直接移画过来的。本例是正曲，在实际工作中，可以从适当部位断开，以便于弯曲加工。

实例 21　上下口扭曲 45°的方口八棱台展开（一）

结构介绍：如图 4-21a 所示，这是一个上下口扭曲 45°的渐缩管，因此，它形成了八个棱角，但它与正八棱锥有着本质的区别。

展开分析：根据已知尺寸 h、a、b、δ，画出放样图，用三角形法展开，构成本形体表面的棱角形成了自然分割，因此，不需要另外再分割，放样图如图 4-21b 所示。

操作步骤：求实长线。在主视图 $D'C'$ 和 $E'G'$ 的延长线上作垂线 SC，截取俯视图棱线的投影长 1—8（八条线长相等），移画到 SC 线的水平线上，将交点与 S 点连成斜边，则 $1^‡$—$8^‡$

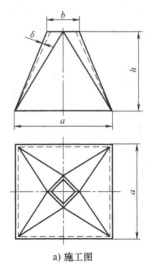

a) 施工图

图 4-21　上下口扭曲 45°的方口八棱台展开（一）

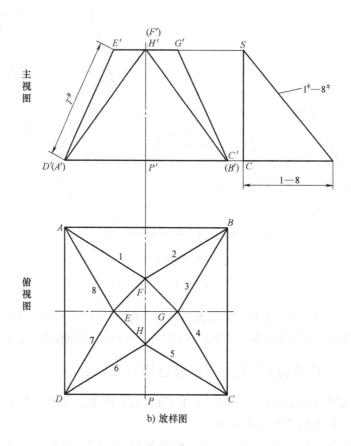

b) 放样图

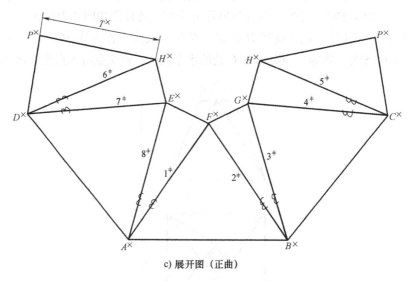

c) 展开图（正曲）

图 4-21　上下口扭曲 45°的方口八棱台展开（一）（续）

就是八条棱线的实长。

展开：如图 4-21c 所示，作水平线段 $A^\times B^\times$，等于俯视图 AB。分别以 $A^\times$、$B^\times$ 为圆心，以实长线 $1^\ddagger$—$8^\ddagger$ 长为半径画长圆弧，相交出 $F^\times$ 点的同时，剩余两段圆弧，以 $F^\times$ 点为圆心，以俯视图中 FE 线长为半径两边画弧，同时相交出 $E^\times$ 和 $G^\times$ 点。以 $E^\times$ 点和 $G^\times$ 点为圆心，以 $1^\ddagger$—$8^\ddagger$ 长为半径，分别画弧，与以 $A^\times$ 和 $B^\times$ 点为圆心，底边长为半径所画弧，相交出 $D^\times$ 点和 $C^\times$ 点。再以 $D^\times$ 点和 $C^\times$ 点为圆心，以实长线 $1^\ddagger$—$8^\ddagger$ 长分别画大圆弧，与以 $E^\times$ 点和 $G^\times$ 点为圆心，以俯视图中上口边长 EH 长为半径所画弧，相交出两个 $H^\times$ 点。再以 $H^\times$ 点为圆心，主视图斜边 $T^\ddagger$ 长为半径画弧，与以 $D^\times$ 和 $C^\times$ 两点为圆心，以底边 $\frac{1}{2}$ 长为半径所画弧，相交出两个 $P^\times$ 点。最后，把所有点用直线连接，即完成展开图。

实例 22 上下口扭曲 45° 的偏心方口八棱台展开（二）

结构介绍：如图 4-22a 所示，这个构件与上例相比基本相同，但它的上口是偏心在一边的。展开方法是相同的，根据已知尺寸 h、a、b、δ，画出放样图，放样图如图 4-22b 所示。

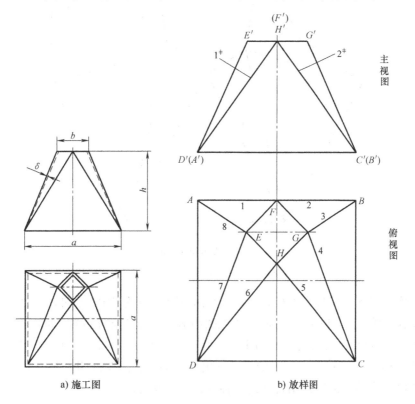

图 4-22 上下口扭曲 45° 的偏心方口八棱台展开（二）

操作步骤：求实长线。如图 4-22c 所示，作一组垂直线 SC 垂直于 CP，并且使 SC 等于主视图投影高。1、2 线在主视图是反映实长的，因此不需另求，之后分别截取俯视图中的投影线长 3、8、4、7、5、6，移画到实长图的水平线上，与投影高 S 点连线，得的斜边 $3^\ddagger$、$8^\ddagger$，$4^\ddagger$、$7^\ddagger$、$5^\ddagger$、$6^\ddagger$ 即为实长线。

展开：如图 4-22d 所示，用三角形法。作线段 $D^\times C^\times$ 等于俯视图中的 DC，分别以 $D^\times$ 和 $C^\times$

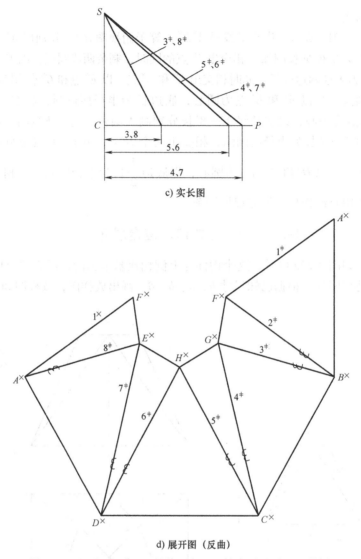

c) 实长图

d) 展开图（反曲）

图 4-22 上下口扭曲 45°的偏心方口八棱台展开（二）（续）

为圆心，以实长线 5⁺、6⁺长为半径画弧，相交出 H˟点。再分别以 D˟和 C˟点为圆心，实长线 4⁺、7⁺长为半径画弧，与以 H˟为圆心，俯视图中 HE 长为半径所画弧，同时相交出 E˟和 G˟两点。以 G˟点为圆心，实长线 3⁺长为半径画弧，与以 C˟点为圆心，俯视图中 CB 长为半径所画弧，相交出 B˟点。以下用同样的方法求出所有的点，需要说明的是，A˟B˟F˟是直接从主视图中移画过来的，最后，用直线连接各点，即完成展开。

实例 23　上下口扭曲 45°的方口倾斜八棱台展开（三）

结构介绍：施工图如图 4-23a 所示，本例与上两例比较，难度增加了，但展开原理和方法是相同的。根据已知尺寸 h、a、b、c、d、δ，画出放样图，按照里皮放样，放样图如图 4-23b 所示。

操作步骤：求实长线。三角形法，如图 4-23c 所示，作一组垂线 SC 垂直于 CP，并使 SC 等于主视图垂直投影高。然后将俯视图中的棱线 1~8 分成四组，即 1、2，4、7，3、8，

5、6 分别移画到实长图的 *CP* 线上，与 *S* 点连接交点，则 1$^+$、2$^+$，3$^+$、8$^+$，4$^+$、7$^+$，5$^+$、6$^+$ 就是所求的实长线。

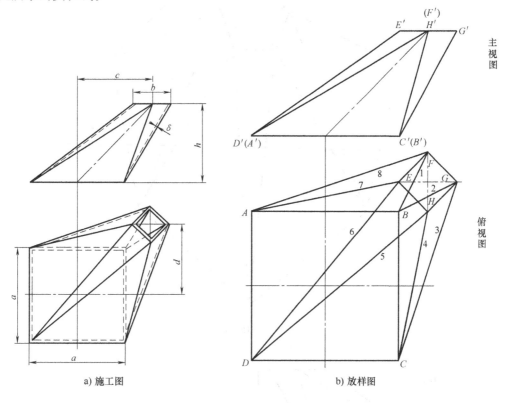

a) 施工图　　　　　　　b) 放样图

图 4-23　上下口扭曲 45°的方口倾斜八棱台展开（三）

　　展开：如图 4-23d 所示，用三角形法展开。作线段 $E^\times H^\times$ 等于俯视图中 *EH*，分别以 $E^\times$ 和 $H^\times$ 为圆心，以实长线 5$^+$、6$^+$ 长为半径画弧，相交出 $D^\times$ 点。再分别以 $E^\times$ 和 $H^\times$ 点为圆心，以实长线 4$^+$、7$^+$ 长为半径画弧，与以 $D^\times$ 为圆心，俯视图 *AD* 长为半径所画弧，同时相交出 $A^\times$ 点 $C^\times$ 点。以 $A^\times$ 为圆心，实长线 8$^+$ 长为半径画弧，与以 $E^\times$ 为圆心，以俯视图中 *EF* 长为半径所画弧，相交出 $F^\times$ 点。以 $F^\times$ 点为圆心，实长线 1$^+$ 长为半径画弧，与以 $A^\times$ 为圆心俯视图中 *AB* 长为半径所画弧，相交出 $B^\times$ 点。再用同样方法作另一半的交点，最后，用直线连接所有交点，即完成展开，本例是反曲。

　　求卡角样板：由于本例的形体比较复杂，对于展开棱角体来讲，具有一定的代表性，因此，将本例组成不同角度的棱角，进行卡角样板的求出。求卡角样板的放样图，如图 4-23e~图 4-23h 所示，下面将分别讲解。棱角 1 和棱角 2 的角度是相等的，棱角 3 和棱角 8 角度是相等的，棱角 4 和棱角 7 角度是相等的，棱角 5 和棱角 6 的角度是相等的，也就是说求出四个棱角的角度就可以了。

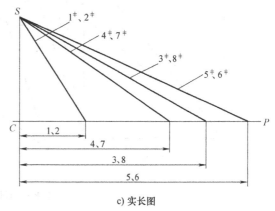

c) 实长图

图 4-23　上下口扭曲 45°的方口
倾斜八棱台展开（三）（续）

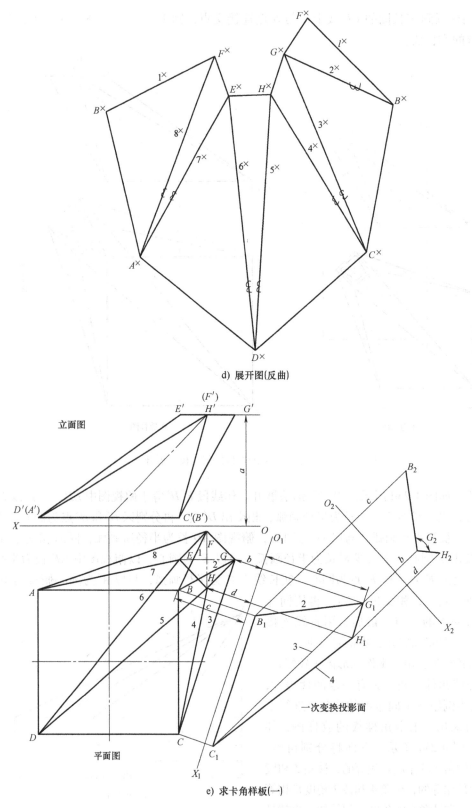

d) 展开图(反曲)

e) 求卡角样板(一)

图 4-23　上下口扭曲 45°的方口倾斜八棱台展开（三）（续）

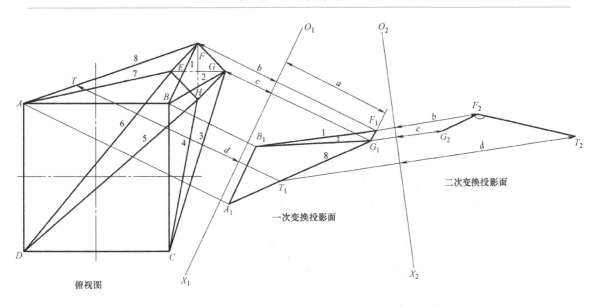

f) 求卡角样板（二）

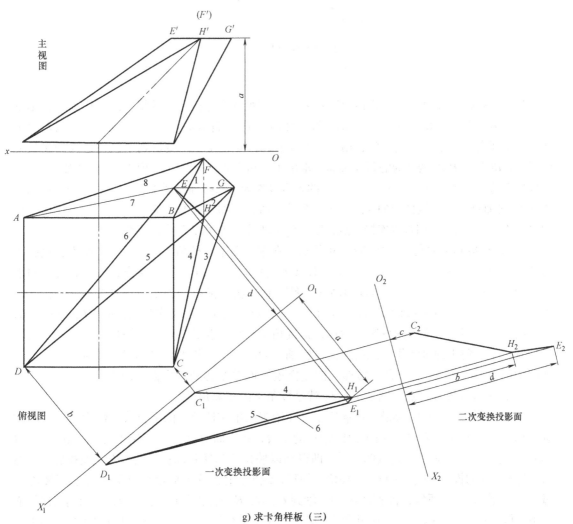

g) 求卡角样板（三）

图 4-23　上下口扭曲 45°的方口倾斜八棱台展开（三）（续）

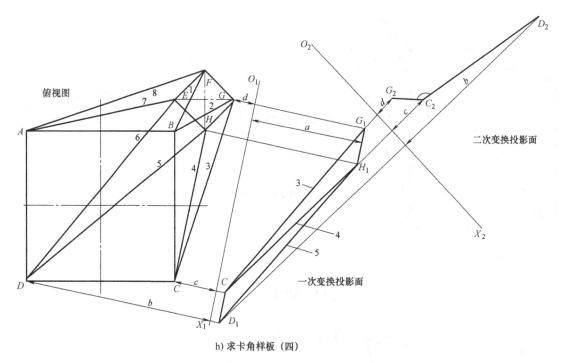

h) 求卡角样板（四）

图 4-23　上下口扭曲 45°的方口倾斜八棱台展开（三）（续）

1）先求棱角 3 的角度，如图 4-23e 所示。在俯视图中作棱角 3 的平行线，作为新投影轴 X_1O_1，过 B、G、H、C 四点作 X_1O_1 的垂线。然后，把主视图的投影高 a "搬" 到一次新投影面上，得到交点 B_1、G_1、H_1、C_1，用直线连接上述四点，于是，就得到了以棱角 3 为实长的前提下，BCG 和 HCG 两个面的新投影。求出了棱角 3 的实长以后，再将它变成投影为一点。在棱角 3 的延长线上适当位置，作棱角 3 的垂直线作为二次换面投影轴 X_2O_2。过 B_1 和 H_1 两点作 X_2O_2 的垂线，把俯视图中的 b、c、d 三个长度值，分别对应的 "搬" 到二次换面图中，得到 B_2、G_2、H_2 三点，用直线连接三点，则 $\angle B_2G_2H_2$ 就是棱角 3 的实际夹角。

2）再求棱角 1 的角度，如图 4-23f 所示。在俯视图中作棱角 1 的平行线，作为新投影面的轴线 X_1O_1。过 F、G、B、A、T、五点作 X_1O_1 的垂直线（T 点是特殊点，设立它可以缩小二次换面的尺寸），将主视图的投影高 a "搬" 到一次变换投影面上，得到交点为 F_1、G_1、B_1、A_1 四点，用直线连接四点后，又得到一个 T_1 点，则棱角 1 是实长线，$A_1B_1F_1$ 和 $B_1F_1G_1$ 是这两个面在新投影面上的投影。然后，把棱角 1 的投影变成一点。在棱角 1 的延长线上适当位置，作棱角 1 的垂线作为二次换面投影轴 X_2O_2，过 G_1 点和 T_1 点作 X_2O_2 的垂线。把俯视图中的 b、c、d 三个长度值，按照二次变换投影面关系移到二次换面图中，得到 G_2、F_2、T_2 三点，用直线连接三点，则 $\angle G_2F_2T_2$ 就是棱角 1 的实际角度。

3）求棱角 5 的角度，如图 4-23g 所示，在俯视图中作棱角 5 的平行线，作为一次换面的旋转轴 X_1O_1。过 E、H、C、D 四点作 X_1O_1 的垂线，将立面的投影高 a 移到一次换面图中，得到 H_1、E_1、C_1、D_1 四点，连接四点后，即得到以棱角 5 为实长前提下的一次变换投影面。然后，将棱角 5 的投影变成一个点。在棱角 5 的延长线上，作二次换面投影轴 X_2O_2 垂直于棱角 5，过 C_1、E_1 作 X_2O_2 的垂线，将平面中 X_1O_1 轴到 C、H、E 三点的长度 b、c、d，移画到二次换面图中，得到 C_2、H_2、E_2 三点，则用直线连接三点所得到 $\angle C_2$、H_2、E_2，就是棱角 5 的实际角度。

4）求棱角 4 的角度，如图 4-23h 所示，步骤和方法与上面所讲完全相同，这里就不再重述。

实例 24　正六方与正四方过渡的八棱台展开

展开分析：图 4-24a 所示的是施工图，根据已知尺寸 h、a、d、δ 画出放样图，按照里

皮放样，图 4-24b 是放样图。图中只画出 $\frac{1}{2}$ 俯视图，

编号 1、2、4、5 是自然形成的棱线，编号 3 是后增
加的，这 5 条线都是完成展开的必要条件。

操作步骤：求实长线。用三角形法。在主视图
A、B 和 E'、F' 的延长线上，作 SC 垂直于 AB，把俯
视图中的 1、5 线，2、4 线和 3 线的投影长，移画到
实长图上，则斜边 $2^\sharp$、$4^\sharp$、$1^\sharp$、$5^\sharp$、$3^\sharp$ 就是实长线。

展开：用三角形法，如图 4-24c 所示，作线段 $D^\times$
$C^\times$ 等于俯视图中 DC 长，以 $D^\times$ 为圆心，实长线 $2^\sharp$ 长
为半径画弧，与以 $C^\times$ 为圆心，实长线 $3^\sharp$ 长为半径所
画弧，相交出 $H^\times$ 点。以 $C^\times$ 点为圆心，以实长线 $4^\sharp$
为半径画弧，与以 $H^\times$ 点为圆心，俯视图中 HG 长为半
径所画弧，相交出 $G^\times$ 点。以 $H^\times$ 点为圆心，俯视图中
HE 长为半径画弧，与以 $D^\times$ 为圆心，实长线 $1^\sharp$ 为半径
所画弧，相交出 $E^\times$ 点。以 $E^\times$ 点为圆心，实长线 $1^\sharp$ 长
为半径画弧，与以 $D^\times$ 点为圆心，俯视图中 DC 长为半
径所画弧，相交出 $D'^\times$ 点。以 $D'^\times$ 点为圆心，实长线
$2^\sharp$ 长为半径画弧，与以 $E^\times$ 点为圆心，俯视图中 EH 长
为平径所画弧，相交出 $H'^\times$ 点。以下以同样方法作出
所有的点，用直线连接后，即完成展开。

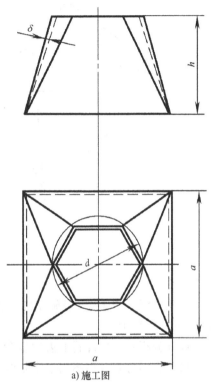

a）施工图

图 4-24　正六方与正四方
过渡的八棱台展开

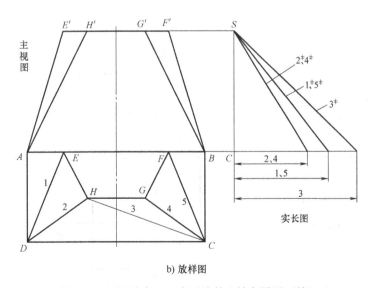

b）放样图

图 4-24　正六方与正四方过渡的八棱台展开（续）

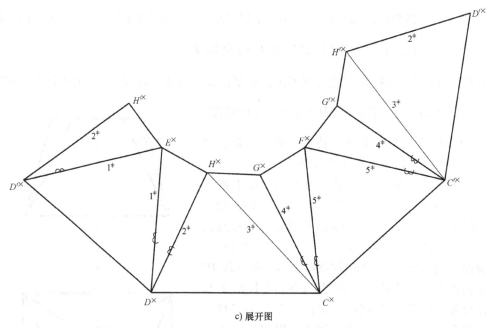

c) 展开图

图 4-24　正六方与正四方过渡的八棱台展开（续）

实例 25　上下口扭曲 90° 的矩形过渡管展开（一）

结构介绍：图 4-25a 是施工图，相关尺寸有 h、a、b、δ，按照已知尺寸画出放样图，放样图如图 4-25b 所示。

展开分析：本构件看上去较复杂，其实展开却十分简单，它是由四块梯形板组成，它不用将形体表面分割，也不用求实长线。

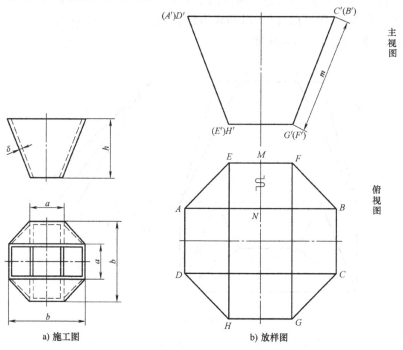

a) 施工图　　　　　　b) 放样图

图 4-25　上下口扭曲 90° 的矩形过渡管展开（一）

操作步骤：展开图。如图 4-25c 所示，截取展开图中的梯形高等于主视图中 m，本例将俯视图中的 ABEF 梯形分成两块，即对口缝在 MN 处。当然也可以把板缝选在别处，也可以定在角上，或者是由四块单独的梯形组成。

在展开图中，以 m 高为基准，作一组平行线，在平行线一端作 $M^x N^x$ 垂直于 $N^x A^x$，在俯视图中，分别截取上口 NA、AD、DC、CB、BN 五段长度到展开图上。下口截取 ME、EH、HG、GF、FM 五段长度到展开图上，用直线连接各点，即完成展开。

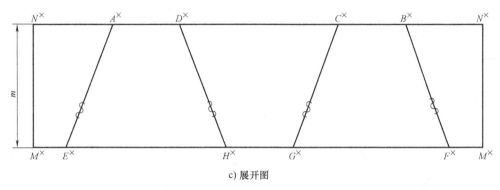

c) 展开图

图 4-25　上下口扭曲 90°的矩形过渡管展开（一）（续）

实例 26　上下口扭曲 90°的矩形偏心过渡管展开（二）

结构介绍：这也是上下口扭曲 90°的矩形管，与上例相比不同的是，它的上下口是偏心的。根据图 4-26a 所给的已知尺寸 h、a、b、δ，画出放样图，按里皮放样，放样图如图 4-26b 所示。

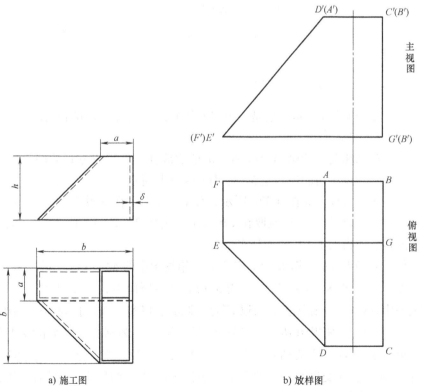

a) 施工图　　　　　　　　　b) 放样图

图 4-26　上下口扭曲 90°的矩形偏心过渡管展开（二）

　　操作步骤：展开。如图 4-26c 所示，因为后面板 *FAB* 平行于立面，所以它在主视图中是反映实形的。因此，只要将主视图的梯形直接"搬"过来，就是展开图上的 *A*×*B*×*B*′×*F*× 部分。然后，在 *A*×*B*× 和 *F*×*B*′× 的延长线上，分别作 *B*×*C*× 和 *B*′×*G*×，等于俯视图 *BC* 与 *BG*，将 *C*×*G*× 连接。过 *A*× 和 *F*× 两点，作 *AF*× 的垂直线，然后分别截取 *A*×*D*×*C*× 和 *F*×*E*×*G*，等于俯视图的 *ADC* 和 *FEG*。将所得交点连线后，即完成展开，本例为正曲。

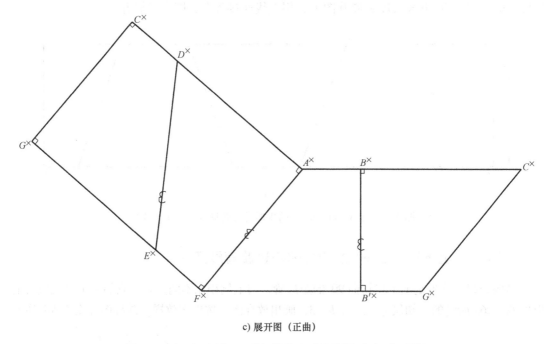

c) 展开图（正曲）

图 4-26　上下口扭曲 90° 的矩形偏心过渡管展开（二）（续）

实例 27　双向倾斜的矩形连接管展开

　　结构介绍：如图 4-27a 所示，这是一个双向倾斜的变截面积连接管，已知尺寸有 *h*、*a*、*b*、*c*、*e*、*f*、*g*、*δ*，组成。

　　展开分析：根据相关尺寸画出放样图，按里皮放样，将组成方管的四个面的对角线连接，编号是 1~4，四个棱角的编号是 5~8，如图 4-27b 所示。

　　操作步骤：求实长线。如图 4-27c 所示，作 *SC* 等于主视图投影高，作 *SC* 的垂线 *CP*，分别将俯视图中的 1~8 线投影长截取在 *CP* 线上，记作 2、4、3、1、5、8、6、7，把每个交点与 *S* 点连接，所得的 1⁺~8⁺ 线就是实长线。

　　展开：如图 4-27d 所示，作水平线 *E*×*F*× 等于俯视图中的 *EF*，以 *E*× 为圆心，以实长线 7⁺ 长为半径画弧，与以 *F*× 为圆心，以实长线 3⁺ 长为半径所画弧，相交出 *A*× 点。以 *A*× 点为圆心，以俯视图中 *AB* 长为半径画弧，与以 *F*× 点为圆心，以实长线 8⁺ 长为半径所画弧，相交出 *B*× 点。以 *B*× 点为圆心，俯视图 *BC* 长为半径画弧，与以 *F*× 为圆心，以实长线 4⁺ 长为半径所画弧，相交出 *C*× 点。以 *C*× 点为圆心，以实长线 5⁺ 长为半径画弧，与以 *F*× 为圆心，以俯视图 *FG* 长为半径所画弧，相交出 *G*× 点。再用同样方法求出另一半所有点，最后，用直线连接各点，即完成展开，本例是正曲。

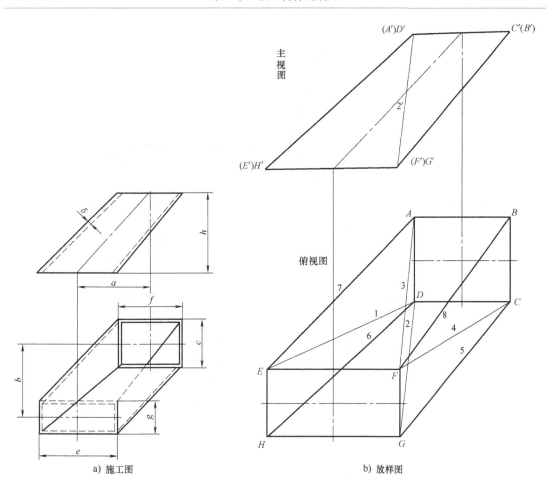

a) 施工图　　　　　　　　　　　　　b) 放样图

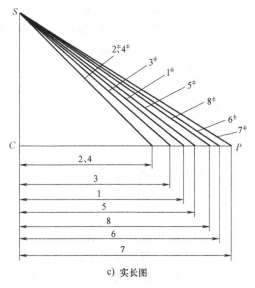

c) 实长图

图 4-27　双向倾斜的矩形连接管展开

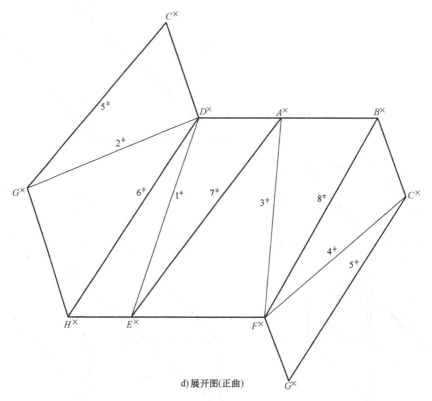

d)展开图(正曲)

图 4-27　双向倾斜的矩形连接管展开（续）

实例 28　90°偏心矩形连接管的展开（一）

结构介绍：如图 4-28a 所示，这是一个 90°偏心矩形连接管，根据施工图的已知尺寸 h、a、b、c、e、δ 画出放样图，放样图如图 4-28b 所示。

展开分析：由于本形体结构是由直角梯形和三角形组成，因此，无须作表面分割。

操作步骤：求实长线。展开时所需要求实长线的只有一条，那就是 EC 线。用三角形法，本例首次采用在主视图中求实长线的方法，就是在主视图中，作 $E'C'$ 线的一端直角线，截取 $E'C''$ 等于俯视图中的 CD 线，则虚线 $C''C'$ 就是实长线。

展开：如图 4-28c 所示，作水平线段 $A^{\times}B^{\times}$、$B^{\times}D^{\times}$，过 $B^{\times}$ 点作 $B^{\times}G^{\times}$ 垂直于 $A^{\times}D^{\times}$，$B^{\times}G^{\times}$ 和 $B^{\times}C'^{\times}$ 分别等于主视图 $B'G'$ 和 $B'C'$，过 $C'^{\times}$ 点作 $C'^{\times}C^{\times}$ 垂直于 $B^{\times}G^{\times}$，并使 $C'^{\times}C^{\times}$ 等于俯视图中的 BC 长，用直线分别连接 $C^{\times}D^{\times}$ 和 $A^{\times}G^{\times}$。作 $G^{\times}F^{\times}$ 和 $A^{\times}E^{\times}$ 垂直于 $A^{\times}G^{\times}$，并使 $G^{\times}F^{\times}$ 和 $A^{\times}E^{\times}$ 等于俯视图中的 GF 和 AE，连接 $E^{\times}F^{\times}$。以 $F^{\times}$ 为圆心，以主视图中 FC 长为半径所画弧，与以 $E^{\times}$ 为圆心，实长线 $EC^{\ddagger}$ 长为半径所画弧，相交出 $C^{\times}$ 点。以 $C^{\times}$ 点圆心，以展开图右侧的 $C^{\times}D^{\times}$ 长为半径画弧，与以 $E^{\times}$ 为圆心以俯视图 ED 长为半径所画弧，相交出 $D^{\times}$ 点。用直线连接各点后，即完成展开。

求卡角样板：如图 4-28d 所示，在俯视图中，作线段 EF 的平行线 X_1O_1。过 E、C、D 三点作 X_1O_1 的垂直线，并在 C_1F_1 线上，对应截取 a 和 b 长，等于主视图 a 和 b。得到 C_1 点和 F_1 点，用线段连接 E_1F_1，以及 E_1C_1，便完成了一次投影变换，E_1C_1 就是实长。在 E_1C_1 的延长线上，作二次换面旋转轴 X_2O_2，并使 X_2O_2 垂直于 E_1C_1，同时过 D_1、F_1 点作 X_2O_2 的垂线，按照投影关系截取俯视图中 c、d 长，移画到二次变换投影面上，即得到 D_2、C_2、F_2 三点，则 $\angle D_2 C_2 F_2$ 就是所求的卡角样板。

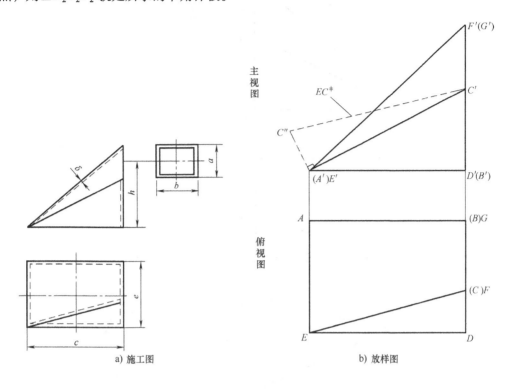

a) 施工图　　　　　　　　　　　　b) 放样图

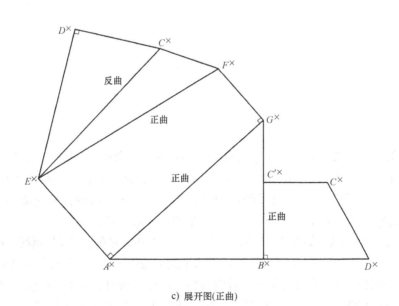

c) 展开图(正曲)

图 4-28　90°偏心矩形连接管的展开（一）

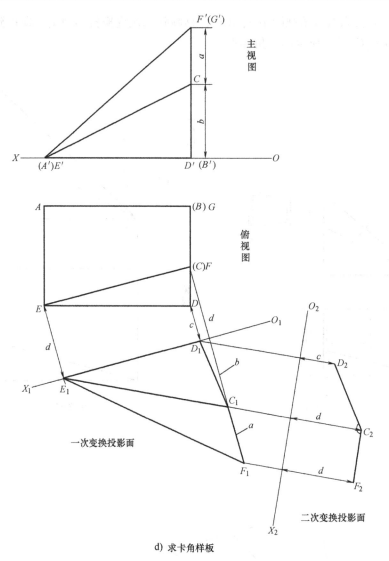

d) 求卡角样板

图 4-28　90°偏心矩形连接管的展开（一）（续）

实例 29　90°偏心矩形连接管的展开（二）

　　结构介绍：如图 4-29a 所示，与上一例相比，这一例要复杂得多，其展开方法也是不同的。

　　展开分析：根据已知尺寸 h、a、b、c、e、f、g、δ，画出放样图，按照里皮放样，放样图如图 4-29b 所示。除了本形体自身的棱角外，还需对形体表面进行分割成多个小三角形，方可展开。其分割线的编号是 1~8，每一根线条都需要求实长线。

　　操作步骤：求实长线。如图 4-29c 所示，作一水平线 AB，并在水平线作垂线，截取主视图投影高 TH′ 和 TG′，移画到垂线上是 SCS。然后在水平线上截取的各点，是分别等于俯视图中 1~8 线的投影长，按照每根线的投影关系，对应与各点连接，所得到的 1^+~8^+ 线，就是实长线。

　　展开：如图 4-29d 所示，用三角形法，作一线段 $A^×E^×$ 等于实长线 1^+ 长，以 $A^×$ 点为圆心，实长线 8^+ 长为半径画弧，与以 $E^×$ 点为圆心，以主视图 E′F′ 长为半径所画弧，相交出 $F^×$ 点。以 $A^×$ 点为圆心以俯视图 AB 长为半径画弧，与以 $F^×$ 点为圆心，实长线 7^+ 长为半径所画弧，

相交出 B^x 点。以 A^x 点为圆心，以实长线 2^+ 长为半径画弧，与以 E^x 点为圆心，以俯视图 EG 长为半径所画弧，相交出 G^x 点。以 G^x 点为圆心，以实长线 3^+ 长为半径画弧，与以 A^x 点为圆心，以俯视图中 AD 长为半径所画弧，相交出 D^x 点。以下用两样方法求出所有的点，最后用直线连接，即完成展开。

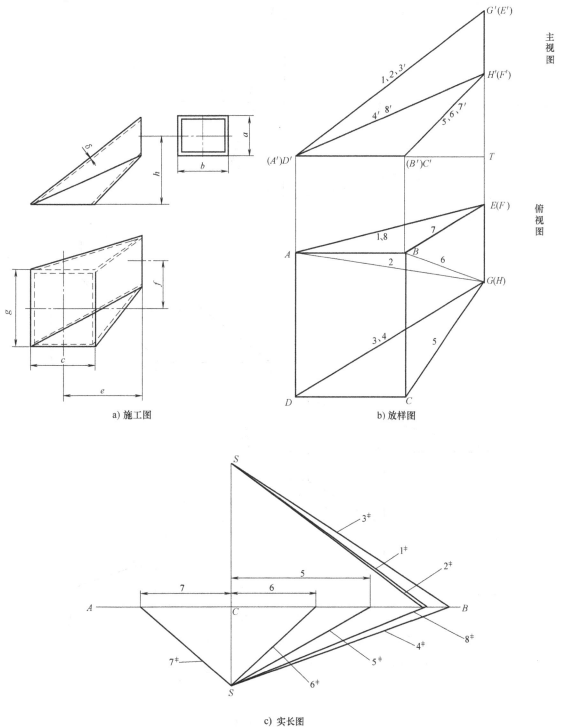

a) 施工图 b) 放样图 c) 实长图

图 4-29 90°偏心矩形连接管的展开（二）

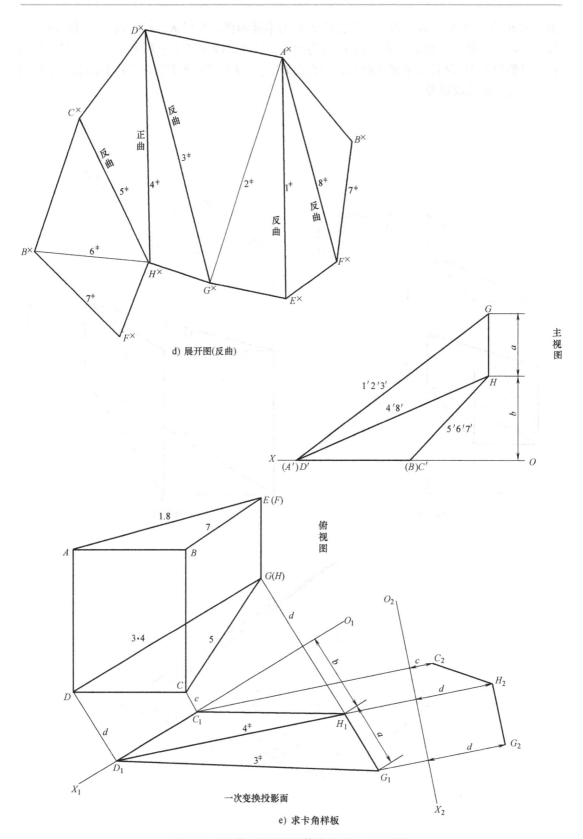

d) 展开图(反曲)

主视图

e) 求卡角样板

一次变换投影面

俯视图

图 4-29　90°偏心矩形连接管的展开（二）（续）

求卡角样板：如图 4-29e 所示，用变换投影面法来完成，分两步作。第一步：在俯视图中，作 DG 线的平行线，作为一次换面的旋转轴 X_1O_1。过 D、C、G 三点作 X_1O_1 的垂直线，截取主视图中的投影高 a 和 b，移画到 X_1O_1 面上的对应线上，将交点 D_1、C_1、G_1、H_1 分别连线，就完成了一次换面投影，D_1H_1 线是实长线。第二步：在 D_1H_1 的延长线上作垂直线，作为二次换面的旋转轴 X_2O_2。过 C_1 和 G_1 两点作 X_2O_2 的垂线，截取俯视图中 c、d 两线段长，移画到 X_2O_2 面上的对应线上，分别获得交点 C_2、G_2、H_2，则 $\angle C_2H_2G_2$ 就所求的卡角样板。

实例30　五角星的展开

结构介绍：如图 4-30a 所示，这是一个凸五角星，在这里讲的展开方法，无论是几角星，它的展开方法是一样的。

展开分析：根据已知尺寸 h、R、δ 画出放样图，放样图如图 4-30b 所示，由于其展开步骤简单，无须作辅助线，因此，只需要求出大小两个展开半径即可。

操作步骤：求实长线。为了简化作图步骤，我们将俯视图中的五角星的一条凸棱和凹棱画在水平线的方向。因此，这二个棱在主视图的投影就是实长线，即 OA 是大圆展开半径 R 的投影，Oc 是小圆展开半径 r 的投影。

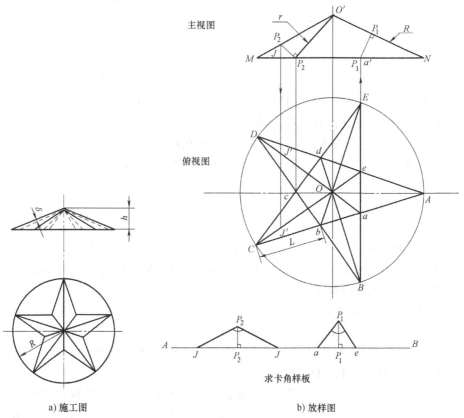

a) 施工图　　　b) 放样图

图 4-30　五角星的展开

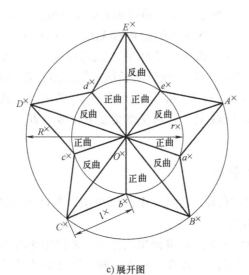

c) 展开图

图 4-30　五角星的展开（续）

展开图：如图 4-30c 所示，以 $O^{\times}$ 为圆心，分别以 $R^{\times}$ 和 $r^{\times}$ 为半径，画同心圆（$R^{\times}=R$，$r^{\times}=r$）。然后作大圆的五等分得 $A^{\times} \sim E^{\times}$，过圆心 $O^{\times}$ 点，分别作 $A^{\times} \sim E^{\times}$ 点的射线，相交小圆的 5 个点是 $a^{\times} \sim e^{\times}$，用直线连接 $A^{\times} \sim e^{\times}$，$A^{\times} \sim a^{\times}$ 等各点，即完成展开图。

求卡角样板：过俯视图中 a、e 点，作铅垂线与主视图底边 MN 线相交，交点是 a'。过 a' 点作凸棱 R 的垂直线 P_1P_1。同样，在主视图中，过凹棱与底边 MN 线的交点作凹棱的垂线 P_2P_2，与 $O'M$ 相交得到 J 点，将 J 点投到俯视图中，与凸棱的交点是 J'、J'。作水平线 AB，在其上作两组垂直线 P_1P_1 和 P_2P_2，并使 P_1P_1 和 P_2P_2 分别等于主视图中的 P_1P_1 和 P_2P_2。截取俯视图中 ae 长和 $J'J'$ 长，移画到 P_1 和 P_2 的对应点上，则 $\angle ap_1e$ 即凸棱的卡角样板，$\angle JP_2J$ 为凹棱的卡角样板。

实例 31　矩形换向弯头的展开

结构介绍：如图 4-31a 所示，这是一个断面为矩形、两端换向的 90°弯头。

展开分析：已知尺寸有 h、h_1、h_2、h_3、a、b、c、e，根据相关尺寸画出放样图，放样图如图 4-30b 所示，为了展开需要，我们作两条辅助线，也就是主视图中 2、4 线，本例首次采用立面和侧面关系来求实长线。

操作步骤：求实长线。如图 4-31b 所示，作一垂线 SC 垂直于 SP，截取 SC 等主视图中的 4 线长，截取 SP 等于侧视图中的 a 线长，也就是 4 线在侧视图中的投影长，则两个交点的连线所构成的斜边就是 4 线的实长。

展开：如图 4-31c 所示，内侧板和外侧板的展开是用平行线法。截取内侧板展开长等于主视图中的 A、B、C、D 间的线段长，截取外侧板展开长等于主视图中的 E、F、G、H 间的线段长。分别过 $A \sim D$ 和 $E \sim H$ 各点作中心线的垂线，在左视图中，对应截取 $A' \sim D'$ 和 $E' \sim H'$ 的各线段长度，移画到展开图的内外侧板长上，得到 $A^{\times}D^{\times}D^{\times}A^{\times}$ 就是内侧板展开图，$E^{\times}E^{\times}H^{\times}H^{\times}$ 就是外侧板展开图。

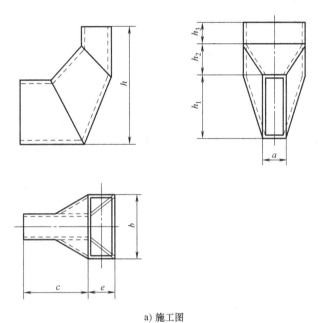

a) 施工图

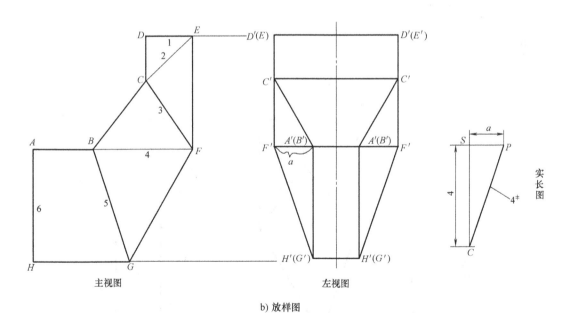

b) 放样图

图 4-31　矩形换向弯头的展开

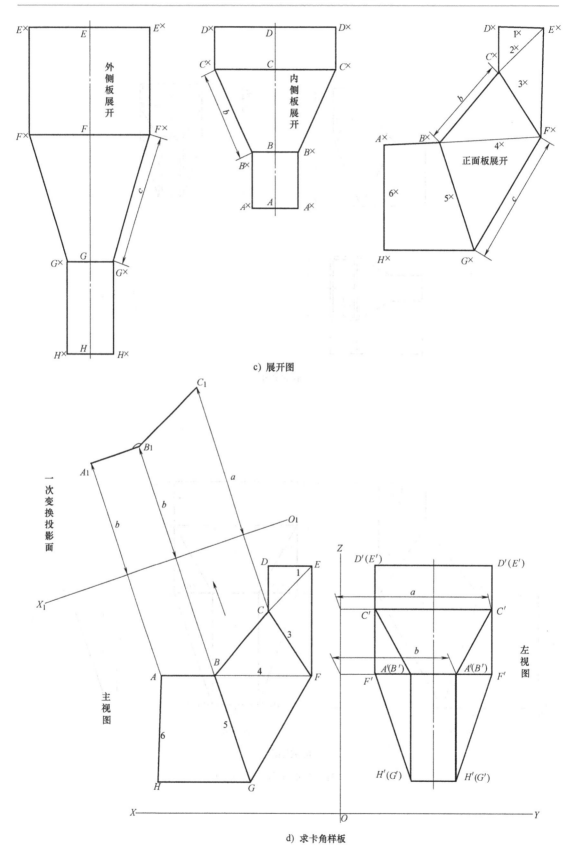

c) 展开图

d) 求卡角样板

图 4-31 矩形换向弯头的展开（续）

正面板用三角形法展开。在主视图中，除了 BC、FG 线和 4 线不反映实长外，其余的线都反映实长。因此，只要求出这三条线的实长，再把主视图"搬"过来即可。作线段 $A^×H^×$ 等于主视图 AH，作 $A^×B^×$ 垂直于 $A^×H^×$，并使 $A^×B^×$ 等 AB。作 $H^×G^×$ 垂直于 $A^×H^×$，并等于主视图中 HG。以 $G^×$ 点为圆心，以外侧板展开图中 c 长为半径画弧，与以 $B^×$ 为圆心，以实长线 $4^‡$ 为半径所画弧，相交出 $F^×$ 点。以 $B^×$ 点为圆心，以内侧板展开图中 b 长为半径画弧，与以 $F^×$ 点为圆心，以主视图中 3 线为半径画弧，相交出 $C^×$ 点。以下用交现法作出其他的点，即完成展开，$A^×H^×E^×D^×$ 所包括的部分为正面板的展开。

求卡角样板：如图 4-31d 所示，在主视图上，作 BG 延长线的垂直线 X_1O_1，作为一次换面投影轴。然后分别过 A 点和 C 点作 X_1O_1 的垂线，在左视图中，分别截取 A' 点和 C' 点到原投影轴 OZ 间的距离 b、a，移画到一次变换投影图中对应的投影线上，得到三个交点 A_1、B_1、C_1，则 $\angle A_1B_1C_1$ 就是所求的卡角样板。而 CF 线处的角度与之相等，因此，无须再求。外侧板和内侧板的折角角度在主视图中，可直接获得。

第三节　曲面和棱角的结合体展开

实例 32　两端口等面积的矩形天圆地方展开

结构介绍：如图 4-32a 所示，这是一个下口为矩形的天圆地方，上下口截面积相等。已知尺寸有 h、a、b、D、δ，根据已知尺寸画出放样图，下口按里皮，上口按中皮放样。

展开分析：放样图如图 4-32b 所示，因为是前后左右都对称，所以主视图画 $\frac{1}{2}$，俯视图画 $\frac{1}{4}$。在平面中作 $\frac{1}{4}$ 圆弧的 3 等分，等分点为 1~4，将 1~4 点与 B 点相连，即完成了形体的表面分割。把 1~4 点投到主视图中是 $1'~4'$，与 A 点相连后是表面分割线在立面的投影。

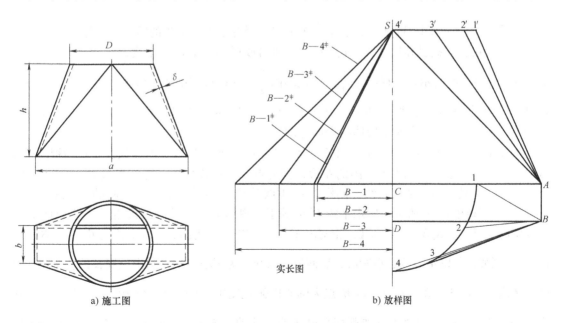

a) 施工图　　　　　　　　b) 放样图

图 4-32　两端口等面积的矩形天圆地方展开

操作步骤：求实长线。在主视图的左边，分别截取 B—1、B—2、B—3、B—4，等于俯视图中的 B—1、B—2、B—3、B—4，与 S 连接各交点，所得到的斜边 B—1$^+$、B—2$^+$、B—3$^+$、B—4$^+$就是实长线，A—1′线就是 A—1 线在主视图中所反映的实长线。

展开：如图 4-32c 所示，作水平线 $B^×B^×$等于俯视图中 BD 长的 2 倍，分别以两个 $B^×$点为圆心，以实长 B—4$^+$长为半径画弧，相交出 4$^×$点。再以 $B^×$点为圆心，分别以实长线 B—3$^+$、B—2$^+$、B—1$^+$长为半径画弧，与以 4$^×$点为起点圆心，后面依次以交点为圆心，上口圆中径的 $\frac{1}{12}$ 周长为半径所画弧，依次相交出 3$^×$、2$^×$、1$^×$点。以 $B^×$点为圆心，以俯视图中 AB 长为半径画弧，与以 1$^×$为圆心，以 A—1′长为半径所画弧，相交出 $A^×$点，至此，完成 $\frac{1}{2}$ 展开。

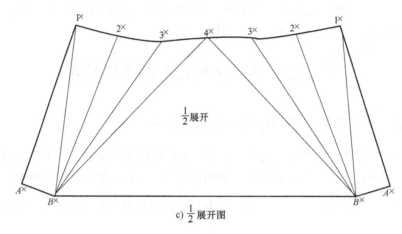

c) $\frac{1}{2}$ 展开图

图 4-32　两端口等面积的矩形天圆地方展开（续）

实例 33　等径天圆地方的展开

结构介绍：如图 4-33a 所示，这是一个上口直径等于下口边长的特殊天圆地方。

展开分析：根据已知尺寸 h、a、D、δ，画出放样图，上口按中皮，下口按里皮放样，放样图如图 4-33b 所示。主视图画 $\frac{1}{2}$，俯视图画 $\frac{1}{4}$。在俯视图中作 $\frac{1}{4}$ 圆弧 3 等分，等分点是 1~4，与 B 点连线后，得到 B—1、B—2、B—3、B—4，投到主视图中，A—1′、A—2′、A—3′、A—4′，至此，完成了形体的表面分割。

操作步骤：求实长线。因为 B—1 等于 B—4，B—2 等于 B—3，所以只需要在俯视图中截取 B—1 和 B—2 长，移画到主视图的左边，将交点与 S 点连接后，得到斜边 B—1$^+$、B—4$^+$、B—2$^+$、B—3$^+$就是所求的实长线。同样，A—1′线就是 A—1 在主视图中反映的实长线。

展开：如图 4-33c 所示，作水平线 $B^×B^×$等于俯视图中 B—4 线长的 2 倍，分别以两个 $B^×$点为圆心，以实长线 B—4$^+$长画弧，相交出 4$^×$点。再以 $B^×$点为圆心，以实长线 B—3$^+$、B—2$^+$、B—1$^+$长画弧，与以 4$^×$点为起点圆心，后面依次以交点为圆心，上口圆中径周长的 $\frac{1}{12}$ 为半径画弧，依次相交出 3$^×$、2$^×$、1$^×$点。以 $B^×$点为圆心以俯视图中 BA 长为半径画弧，与以 1$^×$点为圆心，以主视图 A—1′长为半径所画弧相交出 $A^×$点。用曲线光顺后并连接各交点，便得 $\frac{1}{2}$ 展开。

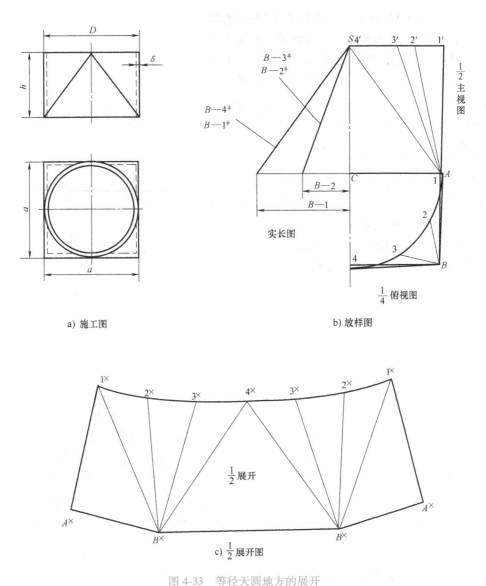

a) 施工图　　　　　　　　　　　　　　　　b) 放样图

c) $\frac{1}{2}$ 展开图

图 4-33 等径天圆地方的展开

实例 34 斜天圆地方的展开

结构介绍：如图 4-34a 所示，这是一个上端偏心并呈倾斜状态矩形口的天方地圆，它在天圆地方种类中是比较复杂的。

展开分析：这种构件虽然复杂，但与其他的天圆地方展开方法一样，无一例外的用三角形法。放样图如图 4-34b 所示，在俯视图中，作下口圆周的 12 等分，编号为 1～12，并与 A、B、C、D，四角连线，投到立面是 D′—1′，D′—12′，……，至此，完成了形体的表面分割。

操作步骤：求实长线。如图 4-34b 右边所示，这个天方地圆的每一根分割线都是不一样长。因此，将两个投影高（A′）D′ 和（B′）C′ 移到 SC 线上，再逐一把俯视图的水平投影差，对应地移画到实长图的 MN 线上，所得到斜边 A—1‡、D—12‡，B—4‡，……，就是所求的实长线。

展开：如图 4-34c 所示，作线段 $C^\times B^\times$ 等于俯视图中 CB 长，以 $C^\times$ 点为圆心，实长线 C—$7^{\natural}$ 长为半径画弧，与以 $B^\times$ 点为圆心，实长线 B—$7^{\natural}$ 长为半径所画弧，相交出 $7^\times$ 点。以 $C^\times$ 点为圆心，分别以实长线 C—$8^{\natural}$、C—$9^{\natural}$、C—$10^{\natural}$ 长为半径画弧，与以 $7^\times$ 点为起点圆心，后面依次以交点为圆心，以圆中径周长的 $\dfrac{1}{12}$ 为半径画弧，依次得到 $8^\times$、$9^\times$、$10^\times$ 三点。以 $C^\times$ 点为圆心，以俯视图 CD 长为半径画弧，与以 $10^\times$ 点为圆心，实长线 D—$10^{\natural}$ 长为半径所画弧，相交得 $D^\times$ 点。以下用同样方法作出所有的交点，$F^\times$—$1^\times$ 等于主视图中的 D'—$1'$。最后，用曲线和直线连接各交点，即完成展开，本例为反曲。

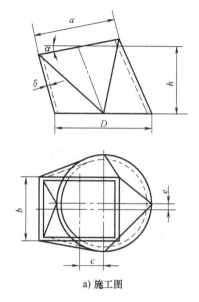

a) 施工图

图 4-34　斜天圆地方的展开

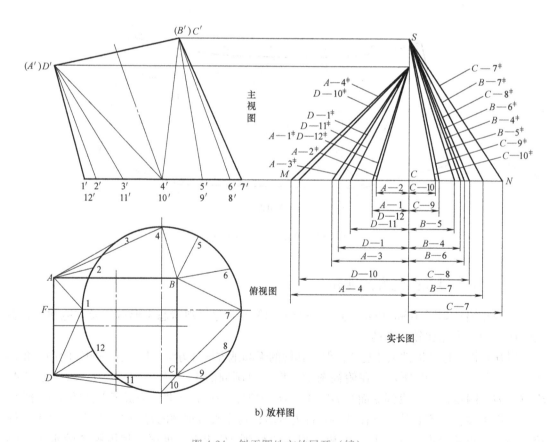

b) 放样图

图 4-34　斜天圆地方的展开（续）

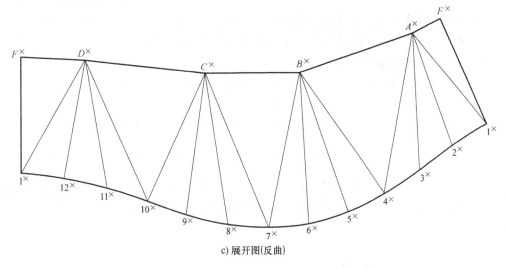

c) 展开图(反曲)

图 4-34 斜天圆地方的展开（续）

实例 35 异形天圆地方的展开

结构介绍：如图 4-35a 所示，这是一个上口为 $\frac{1}{4}$ 圆，下口为矩形的异形构件。

展开分析：根据已知尺寸 h、a、b、R、α、δ 等画出放样图，放样图如图 4-35b 所示。在俯视图中将 $\frac{1}{4}$ 圆弧 6 等分，等分点为 $1 \sim 7$，将等分点与 C 点连接后，投到主视图是 $C'—1'$、$C'—2'$、……，完成了后即为展开做好准备。

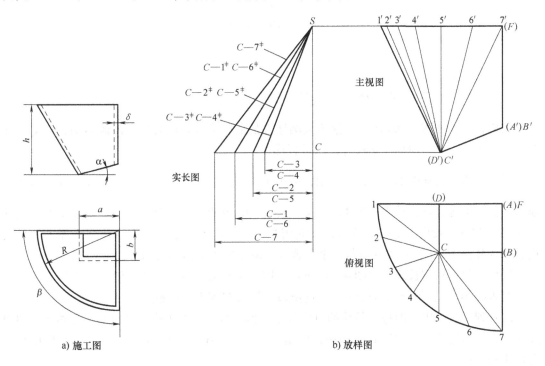

a) 施工图

b) 放样图

图 4-35 异形天圆地方的展开

　　操作步骤：求实长线。在主视图的左侧，作各分割线的投影高垂线 SC，依次将俯视图中 C—1、C—2、…、C—7 的投影长，移画在实长图中的水平线，与 S 点连线后，得到的斜边 C—1^+、…、C—7^+ 就是所求的实长线。

　　展开图：如图 4-35c 所示，首先，把平面中的右侧板直角梯形 F—7—B—A 移画过来，也就是 $F^\times$—$7^\times$—$B^\times$—$A^\times$。然后以 $B^\times$ 点为圆心，以主视图中 $C'B'$ 长为半径画弧，与以 $7^\times$ 点为圆心，以实长线 C—7^+ 长为半径所画弧，相交出 $C^\times$ 点。以 $C^\times$ 点为圆心，分别以实长线 C—1^+、…、C—6^+ 为半径画弧，与以俯视图中 $\frac{1}{6}$ 弧长为半径，从 $7^\times$ 点开始依次画弧，相交出 $6^\times$~$1^\times$ 点。再用交规法把其他的点求出来，正侧面板在主视图中是反映实形的，因此，可以连接"搬"过来。最后用曲线和直线将所有的点连起来，即完成展开，本例为正曲。

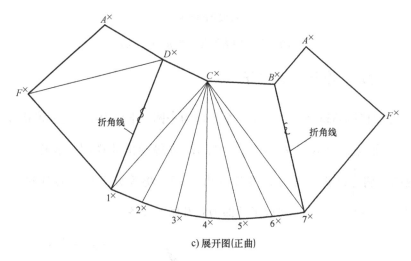

c) 展开图(正曲)

图 4-35　异形天圆地方的展开（续）

实例 36　上口呈倾斜状天圆地方的展开

　　结构介绍：如图 4-36a 所示，这个天圆地方是上口顺着方口对角方向倾斜的，已知尺寸有 h、a、D、α、δ，根据已知尺寸画出放样图。

　　展开分析：放样图如图 4-36b 所示，因为俯视图圆口不反映实形，所以在立面上口作 $\frac{1}{2}$ 断面，并作出等分点。首先作出 1、2、4、5、6、8、9 点，是半圆 6 等分，再作出两个特殊点 3、7，将各点投向上端口。然后，投向俯视图，作出各线的半宽点，得到平面上端口的投影和等分点 $1'$~$9'$。把等分点与四个角连线，就完成了形体的表面分割。

　　操作步骤：求实长线。如图 4-36c 所示，用三角形法。将主视图中的 7 个投影高都移画到一组垂线 SC 上，得到三角形的一个直角边。然后在俯视图中截取 A—$2'$、A—$3'$、……每一条线移到实长图中，即每一条线的对应号上，得到另一个直角边，将每个小三角形的斜边连线，得到斜边 A—2^+、C—8^+、……，就是所求的实长线。A'—1 和 C'—9 在主视图中反映实长无须再求。

　　展开：如图 4-36d 所示，作线段 $D^\times$—$5^\times$ 等于实长图中的 D—5^+ 长，以 $D^\times$ 点为圆心，分别以实

长线 D—$3^{\dagger}$、D—$4^{\dagger}$、D—$6^{\dagger}$、D—$7^{\dagger}$ 为半径画弧，与以 $5^{\times}$ 点为圆心，分别以断面图中 5—4、4—3 为半径，依次画弧，得到 $4^{\times}$、$6^{\times}$ 点，$3^{\times}$、$7^{\times}$ 点。以 $D^{\times}$ 点为圆心，以俯视图中 DA 为半径画弧，与以 $3^{\times}$ 点为圆心以实长线 A—$3^{\dagger}$ 为半径所画弧，相交得出 $A^{\times}$ 点。再同样方法作出所有交点，用直线、曲线连接各点，即完成 $\frac{1}{2}$ 展开。注意用 $\frac{1}{2}$ 样板号料时，一块正曲，另一块反曲。

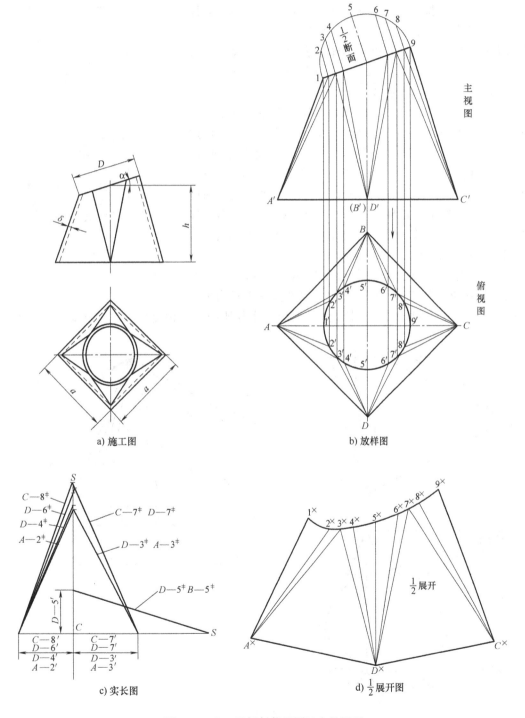

a) 施工图

b) 放样图

c) 实长图

d) $\frac{1}{2}$ 展开图

图 4-36 上口呈倾斜状天圆地方的展开

实例37　下口呈倾斜偏心天圆地方的展开

结构介绍：如图4-37a所示，这是一个下口倾斜并偏心的天圆地方，尽管看上去非常复杂，但展开方法却是相同的。

展开分析：已知尺寸有 h、a、b、c、e、f、D、δ，圆口按中径，方口按里皮，根据已知尺寸处理完皮厚的放样图是图4-37b。在俯视图中将圆12等分，编号是1~12，与 $ABCD$ 连线后，就是完成了形体的表面分割，投到主视图中，(A') D'—$1'$，$2'$、$12'$……(B') C'—$7'$、$8'$、$6'$就是分割在主视图中的投影线。

操作步骤：求实长线。用三角形法，在主视图中，过两组线投影高作水平线，也就是作 $1'$—$7'$ 的延长线，再过 (A') D' 和 (B') C' 作它的平行线，然后作三条线的垂线，得到两个投影高 SC、SC'。把俯视图中 A—1、A—2、…、D—12、D—1，16条线的投影宽，分别对号移画到各自对应的投影高水平线上，如 SC 对应 B—7、SC' 对应 D—1 等。连接每一个小三角形，所得到的斜边 A—1^+、A—2^+、…、D—12^+、D—1^+，就是所求的实长线。

展开：用三角形法，如图4-37c所示，作线段 $B^{\times}C^{\times}$ 等于俯视图中 BC，以 $B^{\times}$ 点为圆心，以实长线 B—7^+ 长为半径画弧，与以 $C^{\times}$ 点为圆心，以实长线 C—7^+ 长为半径所画弧，相交得出 $7^{\times}$ 点。以 $B^{\times}$ 点为圆

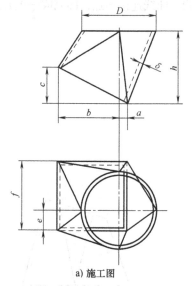

a) 施工图

图4-37　下口呈倾斜偏心天圆地方的展开

主视图

实长图

俯视图

b) 放样图

图4-37　下口呈倾斜偏心天圆地方的展开（续）

心分别以实长线 $B—6^{+}$、$B—5^{+}$、$B—4^{+}$ 长为半径画弧，与以 $7^{\times}$ 点为圆心，以圆中径周长的 $\frac{1}{12}$ 长为半径所画弧，依次相交出 $6^{\times}$ 点，再以 $6^{\times}$ 为圆心，相交出 $5^{\times}$……$4^{\times}$。以 $4^{\times}$ 点为圆心，以实长线 $A—4^{+}$ 为半径画弧，与以 $B^{\times}$ 点为圆心，以主视图中 $A'B'$ 长为半径画弧，相交出 $A^{\times}$ 点。图中 $F^{\times}—1^{\times}$ 点等于主视图中的 $D'—1'$ 长，以下用同样方法求出所有交点，用直线或曲线连接相邻的点即完成展开，本例为正曲。

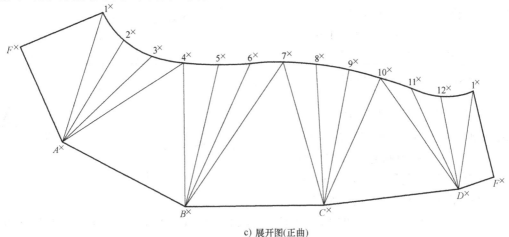

c) 展开图(正曲)

图 4-37 下口呈倾斜偏心天圆地方的展开（续）

实例 38 天六方地圆的展开

结构介绍：如图 4-38a 所示，这也是一个天方地圆，只不过它是六方。

展开分析：根据已知尺寸 h、D、d、δ，画出放样图，放样图如图 4-38b 所示，因为是对称，所以俯视图可画出 $\frac{1}{2}$。作俯视图半圆周的 6 等分，编号是 1~7，与上口的棱角连线后，就完成了形体的表面分割。投到主视图后的 $A'—2'$、$B'—2'$、$B'—3'$、……，便是分割线在主视图的投影。

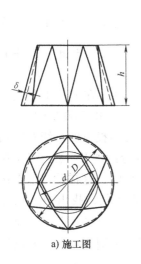

a) 施工图

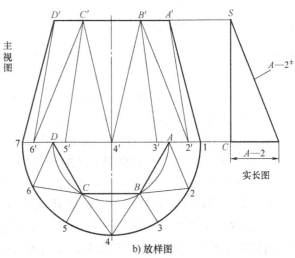

b) 放样图

图 4-38 天六方地圆的展开

操作步骤：求实长线。本例需求的实长线只有一条，它就是俯视图中的 A—2，（A—2=B—2=B—4……），用三角形法。在主视图 $D'A'$ 和 7—1 的延长线上，作垂线 SC 为投影高，把俯视图中的投影长 A—2 移到实长图水平线上，便得到斜边的线段 A—2^+。A—1 和 D—7 在主视图中是直接反映实长（C—5=B—3=A—1）。

展开：如图 4-38c 所示，用三角形法。在俯视图中截取 CB 长，移画到展开图中是 $C^×B^×$，分别以 $C^×$ 和 $B^×$ 为圆心，以实长线 A—2^+ 长为半径画弧，相交出 $4^×$ 点。以 $C^×$ 和 $B^×$ 为圆心，以主视图中 A'—1 长为半径画弧，再以实长线 A—2^+ 长画弧，与以 $4^×$ 为起点圆心，然后再以相交点为圆心，以圆口中径周长的 $\frac{1}{12}$ 长为半径所画弧，依次相交出 $3^×$、$5^×$、$2^×$、$6^×$ 点。以 $6^×$ 和 $2^×$ 点为圆心，以实长线 A—2^+ 长为半径所画弧，与以 $C^×$ 和 $B^×$ 点为圆心，以俯视图中 CD 长为半径所

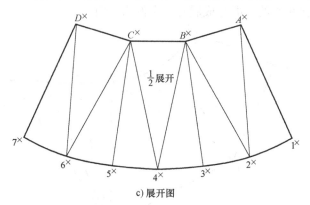

c) 展开图

图 4-38 天六方地圆的展开（续）

画弧，相交出 $D^×$ 点和 $A^×$ 点。再以 $D^×$ 和 $A^×$ 点为圆心，以 A'—1 长为半径画弧，与以 $6^×$ 和 $2^×$ 为圆心，以 $\frac{1}{12}$ 周长为半径所画弧，相交出 $1^×$ 和 $7^×$ 点。到此完成了展开图 $\frac{1}{2}$。

实例 39 双向弯曲 90°方管弯头的展开

结构介绍：构件的断面由方形或者矩形组成，它显然是棱角体，但这些方管或矩形管本身是以弯曲的状态存在的，那么它们又是曲面体。在一个独立的构件上，由于同时存在棱角和曲面形式，因此，它就是曲面和棱角的结合体。与其他棱角和曲面的结合体不同，这一类构件基本上由四块以上的板料组成。

展开分析：如图 4-39a 所示，这是一个双向弯曲 90°的方管弯头。已知尺寸由 a、b、h、R、r、δ 组成，根据已知尺寸，再经过板厚处理画出放样图，放样图如图 4-39b 所示。在主视图中的 DF' 弧上，作 $\frac{1}{4}$ 圆弧的 3 等分，等分点是 1~4。过 1~4 点向右作水平线，分别与 CG' 弧相交是 $1^×$~$4^×$ 点，$A'E$ 弧相交是 $1'$~$4'$ 点、$D'F$ 弧相交 $1''$~$4''$ 点。至此，具备了展开条件。

操作步骤：展开图。过主视图中 G' 点，1~4 点，$1^×$~$4^×$ 点作垂线。在 $F'G'$ 的延长线上任意确定一点为 A'，然后按照侧视图中 A'~$1'$~$2'$~$3'$~$4'$ 点之间的弧展开长和 EH 长度，依次移到 $F'G'$ 的延长线上。过 A'~$1'$~$2'$~$3'$~$4'$ 各点作水平线，与主视图投下的垂线对应相交出 $A^×$、$1^×$~$4^×$、$B^×$、$1'^×$~$4'^×$ 各点，便得到了侧视图中 $A'E'$ 间圆弧部分的展开。由于 EH 在侧视图中投影为一条直线，因此，E'—H'—$4^×$ 部分在立面中是反映实形的，这样就可以直接将这一部分"搬"到展开图中。具体作法是：以 $H^×$ 为基准，以 R 为半径，找出 O_1' 点，然后，以 O_1' 为圆心以 R 为半径画弧，与 $H^×$—$4'^×$ 相交。完成这一步，将其他展开点用直曲线连接后，所得到的展开图 $A^×B^×E^×H^×$ 包括的部分，就是外侧板展开图。本例是正曲，右侧板与之相同。左侧板的展开方法完全相同，故不在重述，同样，左侧板也等于内侧板。

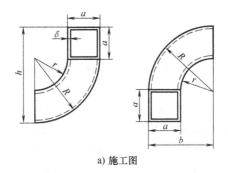

a) 施工图

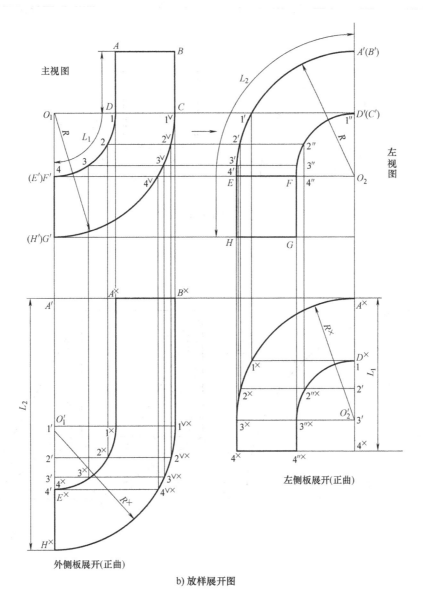

b) 放样展开图

图 4-39 双向弯曲 90°方管弯头的展开

实例 40　偏心扭曲方管 90°弯头的展开

结构介绍：如图 4-40a 所示，这是一个两端面为正方形，偏心 90°弯头，并且组成弯头的每一块板都是扭曲状态。

展开分析：根据已知尺寸 a、b、h、R、α、δ 画出放样图，圆弧展开部分按中皮放样，宽度方向按里皮放样。放样图如图 4-40b 所示，在主视图中，分别将大圆弧和小圆弧 6 等分，等分点为 1~7，将等分点差数连线后，即得到 1—2、2—2、2—3、3—3、……的表面分割。将这些分割线投向左视图，与四条棱线相交，便得到 $1'$—2^+、2^+—$2'$、……，$1'$—$1''$、$2''$—$2'$、……，$1''$—$2^{\vee}$、$2^{\vee}$—$2''$、……，$1^{\vee}$—1^+、$2^{\vee}$—2^+、……，四面板的分割线投影。

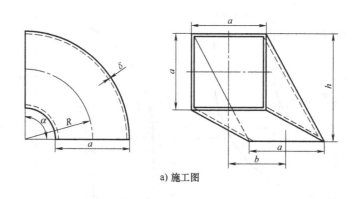

a) 施工图

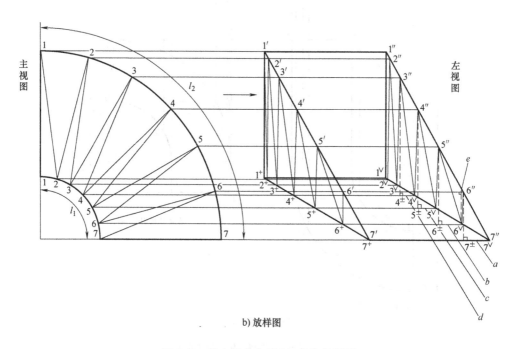

b) 放样图

图 4-40　偏心扭曲方管 90°弯头的展开

操作步骤：求实长线。如图 4-40c 所示，用三角形法，作一组垂线 SC，本例分割线只有两个投影差，即 1—1 = 2—2 = ⋯ = 7—7，另一个是 1—2 = 2—3 = ⋯ = 6—7。因此截取 1—2 和 2—2 的长度到实长图中，然后，找出每一条线的投影倾斜差，移到实长图中。如 6″—7″差值 a、5″—6″ 的差值是 b、4″—5″ 的差值是 c，3″—4″ 的差值是 d，6″—6″ 的差值是 e（为了使图面清晰，其余倾斜差小的就不一一作了，但在实际工作中是需要每一条都作的）。所得到的对应斜边 6″—7″、5″—6″、4″—5″、……，就是所求的实长线。

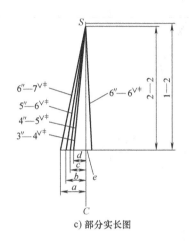

c) 部分实长图

图 4-40　偏心扭曲方管 90°弯头的展开（续）

展开图：如图 4-40d 所示，首先在移出侧视图中，分别过 1⁺~7⁺ 和 1ᵛ~7ᵛ 各点作平行中心线的向上引伸线，并在 1⁺—1′ 的延长线上选定一点为 7。然后把主视图中 L_1 弧长间的 1~7 点，依次移过来，再过 1~7 点作水平线，所得到的同名 1ᵛˣ~7ᵛˣ 和 1ˣ~7ˣ 各交点，就是下面板的展开状，用曲线光滑连接各点，1ˣ~7ˣ~7ᵛˣ~1ᵛˣ 即下面板的展开图，本例为正曲。

上面板的展开方法也是同样，过 1′~7′ 和 1″~7″ 各点向下引中心线的平行线，并选定一点为 1。然后把主视图中 L_2 弧长所包括的 1~7 点依次移过来，过 1~7 点作中心线的垂线，获得同名交点 1′ˣ~7′ˣ 和 1ˣ~7ˣ，把各点用曲线光顺后，即完成上面板的展开。以上用的是平行线法，本例为正曲。

前后侧面板的展开用三角形法。作水平线段 7ˣ—7‴ˣ 等于主视图中的 7—7 长，以 7ˣ 为圆心，以实长线 6″—7″ 长画弧，与以 7‴ˣ 为圆心，上面板展开图中的 7ˣ—6ˣ 长为半径所画弧，相交得出 6‴ˣ 点。以 7ˣ 点为圆心，下面板展开图中的 6ᵛˣ—7ᵛˣ 长为半径画弧，与以 6‴ˣ 为圆心，实长线 6″—6″ 长为半径所画弧，相交得出 6ˣ。再以 6ˣ 点为圆心，以实长线 5″—6″ 长为半径画弧，与以 6‴ˣ 点为圆心，上面板展开图中的 6ˣ—5ˣ 长为半径所画弧，相交得出 5‴ˣ 点。以下用同样方法作出所有点，最后用直曲线连接各点，即完成展开。

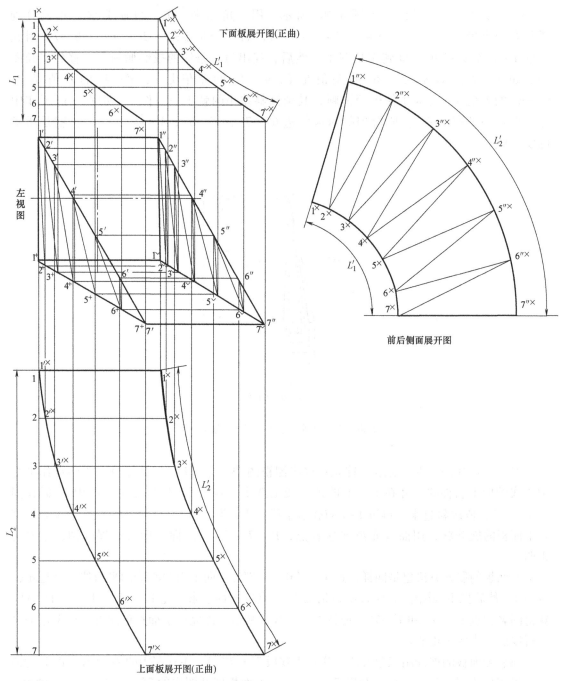

下面板展开图(正曲)

左视图

前后侧面展开图

上面板展开图(正曲)

d) 上下、前后侧面板展开图

图 4-40　偏心扭曲方管 90°弯头的展开（续）

实例 41　矩形管口 90°换向弯头的展开

结构介绍：如图 4-41a 所示，这是一个 90°弯头，并将矩形口变换 90°方向。

展开分析：上下面板只是弯曲状态，而前后侧板是扭曲存在的。板厚处理是按照里皮，但圆弧弯曲方向仍然按中皮计算长度，根据已知尺寸 a、b、c、e、R、r、δ，画出放样图，

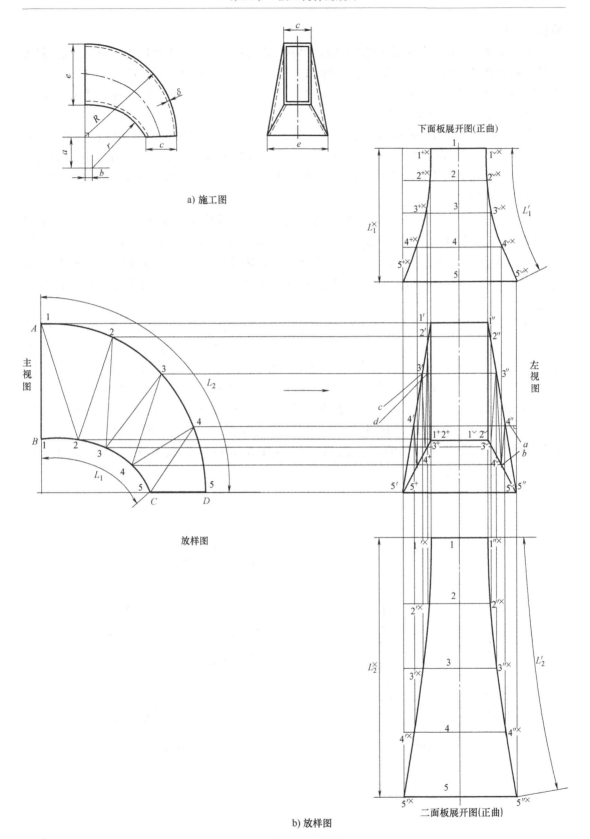

a) 施工图

主视图

放样图

下面板展开图(正曲)

左视图

二面板展开图(正曲)

b) 放样图

图 4-41　矩形管口 90°换向弯头的展开

放样图如图 4-41b 所示。

操作步骤：首先在主视图分别作大圆弧和小圆弧的 4 等分，编号为 1~5。然后连线，将连线投向侧视图中，与四个棱角相交，得到 1′—1″、2′—2″、…、5′—5″、1″—1ˇ、1″—2ˇ、…、5″—5ˇ、1⁺—1ˇ、2⁺—2ˇ、…、5⁺—5ˇ、1⁺—1′、2⁺—2′、…、5⁺—5′。把上述各点对应连线后，就完成了形体的表面分割。

求实长线：如图 4-41c 所示，作两组垂线 SC，分别把主视图中的分割线投影长 4—5、4—4、3—4、3—3 移到实长图中（由于图形太小，其他的线就忽略，不用求实长，但实际工作中是必须每一条线都求的），然后在侧视图中截取每一条线的投影差 a、b、c、d 到实长图中，所得到斜边 4″—5ˇ⁺、…、3′—3⁺⁺ 就是实长线。

展开：用平行线法。在侧面图上方中心线的延长线上，截取 $L_1^×$ 长等于主视图中的 L_1，并依次截取 1~5 等分点，过 1~5 点作中心线的垂线，与下面板过 1⁺~5⁺ 和 1ˇ~5ˇ 各点向上引中心线的平行线相交，对应得出 1⁺×~5⁺× 和 1ˇ×~5ˇ× 各点，用曲线光滑顺序连接后，即完成展开。上面板的展开步骤完全相同，故这里不再重述。

前后侧板的展开：用三角形法。如图 4-41d 所示，作线段 5′×—5× 等于主视图中的 5—5，以 5× 为圆心，以实长线 4″—5ˇ⁺ 长为半径画弧，与以 5′× 为圆心，以上面板展开图中的 5′×—4′× 长为半径所画弧，相交得出 4′× 点。以 5× 为圆心，以下面板展开图中的 5ˇ×—4ˇ× 长为半径画弧，与以 4′× 为圆心，以实长图中 4″—4ˇ⁺ 长为半径所画弧，相交得出 4× 点。以 4× 点为圆心，以实长线 3′—4⁺⁺ 长为半径画弧，与以 4′× 点为圆心，上面板展开图中的 3′×—4′× 长为半径所画弧，相交得出 3′× 点。以下用同样的方法作出所有的点，最后，用曲线光滑顺序连接各交点，并用直线连接后便完成展开图。

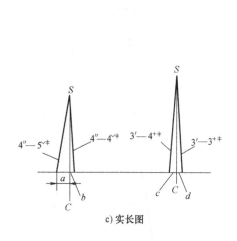

c) 实长图

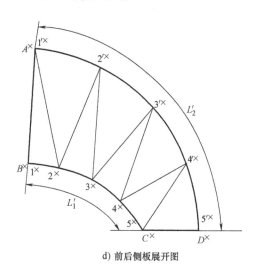

d) 前后侧板展开图

图 4-41　矩形管口 90°换向弯头的展开（续）

实例 42 双向迂回弯方管的展开

结构介绍：如图 4-42a 所示，这是一个方管形成的双向 S 弯，四块板都是弯曲，没有扭曲。

展开分析：板厚处理仍按里皮，圆弧弯曲展开长按中皮计算，根据已知尺寸 h、a、b、c、R、r、δ，画出放样图，放样图如图 4-42b 所示。本例展开不需要求实长线，只用平行线法就可以展开。

操作步骤：先在主左视图中分别作两边圆弧投影高的等分点，编号是 1~7 和 1^+~7^+，也就是作垂直高的 6 等分。连线后得到的 1—1'、2'—2 和 1''—1^+、2^+—2''等，就完成了形体的表面分割。

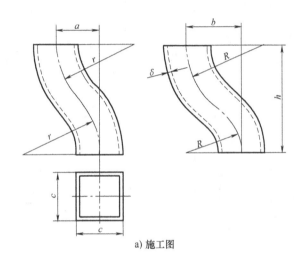

a) 施工图

图 4-42 双向迂回弯方管的展开

展开：分别过主视图和左视图中的 1—7、1'—7'、1''—7''、1^+—7^+各点作铅垂线，并在适当部位作水平线 AB、CD、EF、GH。

1) 正面板的展开。截取 L_4'弧展开长等于侧视图中 L_4 弧长，并依次将 1^+~7^+间的各点距离移过来，过 1^+~7^+各点向左作水平线，得到交点 1^x~7^x~7^x~1^x，用曲线连接便完成展开，上部是正曲，下部是反曲。

2) 背面板的展开。截取 L_3'弧展开长等于侧视图中 L_3 弧长，同样是把 $1''$~$7''$各点间的距离依次移过来，并且过各 $1''$~$7''$各点向左作水平线，得到交点 1^x~7^x~7^x~1^x，用曲线光滑连接各点便完成展开，此板上部是正曲，下部是反曲。

3) 左右侧板的展开，展开方法完全相同，只是左侧板展开的 L_1' 等于主视图中的 L_1，右侧板展开的 L_2' 等于主视图中的 L_2。左侧板上部是反曲、下部是正曲、右侧板也是同方向弯曲。

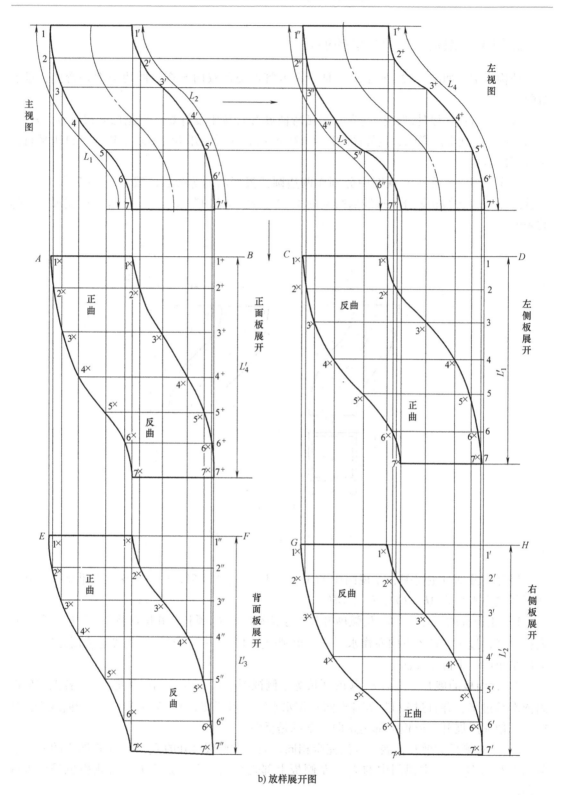

b) 放样展开图

图 4-42　双向迂回弯方管的展开（续）

实例 43　方口变矩形口单边倾斜迂回弯管的展开

结构介绍：如图 4-43a 所示，从主视图上看，左右侧板投影为 S 形曲线，并且没有扭曲现象，因此，适用于平行线法展开。

展开分析：在俯视图中，背面板投影为一条直线，说明它在主视图中是反映实形的。而正面板在哪个面上都不反映实形，只能用三角形法展开。根据已知尺寸 h、a、b、c、e、δ、R_1、R_2、R_3，画出放样图，放样图如图 4-43b 所示。

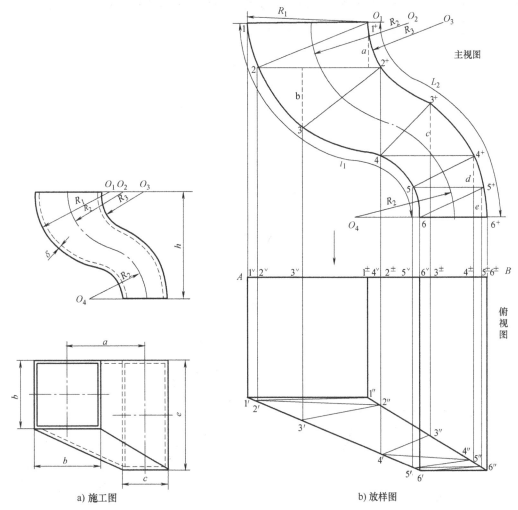

图 4-43　方口变矩形口单边倾斜迂回弯管的展开

为了求实长线时，能减少工作量和简化步骤，像这种不规则的图形，在作表面分割时，没有必要按照等分标准来分，而是有意识将分割线尽量多的作成水平或垂直的。

操作步骤：主视图中的 2—2⁺、4—4⁺和 5—5⁺，这三条线是根据图形形状，在适当位置选定的。然后连接对角线 1⁺—2、2⁺—3，也包括 2⁺—4、3⁺—4，最后连接 4⁺—5、5⁺—6。同时得到斜线的投影高 a～e 和 2⁺—4，将分割点投到俯视图，按编号连线后，即完成形体的表面分割。

求实长线：如图 4-43c 所示，作一组垂线 SC，在水平方向分别截取 2'—1"、4"—5'、5"—6'、4'—3"、3'—2"等于俯视图中的同名编号线，截取 4'—2"等于俯视图中的 2"—4'，然

后再截取主视图中 $a \sim e$ 和 $4—2^+$ 移到垂直方向，按照各自线条的投影关系，对应连线，所得到的斜边就是实长线。如 $2'—1''^{+}$、$4'—2'''^{+}$……，其余的线在俯视图中反映实长。

展开：如图 4-43d 所示，用三角形法。作水平线 $6'^{\times}—6^{\times}$ 等于俯视图中 $6'—6''$，以 $6'^{\times}$ 为圆心，以实长线 $5''—6'^{+}$ 长为半径画弧，与以 $6^{\times}$ 为圆心，以右侧板展开图中的 $5'''—6'''^{\times}$ 长为半径所画弧，相交于 $5^{\times}$ 点。以 $6'^{\times}$ 点为圆心，以左侧板展开图中的 $6'—5'^{\times}$ 长为半径画弧，与以 $5^{\times}$ 点为圆心，以俯视图中 $5''—5'$ 长为半径所画弧，相交于 $5'^{\times}$ 点。以 $5'^{\times}$ 点为圆心，以实长线 $4'—5'^{+}$ 长为半径画弧，与以 $5^{\times}$ 为圆心，以右侧板展开图中 $5'''—4'''^{\times}$ 长为半径所画弧，相交出 $4^{\times}$ 点。以下以同样方法逐一完成全部交点，最后用曲线光滑连接各点即完成正面板的展开。背面板的展开是完全将主视图复制，因此，不再说明。

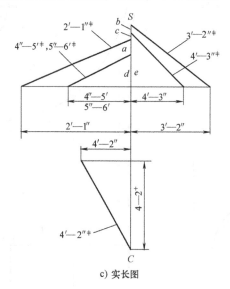

c) 实长图

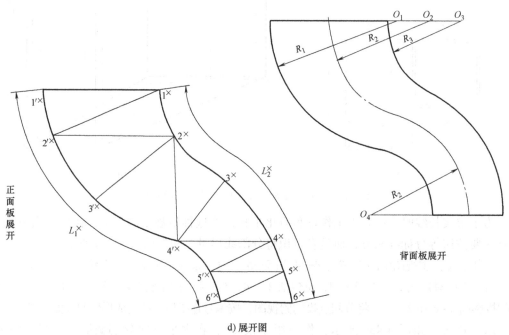

d) 展开图

图 4-43　方口变矩形口单边倾斜迂回弯管的展开（续）

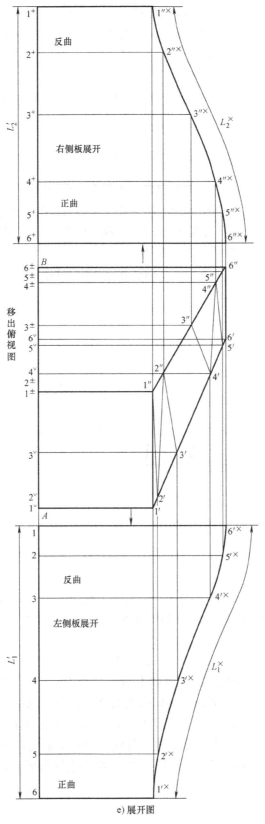

e) 展开图

图 4-43　方口变矩形口单边倾斜迂回弯管的展开（续）

左右侧板的展开如图 4-43e 所示，在移出俯视图中，过 1'~6″和 1″~6″各点，分别向上、向下作铅垂线。在 AB 的延长线上，分别截取主视图中的 L_1、L_2，移到 AB 线的上端是 L_2'，移到 AB 线的下端是 L_1'，同时将其间的 1~6 点移过来，过 1^+~6^+点和 1~6 点向右作水平线，与同名编号线相交出 $1'''$~$6'''$点和 $1'^x$~$6'^x$点。用曲线光滑连接各点后，即完成左右侧板的展开。右侧板上部是反曲，下部是正曲，左侧板上部是正曲，下部是反曲。

实例 44　矩形口变向单边倾斜迂回弯管的展开

结构介绍：如图 4-44a 所示，初看起来，本例与上例相似，其实二形体存在着很大差异。上例的主视图是 S 弯，俯视图斜面的两个棱线投影是直线，而它左视图两棱线的投影则是曲线（未画）。本例的主视图也是 S 弯，但左视图的两个棱线投影和正面板在一个平面上，它的俯视图所反映棱线则是曲线（未画）。

展开分析：由于形体的结构不同，它的展开方法也不相同，本例的展开比较简单，可以都完全用平行线法展开。

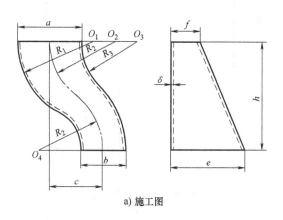

a) 施工图

图 4-44　矩形口变向单边倾斜迂回弯管的展开

操作步骤：根据已知尺寸 a、b、c、e、f、h、δ、R_1、R_2、R_3 画出放样图，放样图如图 4-44b 所示。首先 6 等分总高 h，与主视图棱线相交是 1~7 和 1'~7'，投到左视图是 1″~7″，至此，完成形体的表面分割。

展开：在 AE 的延长线上，截取 L_3' 等于左视图中的 L_3，并将 1″~7″间的距离依次移过来。过 1″~7″各点向右作水平线，与主视图中的 1~7 和 1'~7'各点向下引的铅垂线，对应同名编号相交出 1^x~7^x 和 $1'^x$~$7'^x$各点，用曲线光滑连接，则完成正面板的展开。在侧视图过 A'、B'和 1″~7″各点向下引铅垂线，并截取 L_1'、L_2' 分别等主视图中的 L_1、L_2，并将其间包含点移过来，过 1~7 和 1'~7'向左引水平线，与同名编号铅垂线相交得出 1^x~7^x 和 $1'^x$~$7'^x$，则 A^x—1^x—7^x—B^x 是左侧板展开，C^x—$1'^x$—$7'^x$—D^x 是右侧板展开。背面板的展开只要把主视图复制下来即可。

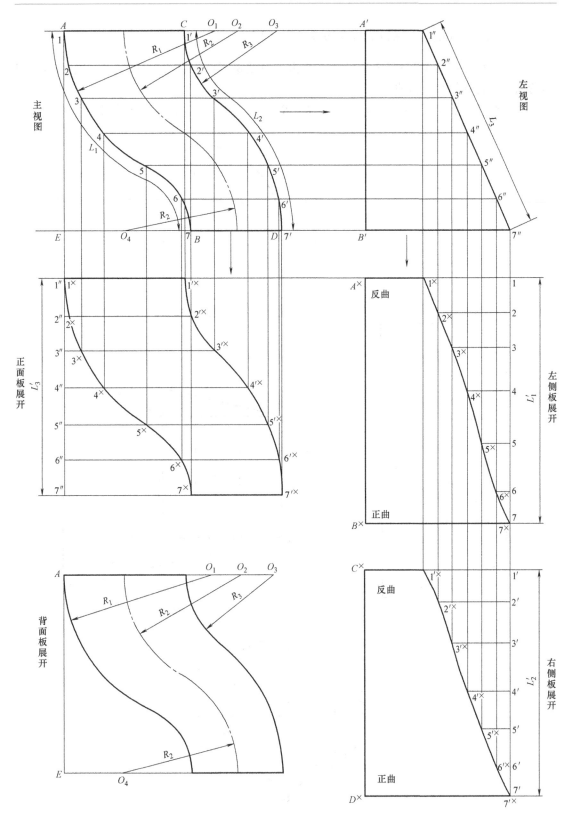

b) 放样、展开图

图 4-44 矩形口变向单边倾斜迂回弯管的展开（续）

实例 45　方口变矩形口带直边 90°弯头展开

结构介绍：如图 4-45a 所示，这是一个由方口变矩形口带直边的 90°弯头，左右侧板只是弯曲，正背面板存在扭曲。

展开分析：根据已知尺寸 a、b、c、h、R、r、δ，画出放样图，放样图如图 4-45b 所

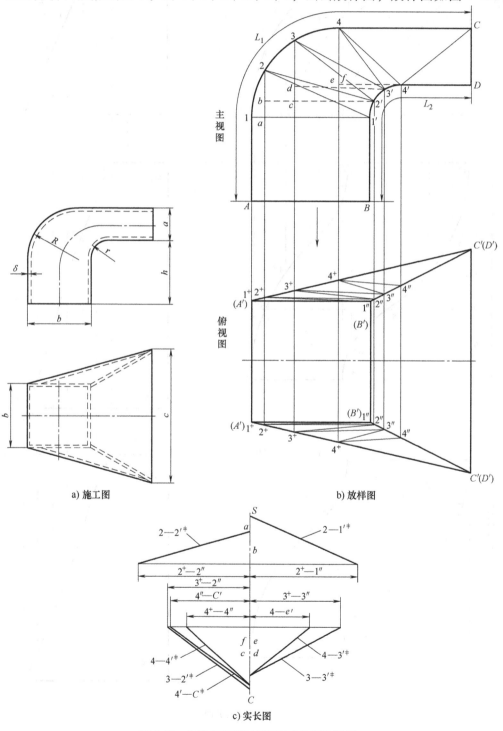

a) 施工图　　　　　　　　　　　b) 放样图

c) 实长图

图 4-45　方口变矩形口带直边 90°弯头展开

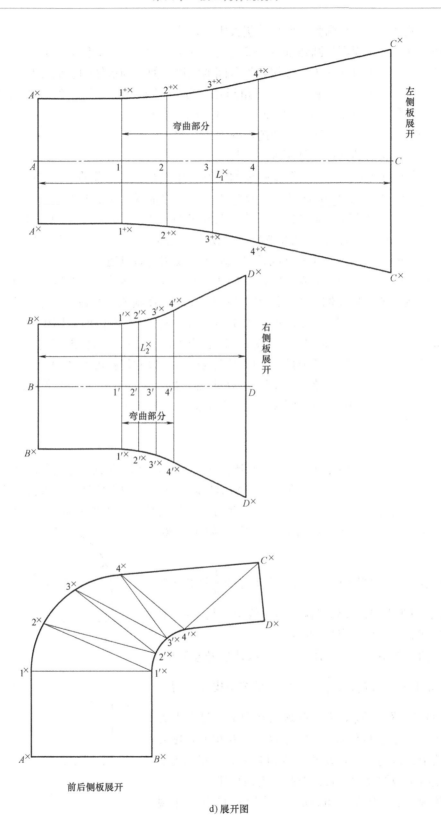

d) 展开图

图 4-45　方口变矩形口带直边 90°弯头展开（续）

示，按里皮放样，但板材圆弧弯曲部分仍按中皮计算。

操作步骤：在主视图作圆弧部分的 3 等分，编号分别是 1—4 和 1′—4′，然后连线，投到俯视图中是 1⁺—4⁺ 和 1″—4″，连接各编号间的线段，便得到形体的表面分割。

求实长线：如图 4-45c 所示，用三角形法。分别把主视图分割线的投影高 2—a 对应 2—1′，2—b 对应 2—2′，3—c 对应 3—2′，3—d 对应 3—3′，4—e 对应 4—3′，4—f 对应 4—4′ 移到实长图 SC 线上，然后，把俯视图中 2⁺—1″、2⁺—2″、3⁺—2″、……移到水平线上，所得到每一个三角形的斜边便是所求的实长线。

展开：如图 4-45d 所示，先作左侧板的展开，用平行线法。作水平线 AC，并将主视图中 A—1—2—3—4—C 长依次移过来，过各点作 AC 的垂线，把俯视图中 1⁺—1⁺、2⁺—2⁺、3⁺—3⁺、……各线的长度分别移过来，并落在同名编号线上，得到交点 Aˣ、1⁺ˣ、2⁺ˣ、3⁺ˣ、4⁺ˣ、Cˣ、Cˣ、……，用直、曲线光滑连接后便完成左侧板的展开。右侧板的展开方法完全相同，只是 B—1′—2′—3′—4′—D 间长是截取于主视图的右侧边线长。

前后侧板的展开，先将主视图中 A—B—1′—1 矩形部分移过来。然后用三角形法接着展开。以 1ˣ 点为圆心，以左侧板展开图中 1⁺ˣ—2⁺ˣ 长为半径画弧，与以 1′ˣ 点为圆心，实长线 2—1′⁺ 长为半径所画弧，相交出 2ˣ 点。以 1′ˣ 点为圆心，以右侧板展开图中的 1′ˣ—2′ˣ 长为半径画弧，与以 2ˣ 点为圆心，以实长线 2—2′⁺ 长为半径所画弧，相交出 2′ˣ 点。以 2′ˣ 点为圆心，以实长线 3—2′⁺ 长为半径画弧，与以 2ˣ 点为圆心，以左侧板展开图 2⁺ˣ—3⁺ˣ 长为半径所画弧，相交出 3ˣ 点。以下各点用同样方法求得，最后，用直、曲线光滑连接各点，Aˣ—1ˣ—2ˣ—3ˣ—4ˣ—Cˣ—Dˣ……Aˣ 所包含的部分为前后片的展开。

实例 46　单边倾斜方变矩形口 90°弯头的展开

结构介绍：如图 4-46a 所示，与上例相比，这一例好像相似，但两者之间存在很大的差别。

展开分析：上一例俯视图折角处是三角形投影，而这一例折角处是一条折线投影，也就是说，上一例前后片板是扭曲的，而这一例的前后片板是垂直水平面的。根据已知尺寸 h、a、b、c、e、R、r、δ 画出放样图，放样图如图 4-46b 所示。

操作步骤：在主视图中，将以 r 为半径的 $\frac{1}{4}$ 圆弧 3 等分，等分点分为 1~4，投到俯视图与边线交点是 1′~4′ 和 1″~4″，完成后，即为展开做好准备。

展开图：如图 4-46c 所示，用平行线法展开左侧板。截取 L_1^x 等于主视图 L_1，（$\frac{1}{4}$ 圆弧部分是按中皮计算得出的），截取 A、R止、R止、B 各点到展开图上。过以上各点作 AˣBˣ 垂线，截取俯视图 A′A′、D′D′、B′B′ 的宽度移到对应线上，得到 AˣAˣBˣBˣ 即为左侧板展开。正面板的展开就是将主视图复制过来，因此，无须再述。

右侧板的展开如图 4-46d 所示，作线段 L_2^x 等于主视图中 L_2 长，并将 D—1—2—3—4—C 各点间的距离依次移过去。过以上各点作线段的垂线，在各线上对应截取

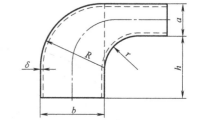
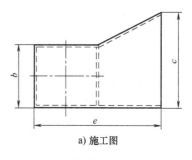

a) 施工图

图 4-46　单边倾斜方变矩形口
90°弯头的展开

平面中 $1'—1''$、$2'—2''$、$3'—3''$、$4'—4''$ 等各线长度，移到对应线上，将交点 $D'^\times—1'^\times—$ $4'^\times—C'^\times$ 用直、曲线连接，即完成右侧板的展开。背面板的展开如图 4-46d 所示，作 $L_3^\times$ 等于平面图中 L_3 长，并将其中包含的 $A'—1''—4''—C'$ 各点移过来，过点作垂线，在各线上截取 $1''—1^\times$、$2''—2^\times$、$3''—3^\times$、$4''—4^\times$、$C'—C^\times$ 等于主视图中的对应线长，再将外轮廓 $\frac{1}{4}$ 圆弧等轨迹线移过来，直线连接各点，曲线光滑连接 $1^\times \sim 4^\times$ 点后，便完成展开。

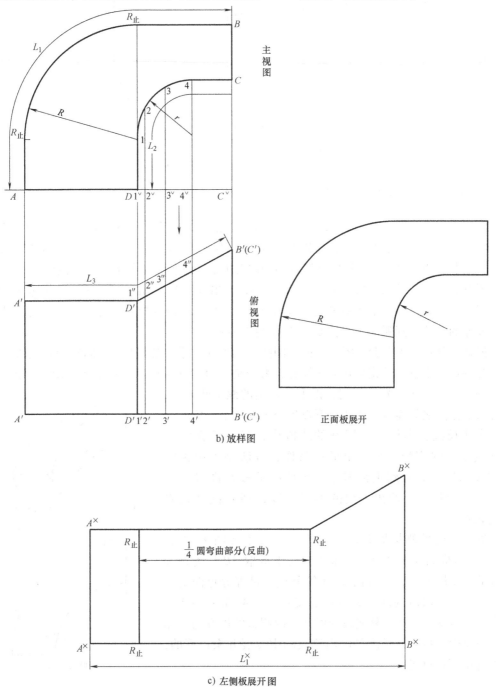

b) 放样图

正面板展开

c) 左侧板展开图

图 4-46　单边倾斜方变矩形口 90°弯头的展开（续）

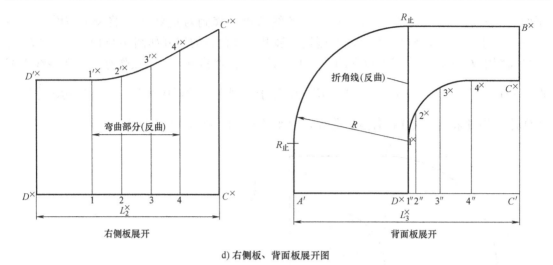

d) 右侧板、背面板展开图

图 4-46　单边倾斜方变矩形口 90°弯头的展开（续）

实例 47　方口螺旋 90°弯头展开

结构介绍：如图 4-47a 所示，这是一个方口螺旋 90°弯头。它既是弯头，又是以螺旋的形式存在的；它可以是方口，也可以是矩形口；本例是 90°的，它当然可以是 180°、270°、360°、或者是任意角度。但只要掌握其中的展开方法，任何变化的形式都可以展开。

展开分析：根据已知尺寸 y、h、R、r、δ，画出放样图，如图 4-47b 所示，按里皮放样，但如果是板材较厚时，不能用里皮角卡角对接，可以采取两块板用里皮、另两块板用里皮加一个皮厚的方法。圆弧部分的长度计算仍然按中皮。

操作步骤：首先在俯视图中作内外圆弧的 3 等分，等分点为 1~4，同时相对应的在主视图中分别作出上下板螺旋高 h 的 3 等分，编号是 1~4 和 1'~4'。这时将俯视图中等分点投到主视图中，与同名编号线相交，得出主视图的螺旋轨迹线，并且将等分点之间连线，便把上下板各分出 6 个小三角形。

求实长线：本例所需展开的线段中，只有俯视图中的 n 线不反映实长，用三角形法来作，方法是把俯视图中的 n 线长，截取到主视图中，与该线的投影高对应组成一个三角形，还原出 n 线的本来长度，则 n^+ 线就是它的实长线。

展开：内外侧板展开用平行线法。过主视图 1~4 和 1'~4' 各点向右作水平线，在水平方向上截取 AB 长为外圆弧板的中皮展开长，并分出 1~4 等分点，过等分点向上作铅垂线，与之对应的同名编号形成交点 $1^×$~$4^×$ 和 $1'^×$~$4'^×$，用直线连接交点，便是外侧板的展开。内侧板的展开与之相同，只是内侧板展开长度是以内侧板的中皮展开来计算的，所以这里不再重述。

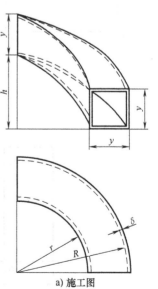

a) 施工图

图 4-47　方口螺旋 90°弯头展开

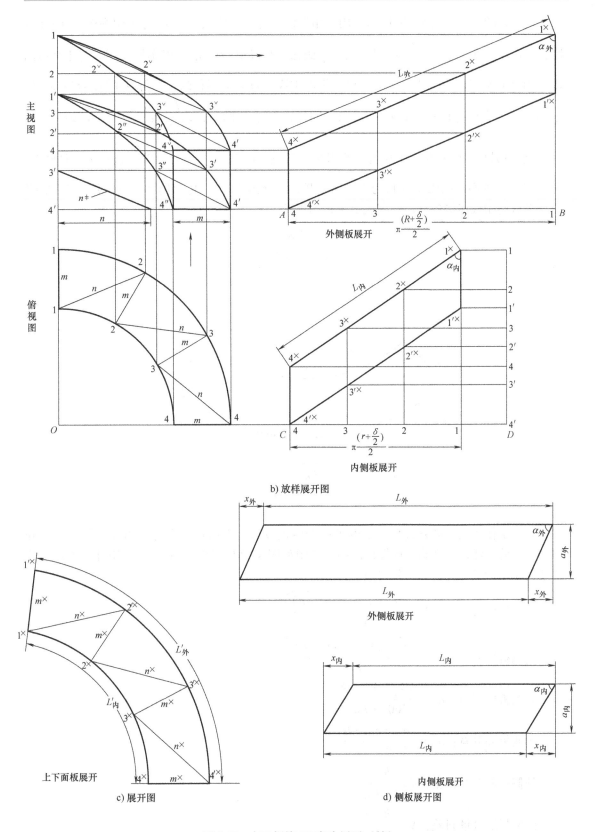

图 4-47　方口螺旋 90°弯头展开（续）

　　上下板的展开如图 4-47c 所示，用三角形法展开，作线段 $4^×$—$4'^×$等于俯视图中 4—4 线段长，以 $4^×$点为圆心，以 $\dfrac{L_内}{3}$线段长为半径画弧，与以 $4'^×$为圆心，以实长线 $n^\pm$长为半径所画弧，相交出 $3^×$点。以 $3^×$点为圆心，以俯视图中线段 m 长为半径画弧，与以 $4'^×$点为圆心，以 $\dfrac{L_外}{3}$线段长为半径所画弧，相交出 $3'^×$点。同样以 $3^×$点为圆心，以 $\dfrac{L_内}{3}$线段长为半径画弧，与以 $3'^×$点为圆心，以 $n^\pm$长为半径所画弧相交出 $2^×$点。以 $3'^×$点为圆心，以 $\dfrac{L_外}{3}$线段为半径画弧，与以 $2^×$点为圆心，以线段 m 长为半径所画弧，相交出 $2'^×$点。再用同样的方法作出 $1^×$和 $1'^×$点，最后用曲线连接各点，即完成上下板的展开。

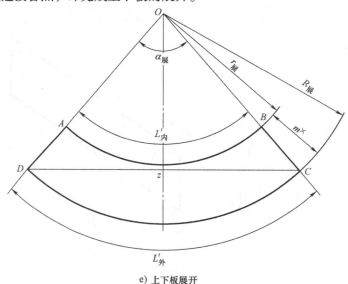

e) 上下板展开

图 4-47　方口螺旋 90°弯头展开（续）

　　以上是作图法的展开过程，了解了展开原理以后，本例是完全可以用计算的方法展开的，计算的方法简单准确。计算得出的展开图如图 4-47d 和图 4-47e 所示，用计算方法能适合任何角度构件计算，计算公式如下：

外侧板展开：$L_外 = \dfrac{\sqrt{(\pi D_中 \beta)^2 + (360° \cdot h)^2}}{360°}$

内侧板展开：$L_内 = \dfrac{\sqrt{(\pi d_中 \beta)^2 + (360° \cdot h)^2}}{360°}$

外侧板展开宽：$a_外 = \dfrac{\pi D_中 \cdot y_内 \cdot \beta}{360° \cdot L_外}$

内侧板展开宽：$a_内 = \dfrac{\pi d_中 \cdot y_内 \cdot \beta}{360° \cdot L_内}$

外侧板展开倾斜差：$X_外 = \dfrac{h \cdot y_内}{L_外}$

内侧板展开倾斜差：$X_内 = \dfrac{h \cdot y_内}{L_内}$

式中　$D_中$——外侧板中径；

　　　$d_中$——内侧板中径；

　　　h——已知构件垂直高；

　　　β——已知构件角度；

　　　$y_内$——已知构件断面内皮。

上下面板展开外弧长：$L'_外=\dfrac{\sqrt{(\pi D_内\beta)^2+(360°\cdot h)^2}}{360°}$

上下面板展开内弧长：$L'_内=\dfrac{\sqrt{(\pi d_外\beta)^2+(360°\cdot h)^2}}{360°}$

上下面板展开外半径：$R_展=\dfrac{y_内\cdot L'_外}{L'_外-L'_内}$

$$\alpha_切=\frac{2\pi R_展-L'_外}{\pi R_展}\times180°$$

式中　$D_内$——已知构件外径的里皮；

　　　$d_外$——已知构件内径的外皮；

　　　$\alpha_切$——上下面板展开后的切除夹角。

当 $\alpha_切$ 小于 180°时，可以根据 $\alpha_切$ 直接作出展开图，这时 $\alpha_切$ 代表切除部分的角度；当 $\alpha_切$ 大于 180°时，则用 360°-$\alpha_切$，即 $\alpha_展$=360°-$\alpha_切$，这时 $\alpha_展$ 代表实际展开的存在角度，也就是板料展开的实际夹角。如图 4-47e 所示，确保 $\alpha_切$ 或 $\alpha_展$ 的准确实施，我们可以用计算弦长的方法获得。

即 $DC=2\sin\left(\dfrac{\alpha_展}{2}\right)R_展$

实例 48　矩形口变向螺旋 180°弯头展开

结构介绍：如图 4-48a 所示，这是一个矩形口螺旋管，但它两端方向是变换 90°的。

展开分析：已知尺寸是 h、a、b、c、R、r、δ，经处理板厚的放样图如图 4-48b 所示。

操作步骤：分别将俯视图中内外圆弧 6 等分，编号是 1~7 和 1″~7″，将等分点连线后，即完成俯视图分割。然后在主视图中分别作上面板和下面板高 6 等分，右侧编号是 1~7 为下面板编号，1′~7′是上面板编号在左侧，过各点作水平线，与俯视图投上来的铅垂线同名编号相交，得出 1⁺—7⁺、1ᕵ—7ᕵ、1ᵗ—7ᵗ、1°—7°四条曲线，就是四个棱线轨迹的投影。图中虚线是上面板对角分割线，点画线是下面板对角分割线。

求实长线：如图 4-48c 所示，以 n 为投影高的一组是下面板对角分割线的实长线，以 m 为投影高的一组是上面板对角分割线的实长线，以 e、f 为投影高的一组是上面板 3″—A、4″—A 线的实长线，以 u、p 为投影高的一组是下面板 3″—A、

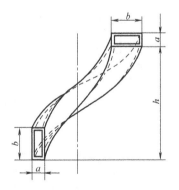

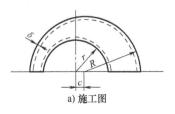

a) 施工图

图 4-48　矩形口变向螺旋
180°弯头展开

4″—A 线的实长线。

　　展开：过主视图 1~7、1′~7′各点向右作水平线，并在水平线上截取 1~7 各点，使 1~7 各点间距离总长等于外圆中径周长的一半。过 1~7 各点向下作铅垂线，与水平线投过来的同名编号相交，得出 1ˣ~7ˣ 和 1′ˣ~7′ˣ 各点，连线后即得出外侧板展开图。内侧板展开步骤完全相同，故不再重述。

　　上面板的展开如图 4-48d 所示，作线段 1‴ˣ—1ˣ 等于俯视图中 1″—1 长度，以 1‴ˣ 为圆心，以外侧展开图中 1′ˣ—2′ˣ 长为半径画弧，与以 1ˣ 点为圆心，以 m 组中 1—2‴⁺ 长为半径所画弧，相交出 2‴ˣ 点。以 1ˣ 点为圆心，以内侧板展开图中 1′ˣ—2′ˣ 长为半径画弧，与以 2‴ˣ 点为圆心，以俯视图中线段 2—2″ 长为半径所画弧，相交出 2ˣ 点。以 2ˣ 点为圆心，以 m 组中 2—3″⁺ 长为半径画弧，与以 2‴ˣ 点为圆心，以外侧板展开图中 2′ˣ—3′ˣ 长为半径所画弧，相交出 3‴ˣ 点。以 2ˣ 点为圆心，以内侧板展开图中 2′ˣ—3′ˣ 长为半径画弧，与以 3‴ˣ 点为圆心，俯视图中线段 3—3″ 长为半径所画弧，相交出 3ˣ 点。以 3ˣ 点为圆心，以 f 为投影高的 A—3⁺ 长为半径画弧，与以 3‴ˣ 点为圆心，以 f 为投影高的 3″—A⁺ 长为半径所画弧，相交出 Aˣ 点。以 Aˣ 点为圆心，以 e 为投影高的 4″—A⁺ 长为半径画弧，与以 3‴ˣ 点为圆心，以外侧板展开图

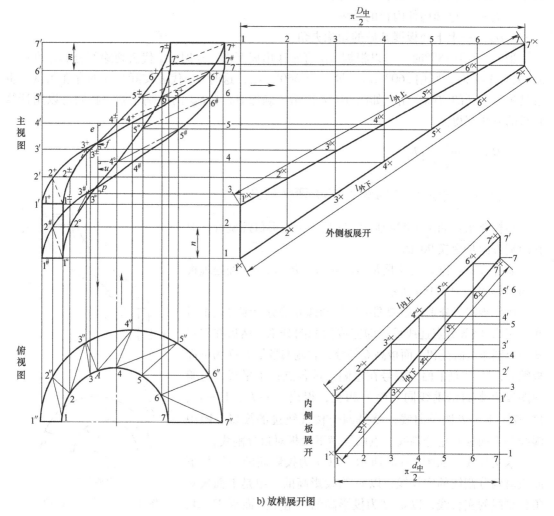

b) 放样展开图

图 4-48　矩形口变向螺旋 180°弯头展开（续）

中 3′ˣ—4′ˣ 长为半径所画弧，相交出 4‴ˣ 点。以 4‴ˣ 点为圆心，以俯视图中 4—4″长为半径画弧，与以 Aˣ 点为圆心，以 e 为投影高的 A—4⁺长为半径所画弧，相交出 4ˣ 点。以下用同样方法作出所有的点，直至 7ˣ—7‴ˣ 点，最后用曲线光顺各点，即完成上面板的展开。下面板的展开如图 4-48e 所示，展开方法与上面展开方法完全相同，故不再重述。

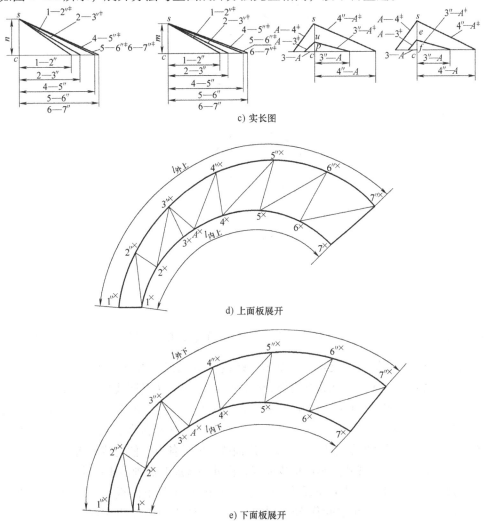

c) 实长图

d) 上面板展开

e) 下面板展开

图 4-48　矩形口变向螺旋 180°弯头展开（续）

实例 49　矩形口锥体 360°螺旋管的展开

结构介绍：如图 4-49a 所示，这是一个呈锥形螺旋 360°的矩形管，已知尺寸有 h_1、h_2、D、a、b、c、δ。

展开分析：根据已知尺寸画出放样图，放样图如图 4-49b 所示，由于是锥型螺旋管，所以主、俯视图中的螺旋轨迹不能直接画出，需待画出主、俯视图中的主体框架后，再画出它的螺旋轨迹。

操作步骤：首先，将俯视图中已知尺寸的锥体圆分成 12 等分，编号是 1~7~1，过 O′点作各等分点射线。将 AB 距离分出 12 等分，以 B 为基点，取 2′—2 等于 $\frac{1}{12}AB$、3′—3 等于 $\frac{2}{12}AB$、

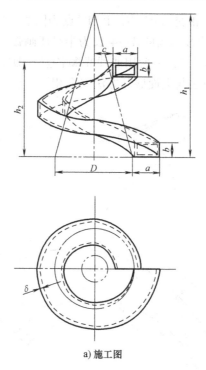

a) 施工图

图 4-49　矩形口锥体 360°螺旋管的展开

$4'$—4 等于 $\frac{3}{12}AB$、……，于是，得到 $1' \sim 7' \sim 1'$ 共 13 个点，把上述各点连成曲线，便是锥体表面螺旋线在平面中的投影，也就是"阿基米德螺线"。（当然也可以以 A 为基点，以小圆等分点作为起点向外量取。还可以把大圆周等分后，投到立面与 O 点连线形成素线与螺旋垂直高，同等分水平线相交，得到交点投回俯视图对应等分线上，得到俯视图）。然后以已知尺寸 a 为基准，作 $1'$—$1''$、$2'$—$2''$、$3'$—$3''$、…、$7'$—$7''$、…、$1'$—$1''$ 都分别等于 a，至此，得到里侧曲线点是 $1'$—$7'$—$1'$，外侧曲线点是 $1''$—$7''$—$1''$，用曲线光顺后各点，便完成俯视图。（以上画出的是外皮曲线，但上下面板展开需画出里皮曲线，内外侧板展开需画出中皮曲线）。

在主视图的左边 $1' \sim 1'$ 是上面板的 12 等分，右边 $1 \sim 1$ 是下面板的 12 等分，过两边各点作 26 条水平线，（其实是在空间作 26 个水平面），与俯视图内外曲线点投上的铅垂线相交，得出同名点，$1^{\pm} \sim 7^{\pm} \sim 1^{\pm}$、$1° \sim 7° \sim 1°$；$1^+ \sim 7^+ \sim 1^+$；$1^{\#} \sim 7^{\#} \sim 1^{\#}$，将各编号点连成曲线后，得出四条曲线，便完成了主视图，所得到的曲线投影是变振幅余弦型曲线。

求实长线：在俯视图中作 $1'$—$2''$、$2'$—$3''$、…、$12'$—$1''$ 各等分间的对角线，作为分割表面的小三角形连接边。然后截取 $1'$—$2''$、$2'$—$3''$、…、$12'$—$1''$ 各线的长度，移到主视图右侧，与之各线投影高构成直角三角形，所得到的斜边 $1'$—$2''^{+}$、…、$12'$—$1''^{+}$ 就是所求的实长线。

展开：在主视图 CD 的延长线上，作 $1'$—$1'$ 各点间的距离等于俯视图中内侧曲线上距离（中皮），并过各点作 CD 的垂线，与右侧 1—1 各水平线同名编号相交，得到内侧板下边交点 $1° \sim 1°$（应按内皮画），与左侧 $1'$—$1'$ 各水平线同名编号相交，得到内侧板上边交点 $1^{\pm} \sim 1^{\pm}$（应按内皮画，为了图面清晰，只画出 1、4、7、10 线）。将上述两条曲线点光顺后，即完成内侧板的展开。外侧板的展开如图 4-49d 所示，其展开步骤与内侧展开完成相同，故不再重述。

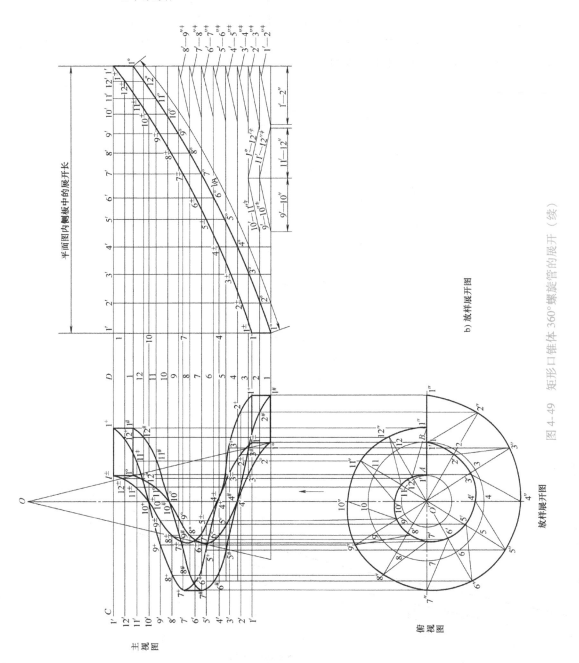

b) 放样展开图

图 4-49　矩形口锥体 360°螺旋管的展开（续）

上下面板的展开如图 4-49c 所示，作线段 1′×—1‴× 等于俯视图中的 1′—1″长度，以 1′× 点为圆心，以实长线 1′—2‴+ 长为半径画弧，与以 1‴× 点为圆心，以外侧板展开图中的 1+—2+ 长为半径所画弧，相交出 2‴× 点。以 1′× 点为圆心，以内侧板展开图中 1±—2± 长为半径画弧，与以 2‴× 点为圆心，以俯视图中线段 2′—2″长为半径所画弧，相交出 2′× 点。以 2′× 点为圆心，以实长线 2′—3‴+ 长为半径画弧，与以 2‴× 点为圆心，外侧板展开图中 2+—3+ 长为半径所画弧，相交出 3‴× 点。以 2′× 点为圆心，以内侧板展开图中 2±—3± 长为半径画弧，与以 3‴× 点为圆心，以俯视图中 3′—3″长为半径所画弧，相交出 3′× 点。以下用同样方法作出所有的点，最后用曲线光顺各点，即完成上下板的展开。

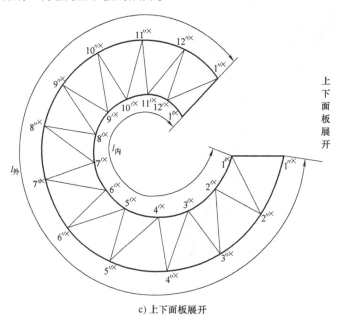

c) 上下面板展开

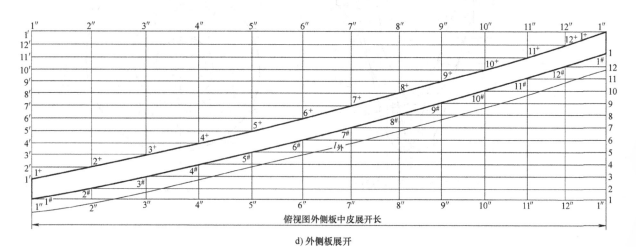

d) 外侧板展开

图 4-49　矩形口锥体 360°螺旋管的展开（续）

这里顺便指出，我们研究和介绍的是构件展开方法，构件的结构形式是千变万化的，我们不可能也没有必要每个都列举。像本例和实例 47 的展开是可以分解的，如果构件只有内侧板或外侧板时，或者是只有内外侧板和下板组成的构件时，各种类型都是可以利用本例和实例 47 所介绍的方法展开的。其他的类型读者也可根据实际情况，灵活运用各种展开方法。

实例 50　矩形口双向 90°迁回弯管展开

结构介绍：如图 4-50a 所示，这是一个双向 90°迁回弯管，并且是单边倾斜。

展开分析：根据已知尺寸 a、b、c、r_1、r_2、r_3、r_4、δ、e，画出放样图，本构件由 4 块板组成，均按里皮放样，放样图如图 4-50b 所示。

操作步骤：在俯视图中作内侧板小圆弧 3 等分，编号是 1—4 点，P 点是圆弧与 C'' 连接的切点，过以上各点向主视图作铅垂线，与大圆弧相交是 $1°$—$4°$，与边线相交是 $1^{\pm}$—$P^{\pm}$，与主视图底边相交是 $1''$—P''，与主视图上边相交是 1^+—P^+。

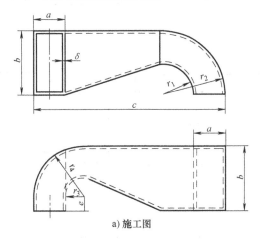

a) 施工图

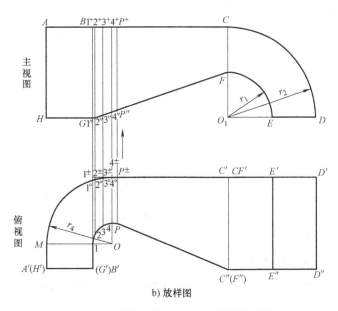

b) 放样图

图 4-50　矩形口双向 90°迁回弯管的展开

　　展开：如图 4-50c 所示，上面板展开，作一组垂直线段，$M^{\times}$—$O^{\times}$—$4^{\pm\times}$等于俯视图中 M—O—$4^{\pm}$。分别以 r_4、r_3 为半径画弧，与 $M^{\times}$、$1^{\times}$、$4^{\times}$、$4^{\pm\times}$相交，接着把 $M^{\times}$—$A'^{\times}$—$B'^{\times}$—$1^{\times}$ 和 $4^{\pm\times}$—$C^{\times}$—$C'''^{\times}$—$P^{\times}$ 这两部分从俯视图中复制过来，在 $4^{\pm\times}$—$C^{\times}$ 的延长线上，作 $C^{\times}D^{\times}$等于 r_2 的 $\frac{1}{4}$ 圆中皮展开长，$C^{\times}C'''^{\times}$ 和 $D^{\times}D'''^{\times}$ 等于俯视图的同名编号长度，$A'^{\times}$—$M^{\times}$—$4^{\pm\times}$—$D^{\times}$—$D'''^{\times}$— $P^{\times}$—$B'^{\times}$ 所包含的部分为上面板的展开。

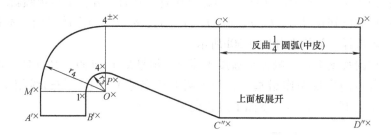

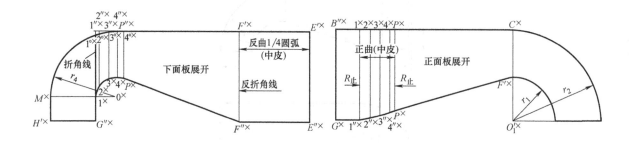

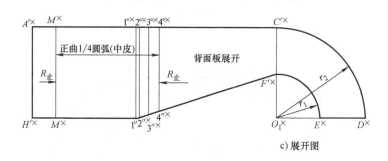

c)展开图

图 4-50　矩形口双向 90°迂回弯管的展开（续）

　　下面板的展开：作一组垂直线段 $1'''^{\times}$—$G'''^{\times}$ 垂直于 $M^{\times}$—$O^{\times}$，且 $1^{\times}$—$O^{\times}$ 等于俯视图中的 1—O 长。$1'''^{\times}$—$G'''^{\times}$ 垂直于 $1'''^{\times}$—$E'^{\times}$，截取 $1'''^{\times}$—$P'''^{\times}$ 间的距离等于主视图中的 $1''$—P'' 间的距离，并过 $2'''$—P''' 四点作 $1'''^{\times}$—$G'''^{\times}$ 的平行线。以 $O^{\times}$ 为圆心，以 r_4 为半径画弧，相交 $1'''^{\times}$—$1^{\times}$ 线于 1° 点，然后，分别截取 $2'''^{\times}$—$2^{\circ\times}$—$2^{\times}$、$3'''^{\times}$—$3^{\circ\times}$—$3^{\times}$、$4'''^{\times}$—$4^{\circ\times}$—$4^{\times}$，$P'''^{\times}P^{\times}$ 等于俯视图中的同名编号长度，把以上各点用曲线光顺。截取 $P'''^{\times}F'^{\times}$ 等于主视图中 $P''F$ 长。截取 $F'^{\times}$ $E'^{\times}$ 等于 r_1 的 $\frac{1}{4}$ 圆中皮展开长，截取 $F'^{\times}F'''^{\times}$ 和 $E'''^{\times}E'^{\times}$ 等于俯视图中的同名编号长度，$H'^{\times}M^{\times}$ $P'''^{\times}E'^{\times}E'''^{\times}F'''^{\times}P^{\times}G'''^{\times}$ 所包含的部分为下面板的展开。

  背面板的展开：在线段 $A'^{\times}C'^{\times}$ 上截取 $A'^{\times}M^{\times}$ 等于俯视图中的 $A'M$ 长，截取 $M^{\times}$—$4°^{\times}$ 间的距离长，等于俯视图中大圆弧中皮展开弧长的同名编号间距离，截取是 $4°^{\times}$—$C'^{\times}$ 等于俯视图中的同名长度，过以上各点作垂线，在主视图中截取 AH、1^{+}—$1''$、2^{+}—$2''$、3^{+}—$3''$、4^{+}—$4''$、$P^{+}P''$、CF 长度，分别移到展开图的同名线上，用直、曲线连接各点，再把主视图 $CDEF$ 部分复制过来，即完成背面板的展开。

  正面板的展开：正面板的展开步骤与背面板完全相同，只是 $B'''^{\times}C^{\times}$ 的长度等于俯视图中 B'—1—P—C'' 的长度。故不再重述。

第五章 相交构件的展开

主要内容：相交构件的展开，又增加了难度系数、而未知相贯线又是难中之难，比如实例 6、8、22、27、28、29、30、31、36、39、40、41、44 等。本章共计 45 例。

特点：构件形成种类选择齐全，包罗万象，几乎把所有构件形式都囊括其中。

第一节 旋转体相交构件的展开

实例 1 90°二节弯头的展开

难点：近年来，随着科学技术的发展，在钣金生产制造领域，机械设备和生产工艺都发生了很大的变化。由机制成形的低碳钢弯头，尤其是较大直径的弯头相继问世，这给生产制造带来了很大的方便，提高了生产效率。但是这并不意味着它可以代替所有板材卷制的弯头，使弯头的展开方法失去作用。比如大管径的弯头，特殊材质的弯头等，许多场合都需要板材卷制的弯头，这就要求作为一名钣金工，仍然要掌握弯头的展开方法。

技巧：在弯头展开的板厚处理问题上，它有铲坡和不铲坡两种方法之分。如果铲 X 形坡口，它是按中皮放样展开的。如果是不铲坡口，则情况比较复杂。即弯头的内侧是按外皮放样，弯头的外侧是以里皮放样，如图 5-1a 所示。为什么要这样作呢？因为在两节弯头的接触部分，外侧是以里皮接触，内侧是外皮接触，中心部分是里皮、中皮、外皮同时接触。如果放样时忽略了皮厚处理，那么，展开后组对时，弯头接触处的缝隙就会很大。

结构介绍：如图 5-1b 所示，这是一个两节弯头，板厚处理是不铲坡口，根据已知尺寸 h、a、d、α、δ，画出放样图。

展开分析：放样图如图 5-1c 所示，因为两节是相同的，所以只需展开一节。

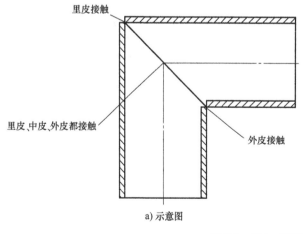

a) 示意图

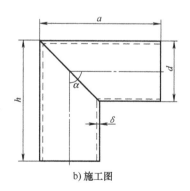

b) 施工图

图 5-1 90°二节弯头的展开

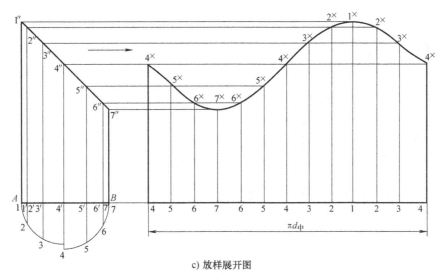

c) 放样展开图

图 5-1 90°二节弯头的展开（续）

操作步骤：在 $\frac{1}{2}$ 断面图中，分别将内径的周长 $\frac{1}{12}$ 等分长截取三分，编号是 1~4，外径周长的 $\frac{1}{12}$ 等分长截取三分，编号是 4~7，将各等分点投到下端面是 1′~7′，上端斜面是 1″~7″。

展开：用平行线法展开。在 AB 的延长线上，将中径周长线段 12 等分，编号是 4~4。过 4~4 间的各点作垂线，然后截取放样图中的同名编号各线长，移到展开图上，得到交点 4ˣ~4ˣ，用平滑的曲线光滑顺序连接各点，即完成展开。

弯头的展开有多种方法，有的用小圆法，有的用计算法，但无论用哪种方法，都必须弄懂放样展开法，因为它是展开原理的基础。通过放样图的直观感觉，以及熟悉板厚的处理原则，能够举一反三，达到理解展开原理共性的目的。当然，如果已经能达到很熟练的程度，用计算方法是最快捷的方法，计算方法将在第六章介绍。

实例 2 90°三节弯头的展开

技巧难点：弯头的展开，无论是直角还是任意角，其展开的方法都是相同的。它的关键步骤是分节，无论是分几节，分节的原则是不变的，那就是"两头为一，中间为二"。其含意是中间任何一节的长度，都是两头任何一节长度的两倍。这样看来，弯头的角度已知，分的节数已定，那么每一节的角度就能确定下来。比如三节 90°弯头，中间一节 45°，两头每一节都是 22.5°。这个计算过程：90°÷4 = 22.5°，两头每一节都是 22.5°，中间一节是 22.5°×2 = 45°。这样分的原因是，在每一节弯曲半径 R 不变的前提下，使两头各节的中心线垂直其端面投影线，也就是两头的接口是规圆，而不是椭圆口。

结构介绍：图 5-2a 所示的是一个三节弯头的施工图，根据已知尺寸 R、d、α、δ，画出放样图，放样图如图 5-2b 所示。

展开分析：由分节规律可知，二节中心线长度是一节与三节中心线长度的总和，因此，只需展开三节即可。

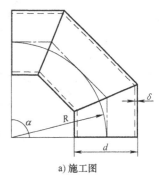

a) 施工图

图 5-2 90°三节弯头的展开

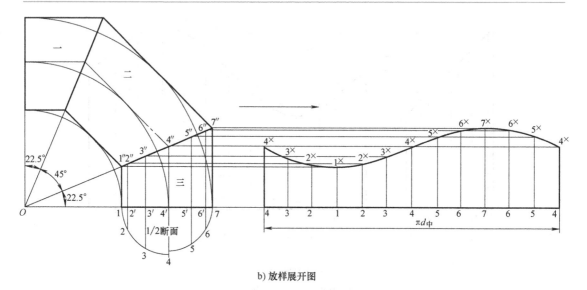

b) 放样展开图

图 5-2　90°三节弯头的展开（续）

操作步骤：得到三节的展样板后，以 4—4 为对称轴线翻转 180°，再画一次，得到的双边曲线图形，就是二节的展开结果。本例仍然是不铲 X 坡口处理，即弯头内侧是按外皮放样，外侧是按里皮放样，其他的展开步骤与例 1 的相同。

实例 3　90°四节弯头的展开

展开分析：如图 5-3 所示，由分节规律可知，中间的任何一节是两头任何一节长度的 2 倍，因此，四节的弯头应按六节计算，即：90°÷6 = 15°，两头的一、四节分别是 15°，中间的二、三节分别是 15°×2 = 30°。本例仍按不铲坡口处理，与三节展开相同，也是只展开两头的任何一节即可。

操作步骤：得到四节的展开样板，以 1—1 为对称轴线，翻转 180°后，得到的双边曲线图形，就是二、三节的展开形状。

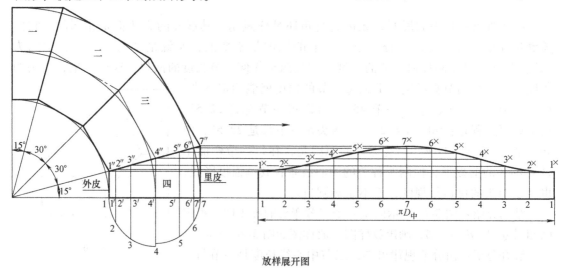

放样展开图

图 5-3　90°四节弯头的展开

实例 4 任意角五节弯头的展开

结构介绍：如图 5-4 所示，这是一个大于 90°角的五节弯头。虽然它是一个任意角弯头，但是分节规律和展开方法是同 90°角的弯头一样的。

展开分析：已知角度是 104°，并且是分成五节组成，于是可以知道，中间的三大节等于六小节。那么每一小节的角度是 104°÷8＝13°，中间的任何一节都是 13°×2＝26°。与上例相同，只需要展开第五节就可以了，同样是将样板翻转得到中间节。本例也不作铲坡口处理，也就是弯头的内侧按外皮放样，弯头的外侧按里皮放样。

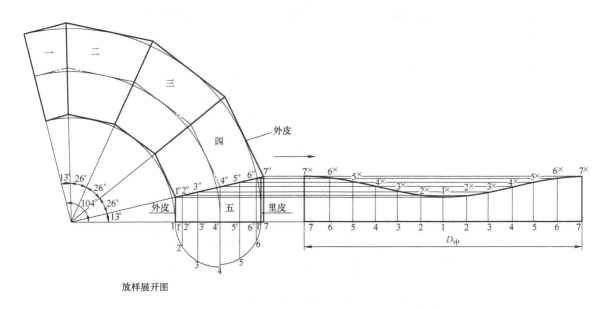

图 5-4 任意角五节弯头的展开

实例 5 平行过渡管的展开

结构介绍：图 5-5a 是施工图，根据已知尺寸 h、a、b、c、d、e、δ，画出放样图，放样图如图5-5b所示。本例是作铲 X 形坡口处理，因此板厚处理是按中皮放样。

展开分析：图 5-5d 所示是平板对接时铲成 X 形坡口的情形，图5-5e所示的是任意角弯头开 X 形坡口的情形。在图 5-5e 中，可以清楚地看到，弯头的内侧是由中径接触，弯头的外侧也是由中径接触，因此，我们可以得出结论，无论是直角，还是任意角弯头，只要是开 X 形坡口，都一律是按中径放样。

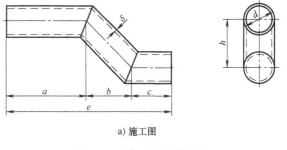

a) 施工图

图 5-5 平行过渡管的展开

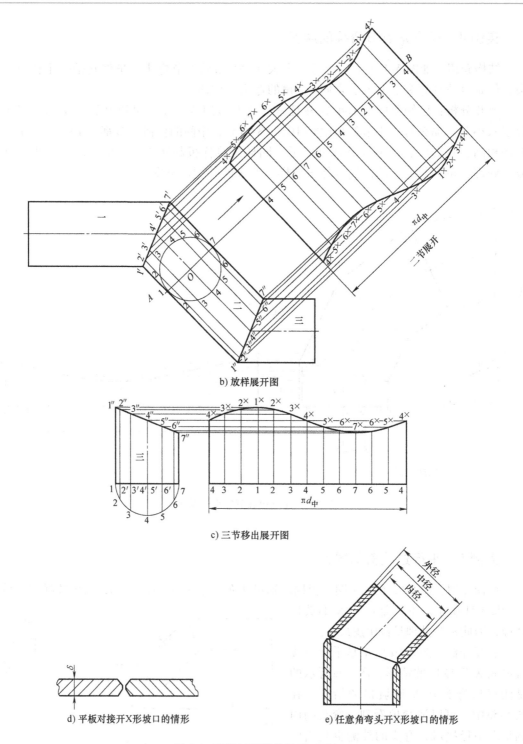

b) 放样展开图

c) 三节移出展开图

d) 平板对接开X形坡口的情形

e) 任意角弯头开X形坡口的情形

图 5-5　平行过渡管的展开（续）

操作步骤：展开：在图 5-5b 中，作二节管中心线的垂线 AB，并截取 4—4 等于中径的周长，分出 12 等分，4~7~4~1~4，过以上各点作 AB 的垂线。然后，以 O 点为圆心，以圆管中径的 $\frac{1}{2}$ 长为半径画圆，并分出 12 等分，等分点是 1~7 和 1~7，过等分点作中心线的平行线，

相交上口于 $1'\sim7'$，下口于 $1''\sim7''$。分别过 $1'\sim7'$ 和 $1''\sim7''$ 作 AB 的平行线，与展开图的同名编号相交得出 $4^{\times}\sim4^{\times}$ 和 $4^{\times}\sim4^{\times}$ 各点，用曲线光滑顺序连接各点后，即完成二节的展开。三节管的展开如图 5-5c 所示，步骤不再重述，一节管展开是三节管重复，因此无须再作。

实例 6　双向扭转任意角三节弯头的展开

结构介绍：图 5-6a 是施工图，根据已知尺寸 h、a、b、d、α、δ，画出放样图，图 5-6b 所示是放样图。

展开分析：从放样图中可以看出，一至二节之间是直角，二至三节之间也是直角，但它们之间扭转了任意角。一、三节展开非常简单，二节展开比较复杂，由于是铲 X 形坡口，故按中径放样。

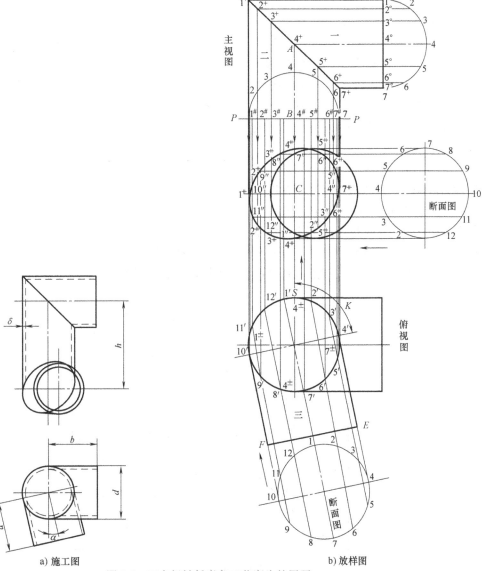

a) 施工图　　　　　　　　　　　　b) 放样图

图 5-6　双向扭转任意角三节弯头的展开

操作步骤：首先求出二至三节的相贯线在主视图中的投影，在俯视图中作三节的 7 个水平切面。作图步骤是：将三节断面 12 等分，过各等分点作中心线的平行线，与二节相交是 1′~12′，过 1′~12′作垂线投向立面。在平面中的切面体现在主视图中是 7、6—8、5—9、4—10、3—11、2—12、1 共 7 个水平切面，过上述切面向左作延长线，与俯视图中投上的同名编号相交，得到 1″~12″各交点，用曲线光滑顺序连接后，就是二至三节相贯线在立面中的投影。

在主视图中，将一节 $\frac{1}{2}$ 断面的 6 等分，编号是 1~7，投到端面是 1°~4°~7°，投到斜端面是 1⁺~7⁺。作二节中心线 AC 的垂直平分线，AB=BC，得到 PP 切面线，在 PP 切线上作 $\frac{1}{2}$ 断面，并作 6 等分，等分点是 1~7，过 1~7 作中心线的平行线，交上斜端是 1⁺~7⁺，交下曲形口是 1⁺~7⁺。

展开：如图 5-6c 所示的是一节展开。在中径周长线段中作出 12 等分，过等分点 7~7 作垂直线，截取 7—7ˣ、6—6ˣ、5—5ˣ、……，等于主视图中 7°—7⁺、6°—6⁺、5°—5ˣ、……长，将得到的交点用曲线连接后，即完成展开。

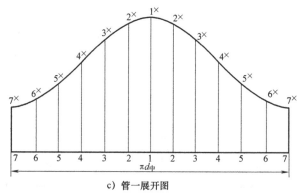

c) 管一展开图

图 5-6　双向扭转任意角三节弯头的展开（续）

二节的展开有两种方法：如图 5-6d 所示是方法之一。将板缝定在俯视图中 S 处，在中径周长 PP 线段中，作出 12 等分 4—4 为二节展开点，过各点作垂线，截取 4—4ˣ、5—5ˣ、6—6ˣ、……等于主视图中 PP 线以上 4#—4⁺、5#—5⁺、6#—6⁺、……各同名线长，得到上部分曲线点。在平面中找到差心值 K，即 S 处的 4⁺—4′间距弧长，截取

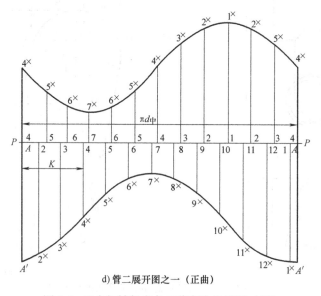

d) 管二展开图之一（正曲）

图 5-6　双向扭转任意角三节弯头的展开（续）

K 弧长到展开图 PP 线以下，从左边开始，得到第一点为 4 点，然后按顺序从 4 点开始向右排列：5、6、7、8、9、10、11、12、1，再从 4 点向左排到：3、2、A（A—2 加 1—A 等于 $\frac{1}{12}$ 周长）。过各点作垂线，截取主视图中 1″~12″ 各点到 PP 线的距离，移到展开图 PP 线以下各同名线上，得到交点 A'~7×~A'（A—A' 是由 1—2 之间曲线过渡产生的），用曲线连接各点即完成二节的展开。

另一种方法：如图 5-6e 所示，在主视图中，延长 1#—1+、…、7#—7+ 各线相交相贯线，得交点 1#~7#。截取 1#—1+、…、7#—7+ 各线长到展开图，得到 PP 线以上各点。截取主视图中 1#—1+、…、7#—7+ 各线长，移到展开图 PP 线以下的各同名线上，得到 PP 以下的 4××~4×× 各交点，用曲线光滑顺序连接各点，即完成展开。

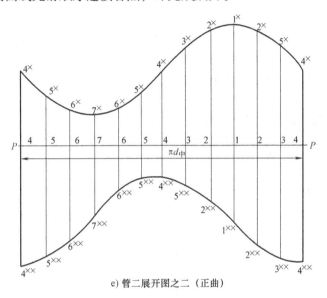

e) 管二展开图之二（正曲）

图 5-6 双向扭转任意角三节弯头的展开（续）

三节的展开如图 5-6f 所示，在中径周长线段中作 12 等分，等分点为 7~7，在平面中截取 FE 到 1′~12′ 各点间长度，移到展开图中的同名线上，得到交点，用曲连接，即完成展开。

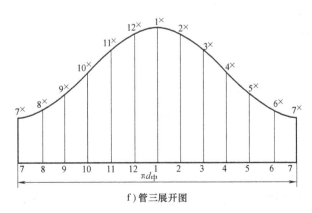

f) 管三展开图

图 5-6 双向扭转任意角三节弯头的展开（续）

实例7　等径任意角Y形三通管的展开

结构介绍：图5-7a所示的是一个等径Y形三通管，因为是等径圆管相交，又是平面结合，所以相贯线是直线型。

展开分析：图中 $\alpha_1 \neq \alpha_2$，故三根管是不对称排列的，当然三根管都必须展开。如果是对称排列的话，只需展一根管即可。

根据已知尺寸 R、d、α_1、α_2、δ，画出放样图，放样图如图5-7b所示，本例采用不铲坡口处理。因为是外皮接触，所以都按外皮放样。

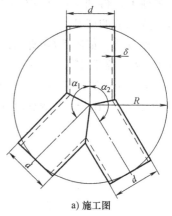

a) 施工图

图5-7　等径任意角Y形三通管的展开

操作步骤：展开：平行线法，管一的展开在主视图的右侧，截取管一中径周长线段，并分出12等分，编号为1~7~1，过各等分点作线段的垂线。截取管一各等分线的长度。1°—1″、2°—2″、3°—3″、…，移到展开图同名编号线上，得到交点 $1^\times$ ~ $7^\times$ ~ $1^\times$，用曲线光滑顺序连接即完成展开。

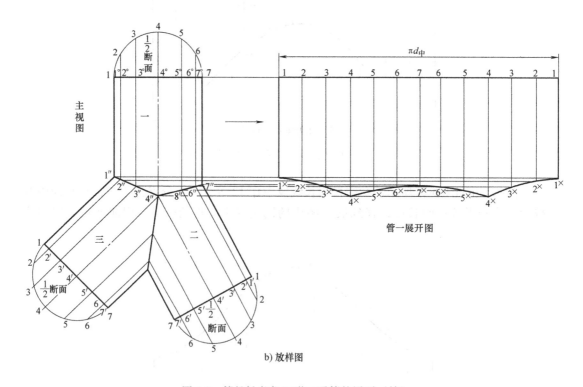

b) 放样图

图5-7　等径任意角Y形三通管的展开（续）

管二和管三的展开如图5-7c所示，其方法与管一展开相同，故不再重述。

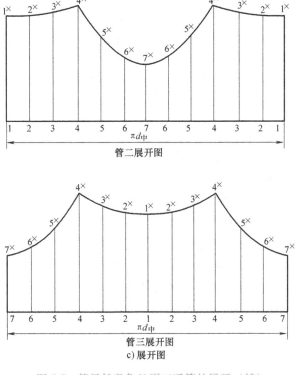

管二展开图

管三展开图

c)展开图

图 5-7　等径任意角 Y 形三通管的展开（续）

实例 8　不在同一平面的任意角等径 Y 形三通展开

结构介绍：如图 5-8a 所示，这个 Y 形三通不同于前例，它的三根管相交的中心线是不在一平面的，因此，增加了展开难度。

展开分析：根据已知尺寸 a、b、d、h_1、h_2、δ 画出放样图，放样图如图 5-8b 所示，从图中可以看出，管二与管三是以对称状态分布的，所以我们只需要展开管一、管二就可以了。

操作步骤：求相贯线。由于管二、管三是处于倾斜状态，所以相贯线是不能直接求出的，我们可以用变换投影面法求出。在图 5-8b 俯视图中，作管二中心线的平行线 X_1O_1，作为一次变换旋转轴。然后过 E'、F' 两点作 X_1O_1 的垂线，分别截取主视图中 a、b、c 三个长度，移到一次换面图中，所对应的位置上是 a'、b'、c' 三个长度，得到交点是 E''、F''、G''，则 $\angle E''F''G''$ 就是管二与管一的真实夹角。

在俯视图中，将管二断面圆周 12 等分，即在轴线的垂线 AB 上作半圆，得等分点是 $1\sim4\sim7\sim10\sim1$。过各等分点作轴线的平行线，与两管之间夹角相交是 $1'$、

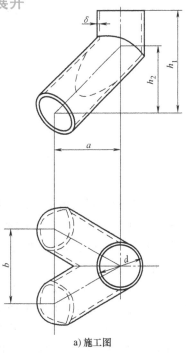

a)施工图

图 5-8　不在同一平面的任意
角等径 Y 形三通展开

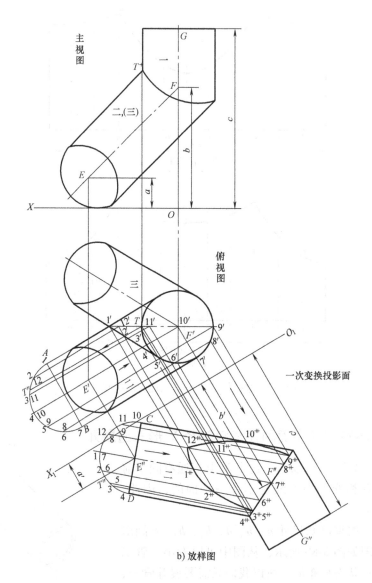

b) 放样图

图 5-8   不在同一平面的任意角等径 Y 形三通展开（续）

2′、12′，与管一圆弧相交是 3′、4′、5′、6′、7′、8′、9′点，10′、11′两点是管二和管三下部
的交点。过上述各点投向一次换面投影图中，与管二的 CD 断面各等分相交，同名交点
是 1⁺~12⁺，用曲连接就是所求的相贯线。T 点是三根管相交的特殊点，从平面投向一
次换面图中。

　　展开：平行线法，如图 5-8c 所示，管一的移出展开，它相当于一段斜截管，故步骤不
再重复。管二的展开，是在中径展开长上作出 12 等分，等分点是 1~7~1，过点作线段的垂
直线（包括 T″），截取一次换面图中 CD 线到各相贯点的距离，移到展开图的同名编号线上，
得到交点 1ˣ~Tˣ~9ˣ~12ˣ~1ˣ，即为所求的展开点。本例为反曲，如果正曲，就是管三的
展开。

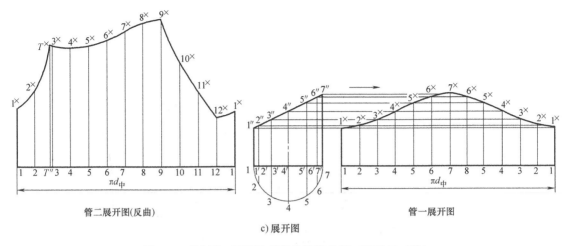

管二展开图(反曲)　　　　　　　　　　c) 展开图　　　　　　　　管一展开图

图 5-8　不在同一平面的任意角等径 Y 形三通展开（续）

实例 9　等径斜交 T 形三通管的展开

结构介绍：如图 5-9a 所示，像等径三通这种构件，无论是直交还是斜交，它的相贯线都分两种情况。

展开分析：第一种是如图 5-9c 所示，支管插在主管的开孔内，都按照外皮放样，这时，相贯线不用求出，它就是两条直线。第二种是：支管不插在主管的开孔内，只是两管的表面对接，这时，是支管的里皮卡在主管的外皮上，那么，这条相贯线就必须单独求出，如图 5-9d 所示。在放样时，主管按外皮、支管按里皮放样，但是，在 A 点处是按照外皮接触点取长度的，这是因为在切割板料时，其断面是垂直板面的（管材也是如此）。

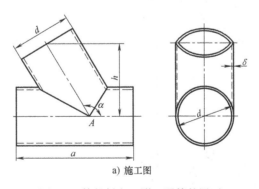

a) 施工图

图 5-9　等径斜交 T 形三通管的展开

操作步骤：展开。如图 5-9b 所示，支管展开是在中径周长线段分出 12 等分，选定对接口，定出编号，作垂线，按照各线长度移到展开图上得到交点，用曲线光顺，即完成展开。

主管的展开关键在于开孔，本例是把开孔处选定在板料的对接缝上。作一矩形，主管的长度等于矩形宽，中径的周长等于矩形长，过各相贯点引垂线，L 弧长间的各点移过来，并作水平线，得到同名编号交点，用曲线光顺，即完成展开。如果是管材对接时，可以在纸板作出样板，然后包裹在管材上画出形状，但要注意在计算纸板的长度时要把直径加 1～5mm 的余量。

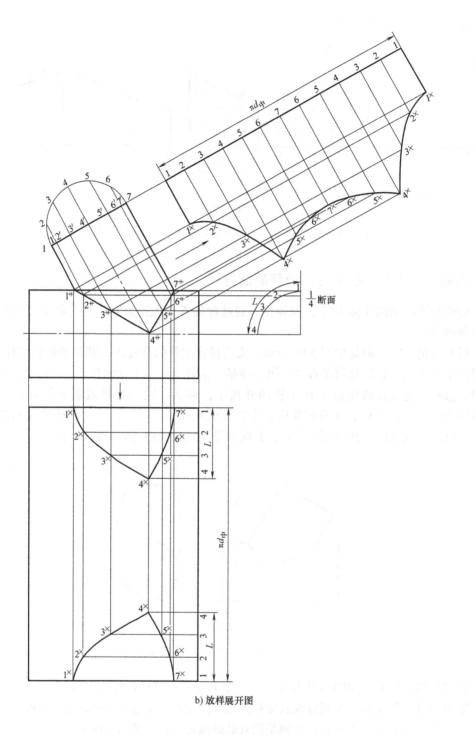

b) 放样展开图

图 5-9　等径斜交 T 形三通管的展开（续）

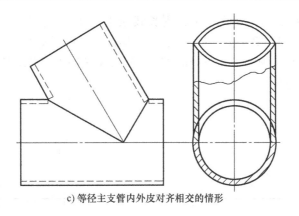

c) 等径主支管内外皮对齐相交的情形

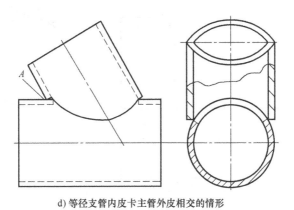

d) 等径支管内皮卡主管外皮相交的情形

图 5-9　等径斜交 T 形三通管的展开（续）

实例 10　异径斜交 T 形三通管的展开

结构介绍：如图 5-10a 所示，这是一个异径相交的三通管，根据已知尺寸 a、h、d_1、d_2、δ、α 画出放样图，放样图如图 5-10b 所示，支管按照里皮放样，主管按照外皮放样。

操作步骤：在主视图支管的断面上将圆周 12 等分，过等分点向下投影，与侧面图支管投过来的等分线相交，得到对应交点 $1^\#$—$7^\#$，即完成求相贯线。

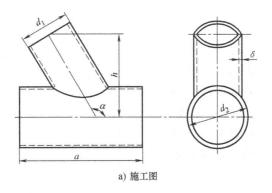

a) 施工图

图 5-10　异径斜交 T 形三通管的展开

展开：如图 5-10c 所示，在支管中径周长线段上，作 12 等分，过各等分点作出垂线，按照主视图各线上 1′—1ᵗ、2′—2ᵗ、3′—3ᵗ、……移过来，得到交点 1ˣ~7ˣ~1ˣ，曲线光滑连接后，完成展开。注意主视图中 A 点处的 1′—1ᵗ线长是按照外皮截取长度的，因为在这条线上，是外皮与外皮接触的。

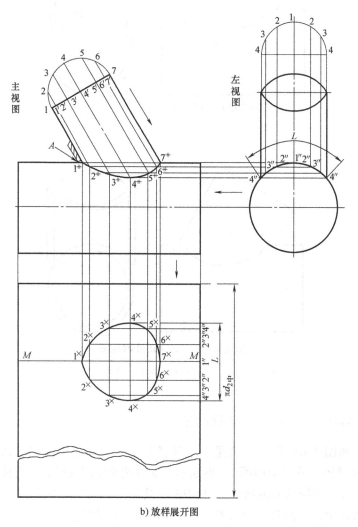

b) 放样展开图

图 5-10 异径斜交 T 形三通管的展开（续）

主管的展开是在中径展开的，选定出开孔中心线 MM，以 MM 线为中心，将侧视图中 L 弧长间的各点 4″~1″~4″ 伸直移过来，并且过点作水平线，与主视图中的相贯点 1ᵗ~7ᵗ 投下来的垂线相交，得到对应交点 1ˣ~7ˣ，用曲线光滑连接，即得到展开图。

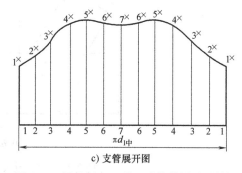

c) 支管展开图

图 5-10 异径斜交 T 形三通管的展开（续）

实例 11　异径直交偏心三通的展开

结构介绍：如图 5-11a 所示，这是一个异径偏心直交三通管。

展开分析：根据已知尺寸 a、b、h、d_1、d_2、δ，画出放样图，放样图如图 5-11b 所示，支管按照里皮，主管按照外皮放样。

操作步骤：主视图中作支管断面图圆周 12 等分为 1~12，过等分点投下来铅垂线，左视图支管断面图编号是立面断面图编号旋转 90°，过各等分点投下来，得交点 $1'$~$12'$，过 $1'$~$12'$ 各点投到主视图，得到同名编号 $1^\#$~$12^\#$ 所构成的曲线，即所求的相贯线。

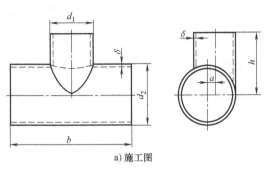

a) 施工图

图 5-11　异径直交偏心三通的展开

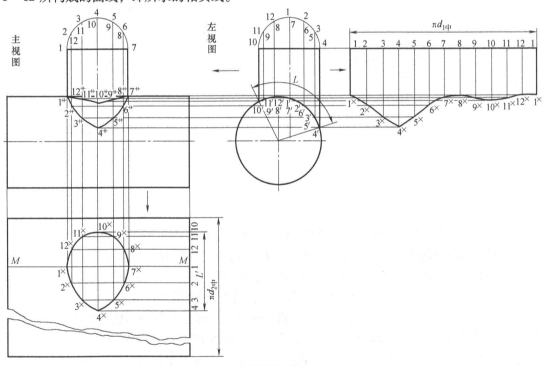

b) 放样展开图

图 5-11　异径直交偏心三通的展开（续）

展开：支管的展开，在侧面图支管上端口 10—4 的延长线上，截取 1~7~1，12 等分，累积等于中径展开长，并过点作直角线，与由侧视图的相贯点 $1'$~$12'$ 投过来的水平线相交，得到 $1^\times$~$7^\times$~$1^\times$，用曲线连接，即完成展开。顺便指出，如果主管不开孔的话，就无须画主视图，只要画出侧视图即可完成展开。

主管展开是在中径展开周长上，选定出开孔中心线 MM，以 MM 为基准线，将侧面图中 $10'$~$11'$~$12'$……各点间弧长展开依次移过来，并过点作水平线，与主视图中相贯点 $1^\#$~$12^\#$ 投下来的垂直线对应相交，得到交点 $1^\times$~$12^\times$，用平滑曲线光顺，便完成了主管的展开。

实例 12　任意角度二节渐缩弯头的展开

结构介绍：图 5-12a 是施工图，根据已知尺寸画出放样图，本例的已知尺寸有 d_1、d_2、R、α、δ，图 5-12b 是放样图。

展开分析：首先求出放样图中的 r，$r = \dfrac{d_1 + d_2}{4}$，因为两管接口是铲 X 形坡口处理，所以按照中皮放样，当然式中的 d_1 和 d_2 也是指中皮尺寸。如果是不铲坡口的话，板厚处理放样是和直管弯头方法相同的。

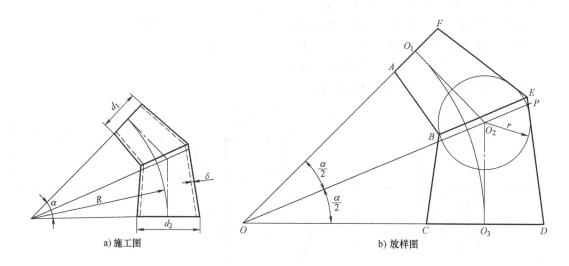

a) 施工图　　　　　　　　　　　　　b) 放样图

图 5-12　任意角度二节渐缩弯头的展开

操作步骤：求相贯线。渐缩弯头的角度分节法，与圆管弯头的角度分节法是完全相同的，因此二节弯头就是将已知角平分，即作 $\angle FOD$ 的角平分线 OP。然后过 O_1 和 O_3 作以 R 为半径的中心圆弧切线，相交出 O_2 点，以 O_2 点为圆心，以 r 为半径画圆，过 A、F、C、D 四点作该圆的切线，相交出 B、E 点，则 BE 就是二锥管相交的分界线。

展开：如图 5-12c 所示，这是一个正圆台的展开，实际上它恰好是放样图中二节弯头旋转 180°后对接成正圆台。前面讲过，如果是锥管的锥度较小时，因为顶点展开半径太长，不方便作图，所以用三角形法展开。如果锥度较大时，就用放射线法展开，本例用放射线法展开。方法是：作一组垂直线，截取 $O_1'O_2'O_3'$ 等于放样图中的 $O_1O_2O_3$，然后确定大口 d_2，小口 d_1，连接并延长大小口边线 $D'A'$、$C'F'$，得到顶点 $O^\times$，至此，得到展开半径。然后截取放样图中 BC、DE 和 AB、FE 长，移到展开图中是 $B'C'$、$E'D'$ 和 $A'B'$、$F'E'$，连接分割线 $B'E'$。将半圆周断面图 6 等分为 1~7 点，过 2~6 点作 $C'D'$ 的垂线，与 $O^\times$ 连接，各素线与 $B'E'$ 相交，交点是 $2''$、$3''$、$4''$、……，过 $2''$、$3''$、$4''$……作中心线的垂线，得到交点 2^+~7^+。以 $O^\times$ 为圆心，分别以 $O^\times C'$、$O^\times B'$、$O^\times - 2^+$、…、$O^\times F'$ 为半径画弧。在 d_2 中径周长的 12 等分线上作 $4^{\times\times} - 4^{\times\times}$ 各点的放射线，与以 $O^\times$ 为圆心的同心圆弧对应相交，得到 $4^\# - 4^\#$、$4^\times - 4^\times$，曲线连接后，即完成展开。

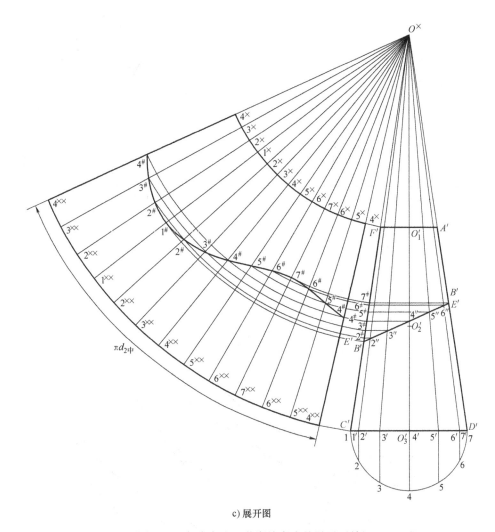

c) 展开图

图 5-12 任意角度二节渐缩弯头的展开（续）

实例 13 任意角度四节渐缩弯头的展开

结构介绍：如图 5-13a 所示，这是一个任意角度四节渐缩弯头，根据已知尺寸 d_1、d_2、R、α、δ 画出放样图，放样图如图 5-13b 所示。

展开分析：无论是任意角还是 90°角，分节角度的原则不能变，即两头为一、中间为二。只要节数已定，那么，每节的角度就确定出来，本例是四节，只要把 α 分成六分即可，两头各占一分，中间二节各占二分。

操作步骤：求相贯线。按照已知尺寸 d_1、d_2 和放样图 5-13b 中的中心线叠加长 $O_1 \sim O_5$，画出展开图 5-13c。在图 5-13c 中，过 $O_2 \sim O_4$ 三点作 $O^\times E'$ 的垂线，相交边线得到交点至 O_2、O_3、O_4 的距离，就是 r_2、r_3、r_4。接下来，分别截取 r_2、r_3、r_4 三个半径长，返回到放样图 5-13b 中，对应 O_2、O_3、O_4 三点，画三个圆。然后分别过 A、N、E、F 四点以及中间三个圆作公切线，相交出 BM、CH、DG，就是相贯线。

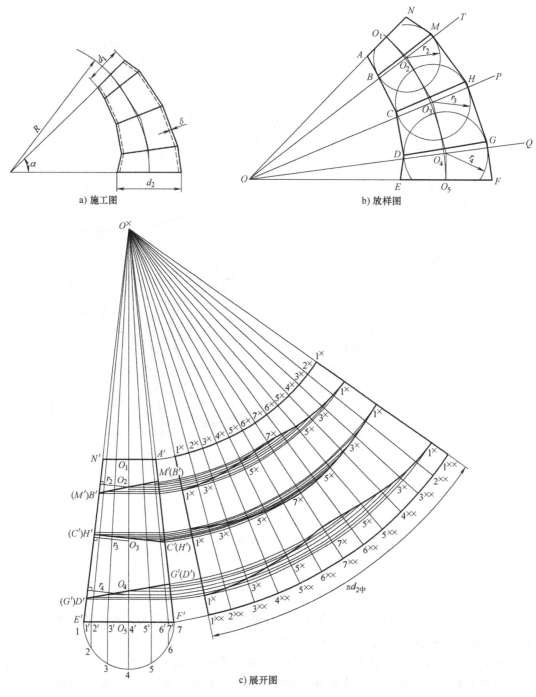

a) 施工图　　　　　　　　　　b) 放样图

c) 展开图

图 5-13　任意角度四节渐缩弯头的展开

　　展开：如图 5-13c 所示，截取 AB、BC、$\cdots$、GF 各线段长，移到展开图中交替叠加是 $A'F'$，展开步骤同上例，故不重述。

实例 14　双向四节渐缩三通的展开

　　结构介绍：如图 5-14a 所示，这个构件是由两个 90°四节渐缩弯头对称组合而成。

展开分析：根据已知尺寸 R、d_1、d_2、α、δ 画出放样图，放样图如图5-14b所示，因为是左右对称，所以只画一半。

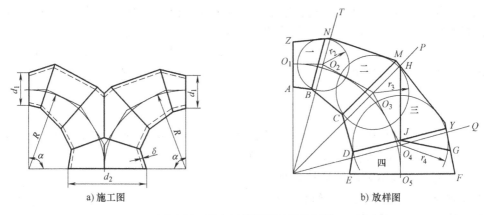

a) 施工图　　　　　　　　　b) 放样图

图5-14　双向四节渐缩三通的展开

操作步骤：求相贯线。首先是分角度，因为是四节，并且是90°角，所以两头各节分别是15°角，中间两节各是30°角。根据已知大小口尺寸和放样图中的 O_1—O_5 中心线叠加长度，画出展开图5-14c，在5-14c中过 O_2—O_4 三点，分别作 $O^{\times}E'$ 的垂线，得到垂足至 O_2—O_4 三个线段长，就是所求 r_2、r_3、r_4。得到 r_2、r_3、r_4 后，回过来到图5-14b中，分别以 O_2—O_4 为圆心，以 r_3—r_4 为半径画弧，然后过 AZ、EF 四点和中间三个圆作圆弧的公切线，得到交点的连线 BN、CM、DY，即为相贯线，同时，本例是左右对称件，因此，HJG 又是对称分割的相贯线。

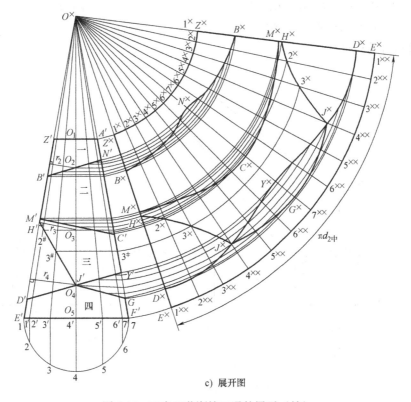

c) 展开图

图5-14　双向四节渐缩三通的展开（续）

展开：如图 5-14c 所示，将放样图中的 *AE* 和 *ZF* 各线段长，分别交叉截取到展开图中，然后再将 *HJG* 线截取到展开图中，得到这些线段，就是将正圆锥斜截后的结果。过锥体表面分割素线和各斜截线的交点（未注符号）作水平线，相交于 $O^×F'$ 线上，以 $O^×$ 点为圆心，分别以各实长线为半径画弧，与 12 等分的放射线 $1^{××}$—$1^{××}$ 相交，得到 $D^×J^×G^×J^×D^×E^×E^×$ 为四节的展开。$M^×C^×M^×H^×$—$2^×$—$3^×$—$J^×Y^×J^×3^×$—$2^×$—$H^×$ 为三节展开。$B^×N^×B^×M^×C^×M^×$ 为二节展开。$Z^×Z^×B^×N^×B^×$ 为一节的展开。一、二、三节需要两块料，四节只需一块料。

实例 15　异径对称二圆台相交圆管三通的展开

结构介绍：如图 5-15a 所示，这是一个由两个锥度不同的正圆台与圆管相交的三通，根据已知尺寸 d_1、d_2、a、b、h、α、δ 画出放样图。

展开分析：本例不采取铲坡口处理，故按外皮放样，类似这种形式的组合，都是按外皮放样。放样图如图5-15b所示。

操作步骤：求相贯线。与前几例渐缩弯头相同，本例的构件相贯线也是直线型，它是基于两个或两个以上的旋转体同切于一个球体的原理。在管一、二、三，3 条中心线的交汇处，定为 *O* 点，以 *O* 点为圆心，以 d_2 外皮为半径画圆，然后过 *A*、*I*、*C*、*D*、*F*、*G* 六点作该圆的公切线，得到交点 *B*、*N*、*M*、*H*、*E*，连接 *BN*、*MH* 得交点 *J*，连接 *EJ*，则 *BJE*、*EJH* 是三管组合的相贯线。

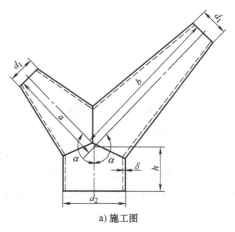

a) 施工图

图 5-15　异径对称二圆台相交圆管三通的展开

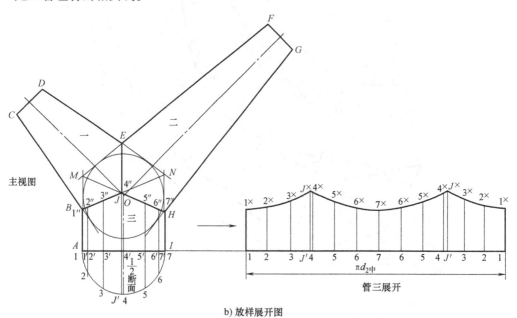

b) 放样展开图

图 5-15　异径对称二圆台相交圆管三通的展开（续）

展开：管三的展开，用平行线法。将管三断面图 12 等分，交点是 1~7，过 1~7 投到下口和相贯线，分别是 1′~7′和 1″~7″，过 J 点投到断面是 J′点。在 d_2 中径周长线段上，将圆周 12 等分为 1~7~1，同时将断面中的 J′-4 长移过去。过各点作线段的垂线，把主视图中的各素线按编号截取到展开图中，得到 1×—1× 即为展开图形。

管二的展开，用放射线法，为了使图面清晰，因此，将展开图移出来作。如图 5-15c 所示，作圆锥大口周长的 12 等分。过等分点 2~6 作中心线的平行线，得 2′~6′点，与 O× 连线，交相贯线是 2″—6″，过 2″~6″点作中心的垂线，相交边线是 2⁺~6⁺，即实长线。过 J 点与 O× 连线得到 J′，投到断面是 J″点。以 O× 为圆心，分别以 O×—G、O×—E⁺、O×—2⁺、…、O×—7 为半径画同心圆弧，在 O×—7 弧线上截取 M×M× 长，等于大口中径周长。将 M×—M× 弧长 12 等分得到 1—1，截取 4—J″等于断面中 4—J″。过等分点 1~1 与 O× 连线，得同名编号交点 E×J×J×E×G×F×，是管二展开图。

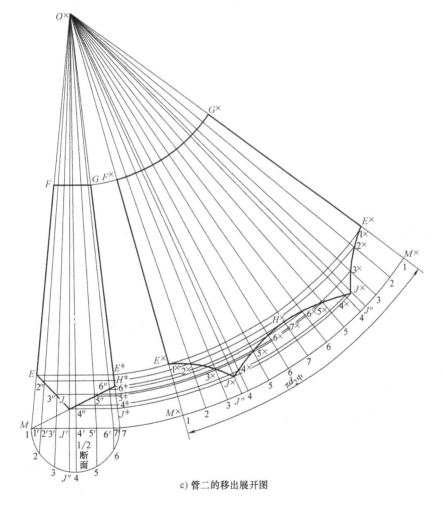

c) 管二的移出展开图

图 5-15　异径对称二圆台相交圆管三通的展开（续）

管一的展开如图 5-15d 所示，方法与管二相同，故不再重述。

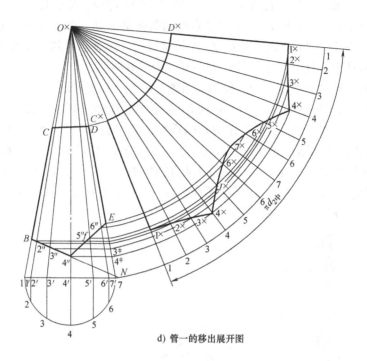

d) 管一的移出展开图

图 5-15　异径对称二圆台相交圆管三通的展开（续）

实例 16　等径三圆台相交四通的展开

结构介绍： 如图 5-16a 所示，这是一个主支管等径相交的构件，根据已知尺寸 a、h_1、h_2、d_1、d_2、α、δ 画出放样图，放样图如图 5-16b 所示。

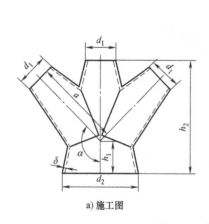

a) 施工图

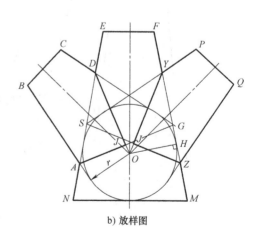

b) 放样图

图 5-16　等径三圆台相交四通的展开

展开分析： 像这种结构形式的构件，可以是两个圆台相交，也可以是三个圆台相交，可以是等径圆台相交，也可以是不等径圆台相交，都是可以根据需要来改变的。正因为是用切圆法求出它的相贯线，这就相当于大口是等径的，所以相贯线都是直线型。但这里需要指出，这个直线型相贯线不是唯一的结果，如果用剖切面法求本例的相贯线，其相贯线的形状则不是直线的，而是曲线的，并且 J 点也没有那么尖，是圆滑的。由于直线型相贯线求法简单，所以容易被采用。

操作步骤：求相贯线。首先求切圆半径 r，在放样图中，过 O 点作 FM 的垂直线，得垂足 H，则 OH 就是所求的 r 半径。然后过 B、C、P、Q 四点作以 O 为圆心，以 r 为半径规圆的公切线，与 EN 相交得出 A、S、D 三点，与 FM 相交得 Y、G、Z 三点，连接 AG、DO、YO、SZ 线，得交点 J，于是线段 AJ、JD、YJ、JZ 就是所求的相贯线。

展开：主管的展开，如图 5-16c 所示，作大口 $\frac{1}{2}$ 断面，并且分出 6 等分，编号 1~7，过 2~6 点作中心线的平行线，交大口投影线是 2′—6′，作 O× 连线，与相贯线相交是 2″—2″、…、6″—6″。过 J 点与 O× 连线，相交下口线是 J′，将 J′ 投到断面是 J″。过 AJD 间的各点作中心线的垂线，相交边线是 1‡—7‡，即实长线。以 O× 为圆心，分别以 O×M、O×—7‡、O×—2‡、…、O×F 为半径画同心圆弧，在 O×M 弧线上，截取大口中径周长，并分出 12 等分，同时将 J″ 点移画过去，与 O× 连线，同名点相交得出 1×—J×—1× 和 J×—7×—J×—7×—J× 为开孔。E×—1—1—E× 所包括的部分为主管展开。

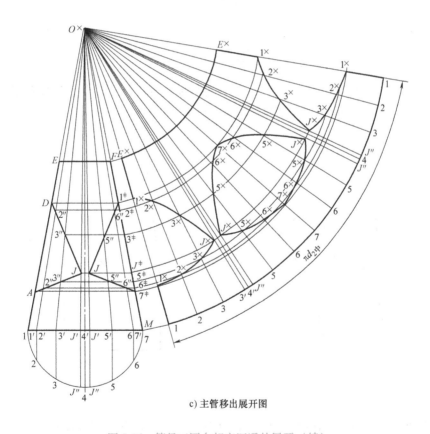

c) 主管移出展开图

图 5-16　等径三圆台相交四通的展开（续）

两支管的展开如图 5-16d 所示，展开步骤与主管相同，故不再重述。

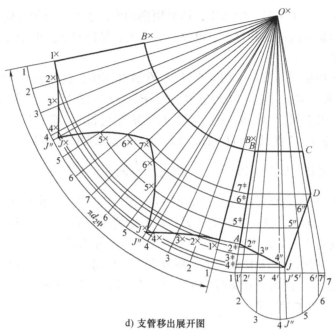

d) 支管移出展开图

图 5-16　等径三圆台相交四通的展开（续）

实例 17　异径二圆台相交圆管的展开

结构介绍：如图 5-17a 所示，这是一个小正圆台斜插在大正圆台上与圆管相交体。已知尺寸有 h、d_1、d_2、d_3、a、α、δ，放样图如图 5-17b 所示。

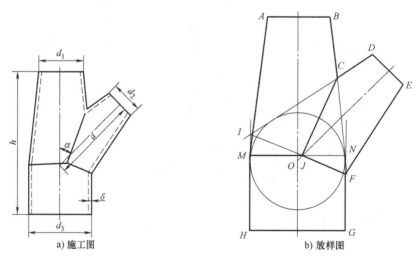

a) 施工图　　　　　　　　　　b) 放样图

图 5-17　异径二圆台相交圆管的展开

操作步骤：求相贯线。在图 5-17b 中，以 O 点为圆心，以圆管直径 d_3 尺寸画圆，过 A、B、D、E、H、G 六点作该圆的公切线，于是，大圆台与圆管的公切线相交出 M、N 两点，小圆台与圆管的公切线相交出 I、F 两点，大圆台与小圆台相交出 C 点。分别用直线连接 MN、IF 四点，得到新交点 J，连接 CJ 两点，线段 MJ、CJ、FJ 就是三管相交的相贯线。

顺便指出，本例与上例的板厚处理方法都是外皮。小圆台的展开如图 5-17c 所示，大圆台的展开如图 5-17d 所示，圆管的展开如图 5-17e 所示，说明略。

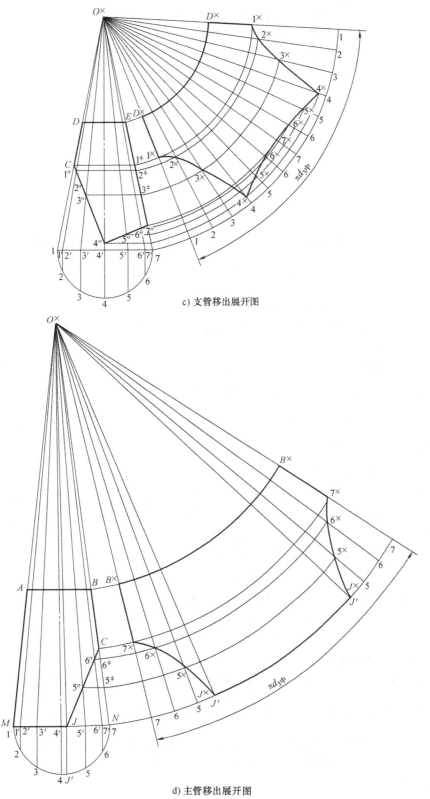

c) 支管移出展开图

d) 主管移出展开图

图 5-17 异径二圆台相交圆管的展开（续）

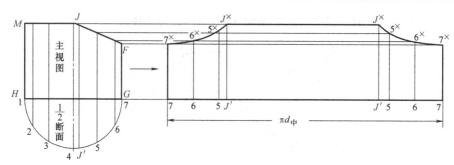

e) 主圆管的移出展开图

图 5-17　异径二圆台相交圆管的展开（续）

实例 18　二合一变径 V 形三通的展开（一）

结构介绍： 如图 5-18a 所示，这是一个由二等径斜圆台对称组成的 V 形三通管。这种形式的结构无须求相贯线，它的对称轴就是直线型相贯线。

展开分析： 按照外皮放样，根据已知尺寸 a、h、d_1、d_2、δ 画出放样图，放样图如图 5-18b 所示，因为是对称结构，所以只画一半即可。

操作步骤： 求实长线。这一半的构件相当于是斜圆台被垂直剖切一刀，这个剖切面就是 AB 线。在 $\frac{1}{2}$ 俯视图中，将半圆周 6 等分，等分点是 $1\sim7$，将 $2\sim6$ 点与 O 连接，就完成了形体的表面分割在俯视图中的投影。由于只有 O—2、O—3 两条素线与相贯线相交，所以需将这两条素线投到主视图中去，即图中的 $O^{\times}$—$2'$，$O^{\times}$—$3'$。两素线与相贯线相交的点分别是 $2''$ 和 $3''$。在平面中，以 O 为圆心，O—2、O—3、$\cdots$、O—6 为半径，分别画弧，与中心线相交于 $1\sim7$ 点，得交点 $2^{\ddagger}\sim6^{\ddagger}$，与 $O^{\times}$ 点连线，即完成各素线的实长。同时，过 $2''$、$3''$ 两点作水平线，与之对应的实长线相交，得到 2^{+} 和 3^{+} 点，得到了这两点到 $O^{\times}$ 点的实长线。

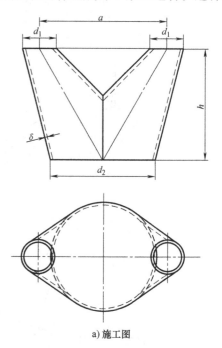

a) 施工图

图 5-18　二合一变径 V 形三通的展开（一）

展开图： 以 $O^{\times}$ 为圆心，分别以实长线 $O^{\times}$—1、$O^{\times}$—$2^{\ddagger}$、$O^{\times}$—$3^{\ddagger}$、$\cdots$、$O^{\times}$—7，$O^{\times}$—1^{+}、$O^{\times}$—2^{+}、$O^{\times}$—3^{+}、$O^{\times}$—$1^{\ddagger}$、$O^{\times}$—4^{+}、$O^{\times}$—$7^{\ddagger}$，$O^{\times}$ 到小口各实长线上交点（未注符号）为半径画同心圆弧。以展开图中的 1 点为起点，以大口中径 $\frac{1}{12}$ 周长为半径，依次画弧，相交邻弧线上，得到对应交点 $1\sim7^{\times}\sim1$，与 $O^{\times}$ 连线，构成放射线，与对应弧线相交，得到交点 $1^{\times}$、$2^{\times}$、$3^{\times}$、$4^{\times}$、$7^{\times}$ 等。最后，$1^{\times}$—$7^{\times}$—$1^{\times}$—$1^{\times}$—$4^{\times}$—$7^{\times}$—$4^{\times}$—$1^{\times}$ 所包括的部分为所求的展开图。

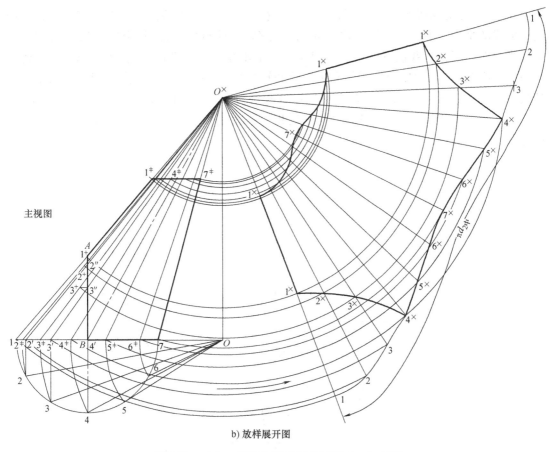

b) 放样展开图

图 5-18 二合一变径 V 形三通的展开（一）（续）

实例 19 二合一变径 V 形三通的展开（二）

结构介绍：如图 5-19a 所示，这是一个由不等径二斜圆台组成的 V 形三通管。

展开分析：与上例相比，它的区别在于不等径，自然相贯线不再是直线型，因此需要单独求出。根据已知尺寸 a、b、d_1、d_2、d_3、h、δ 画出放样图，放样图如图 5-19b 所示。

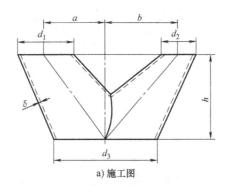

a) 施工图

图 5-19 二合一变径 V 形三通的展开（二）

操作步骤：求相贯线。从放样图中看，主视图中的 *M*、*N* 两点是必然的相贯点，但中间的形式却是未知的。由于组成构件的二圆台都是斜圆台，因此每个平行端面的切面都是规则圆形。于是，我们可以用水平切面法来求出相贯点，即图中的 *AC* 和 *BD* 线。将上述切面的四圆心 O_4、O_5、O_7、O_8 和圆周的回转半径 *A*、*B*、*C*、*D* 四点投到俯视图中，得到交点 O_4'、O_5'、O_7'、O_8'，*A'* ~ *D'*。分别以这八点为圆心和半径画圆，相交出 *E*、*F* 两点，将 *E*、*F* 两点投到立面中，与 *AC*、*BD* 对应相交，就是 *E'*、*F'* 点。到此，*MF'E'N* 就是二锥体相交的相贯线。

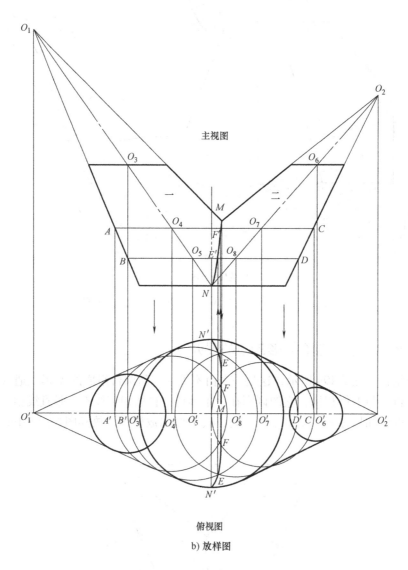

图 5-19　二合一变径 V 形三通的展开（二）（续）

锥管一的移出展开如图 5-19c 所示，锥管二的移出展开如图 5-19d 所示，至于展开的方法和步骤与上例相同，这里不再重述。

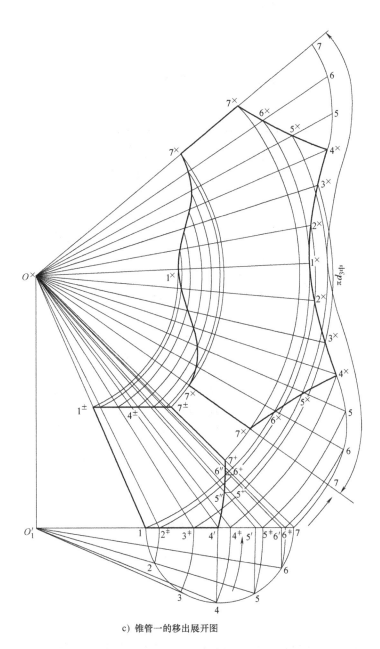

c）锥管一的移出展开图

图 5-19　二合一变径 V 形三通的展开（二）（续）

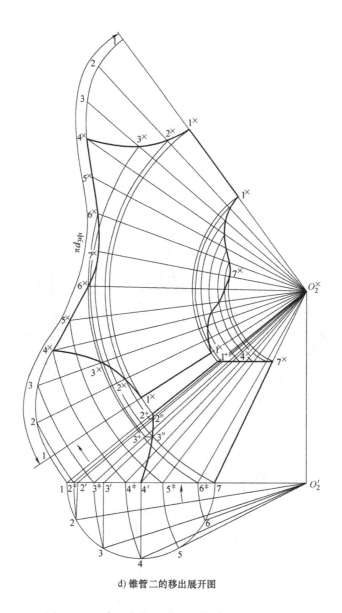

d) 锥管二的移出展开图

图 5-19　二合一变径 V 形三通的展开（二）（续）

实例 20　二合一变径 V 形三通的展开（三）

结构介绍：如图 5-20a 所示，与上两例相比，它区别在于是一个正圆台和一个斜圆台组合的 V 形三通管。根据已知尺寸 a、h、d_1、d_2、d_3、δ 画出放样图，放样图如图 5-20b 所示。

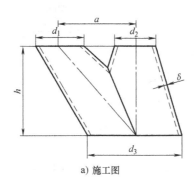

a) 施工图

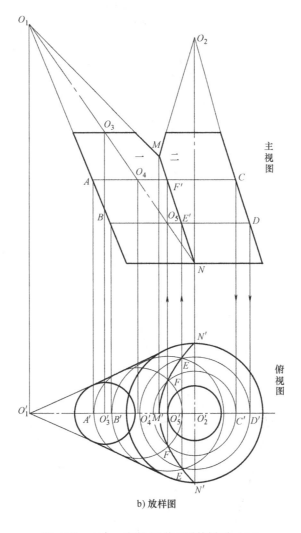

b) 放样图

图 5-20　二合一变径 V 形三通的展开（三）

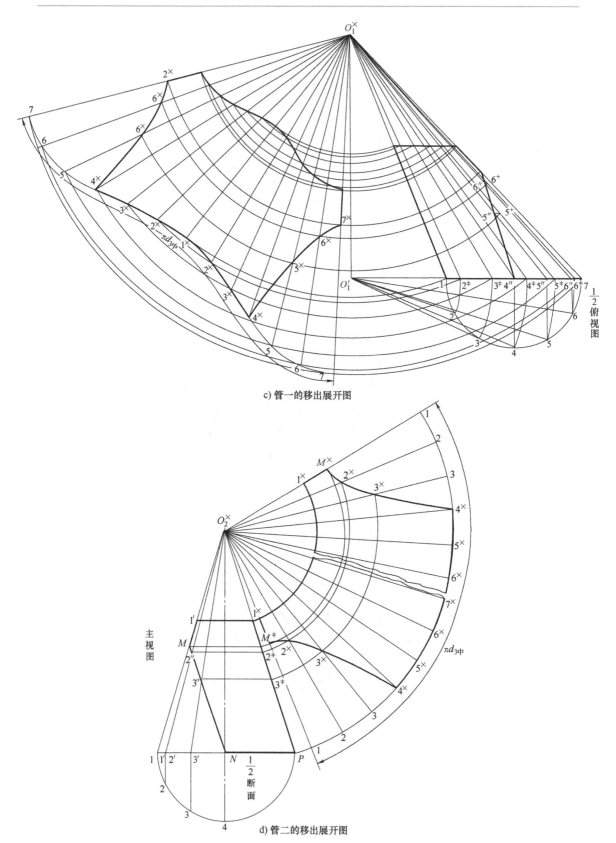

c) 管一的移出展开图

d) 管二的移出展开图

图 5-20 二合一变径 V 形三通的展开（三）（续）

操作步骤：求相贯线。由于是一个正圆台和一个斜圆台的结合体，所以仍然用水平剖切面法求相贯线更为简便。在主视图中适当的位置选定两个切面，即图中的 AC 和 BD 线。然后将得到的 O_4、O_5 两个圆心，和 A、B、C、D 四个圆周的回转半径点投到俯视图中，得到交点 O_4'、O_5'，$A' \sim D'$。分别以 O_4' 为圆心，以 $O_4'A'$ 为半径画圆，以 O_5' 为圆心，以 $O_5'B'$ 为半径画圆，以 O_2' 为圆心，以 $O_2'C'$、$O_2'D'$ 为半径画圆。得到同层切面交点 E、E、F、F，将 M、N 两点投到俯视图中，于是 $N'EFM'FEN'$ 就是所求的相贯线。将 F、E 两点投到主视图的切面线上，得到交点是 F'、E'，则 $MF'E'N$ 就是主视图中的相贯线。

展开：管一的移出展开如图 5-20c 所示，步骤同上例，故不重述。

管二的移出展开如图 5-20d 所示，简述如下：将 $\frac{1}{4}$ 断面 3 等分为 1~4，过 2、3 两点作垂线交下端口是 $2'$、$3'$，与 $O_2^\times$ 连线相交相贯线是 $2''$ 和 $3''$ 点。过 M、$2''$、$3''$，各点作水平线，相交 $O_2^\times P$ 线上是 M^+、2^+、3^+ 三点，这三点到 $O_2^\times$ 点的长度便是实长线。以 $O_2^\times$ 为圆心，以 $O_2^\times—1'$、$O_2^\times M^+$、$O_2^\times—2^+$、$O_2^\times—3^+$、$O_2^\times P$ 为半径分别画同心圆弧，在 $O_2^\times P$ 弧上截取 1—1 等于中径展开周长，并分出部分 12 等分点，过各等分点与 $O_2^\times$ 连线，得到同名编号 $1^\times—M^\times—4^\times—4^\times—M^\times—1^\times$ 就是管二的展开图。

实例 21　二合一变径 V 形三通的展开（四）

结构介绍：如图 5-21a 所示，这也是一个变径 V 形三通，但它与前三例都不同，弄清楚它们之间的区别，对于我们作形体表面展开，起着重要的作用。

展开分析：由图中可以看出，组成三通的主管和支管，虽然都是锥管，但它们都不是正圆台，也不是斜圆台，更不是斜截圆台。它不同于两斜圆台相交，或者是两个正圆台相交，或者是正圆台与斜圆台相交，也不同于切圆法求相交相贯线。它实际是两个不规则的曲面锥体，是人为的相交相贯线。它相当于一个平面将大锥体斜切后，得到相贯线的断面图形，由这个断面图形来决定小锥体的部分形状和尺寸。

操作步骤：根据已知尺寸 a、h、d_1、d_2、d_3、α、δ 画出放样图，放样图如图 5-21b 所示。分别 6 等分下口大圆以及两个小圆口的 $\frac{1}{2}$ 断面图，得等分点 1~7，过各圆的等分点向各自的端口作垂线，分别得到交点 $2' \sim 6'$、$2^+ \sim 6^+$、$2^\pm \sim 6^\pm$，连接大锥管两端的各点，$2'—2^+$、$3'—3^+$、…、$6'—6^+$，与直线型相贯线相交出 $2''$、$3''$ 两点。然后，连接小锥管小口到大口的连线，即 $6^\pm—2''$、$5^\pm—3''$、…、$2^\pm—2''$。在作展开图之前，必须先求出相贯线的断面实形。

求实长线：主管实长如图 5-21c 所示，支管实长如图 5-21d 所示。以主管 $6'—7$，$6'—6^+$ 为例，截取放样图中的 $6'—7$，$6'—6^+$ 到实长图中，作垂线并截取半宽 g、d 在垂线上，连接梯形的腰，那么，$6'—6^{++}$ 和 $6'—7^+$ 就是实长线。再以 $3'—3^+$ 为例，截取投影线长 $3'—3^+$，到实长图上，作两端垂线，截取相应的半宽 e、h，连接垂直线上的交点，则梯形的腰 $3'—3^{++}$ 就是实长线。同时，将投影线 $3'—3''$ 截取到该梯形上，作截点处高的垂线，相交出 $3''$ 点，得到半宽 b_1，这半宽 b_1 就是相贯线断面图的半宽。同样也是将投影线长 $2' \sim 2^+$ 两端作垂线，并作垂线的半宽点 d、g，连接垂线的交点，梯形的腰 $2'—2^{++}$ 就是实长线。同时，将投影线 $2' \sim 2''$ 截取到该梯形上，作截点处高的垂直线相交出 $2''$ 点，得到半宽 b_2，b_2 也是相贯线断面图的半宽。

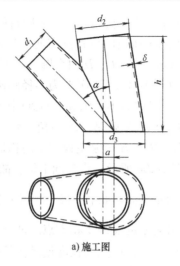

a) 施工图

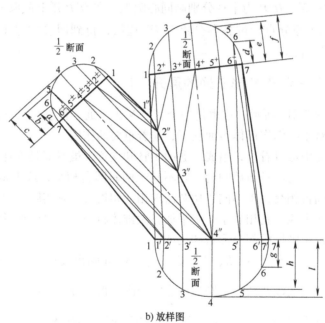

b) 放样图

图 5-21　二合一变径 V 形三通的展开（四）

相贯线断面图求法：如图 5-21c 所示。作一组垂线，$1''$—$4''$ 垂直 AA。使 $1''$—$2''$—$3''$—$4''$ 的间距等于放样图中的同名编号线段长，过 $3''$ 和 $2''$ 两点作 AA 的平行线，编号是 BB 和 CC，截取 A—$4''$ 等于放样图中的 l 长，截取 B—$3''$ 等于实长图中的 b_1 长，截取 C—$2''$ 等于实长图中的 b_2 长，将上述交点 A、B、C、$1''$，用曲线光滑顺序连接，即得到相贯线的断面图。

展开：三角形法，如图 5-21e 所示。这是支管的展开图，作线段 $1^×$—$7^×$ 等于放样图中 $1'$—7，以 $1^×$ 为圆心，以放样图中大口断面 1—2 长为半径画弧（中径），与以 $7^×$ 点为圆心，实长线 $2'$—$7^±$ 长为半径所画弧，相交出 $2^×$ 点。以 $7^×$ 点为圆心，以放样图中小口断面 7—6 长为半径画弧（中径），与以 $2^×$ 点为圆心，以实长线 $2'$—$6^{±+}$ 长为半径所画弧，相交出 $6^×$ 点。以下用同样方法作出所有的交点，但应注意，相贯线处的弧长取之于图 5-21c 断面图。主管的展开如图 5-21f 所示，其方法与支管展开相同，故不再重述。

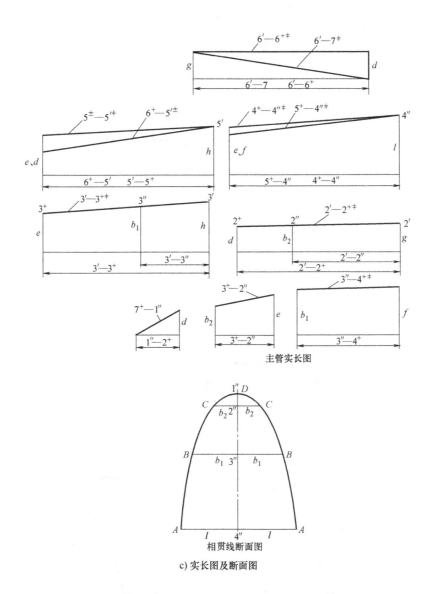

主管实长图

相贯线断面图

c) 实长图及断面图

图 5-21　二合一变径 V 形三通的展开（四）（续）

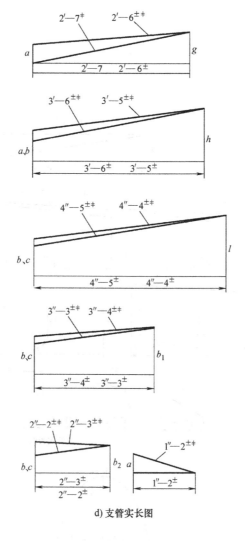

d) 支管实长图

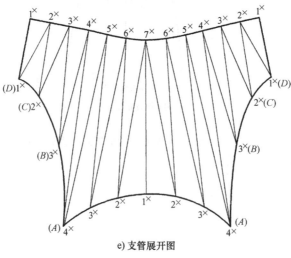

e) 支管展开图

图 5-21　二合一变径 V 形三通的展开（四）（续）

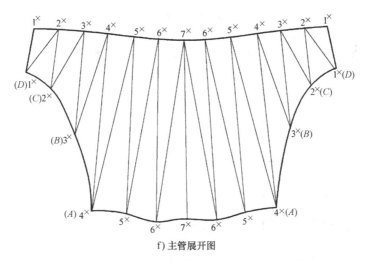

f) 主管展开图

图 5-21 二合一变径 V 形三通的展开（四）（续）

实例 22 二合一变径偏心 V 形三通的展开（五）

结构介绍：如图 5-22a 所示，这是由两个斜圆台对称组成的构件。但在俯视图上看，两个小口的圆心和大口的圆心不在一条直线上，那斜圆锥的中心线在主视图中就不反映实长，因此，就不能直接展开，需采用变换投影面法进展开。

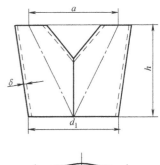

操作步骤：根据已知尺寸 a、h、d_1、d_2、α、δ 画出放样图，放样图如图 5-22b 所示。首先在俯视图中作一次换面旋转轴线 X_1O_1，使 X_1O_1 平行于 $O-1$，分别过 O、O_1、O_2 三点作 X_1O_1 的垂线，截取 h' 等于主视图 h 的高度，并通过大小口直径的尺寸连线，相交出 O' 点。至此，完成了一次投影面的变换。

求相贯线：素线定位法。在俯视图中，以 $O-1$ 为基准线，将大口圆 12 等分，编号为 1~12，过各等分点与 O 连线，其中与相贯线交点有 $4'$、$3'$、$2'$、$1'$、$12'$、$11'$。过 1~12 和 $4'$~$11'$各点作 X_1O_1 的垂线，1~4 点与 X_1O_1 相交是 $1''$~$4''$，然后与 O' 连线，恰好与 $4'$~$11'$ 投下的垂线相交，得同名编号 $4^\#$~$11^\#$，将 J_1、J_2 投下来是 J_1'、J_2'。用光顺的曲线连接 J_1'~$4^\#$、…、J_2'，即完成求相贯线。

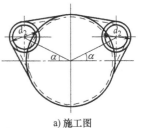

a) 施工图

图 5-22 二合一变径偏心 V 形三通的展开（五）

求实长线：用旋转法。在平面中，过 2~6 各点作以 O 为圆心的同心圆弧，与 $O-1$ 线相交是 2^+~6^+，投到 X_1O_1 轴线上是 $2^\pm$~$6^\pm$ 各点，与 O' 连线，即为各素线投影的实长线。过 $4^\#$、$3^\#$、$2^\#$、$12^\#$、$11^\#$各点作 X_1O_1 的平行线，与同名实长线相交，得 $4°$~$11°$各点就是相贯点与 O' 之间的实长线。

展开：用放射线法，以 O' 为圆心，分别以 $1''$、$2^\pm$、$3^\pm$、…、$6^\pm$、$7''$、$4°$~$11°$，以及小口的水平线与实长线交点，$1^\vee-4^\vee-7^\vee$ 为半径画同心圆弧，在 $O'-7''$ 弧线上，任取一点为 $7^\times$，以大口周长的 $\frac{1}{12}$ 为定长，依次截取相交邻弧上，得到交点分别是 $6^\times$、$5^\times$、4~11、$10^\times-7^\times$。

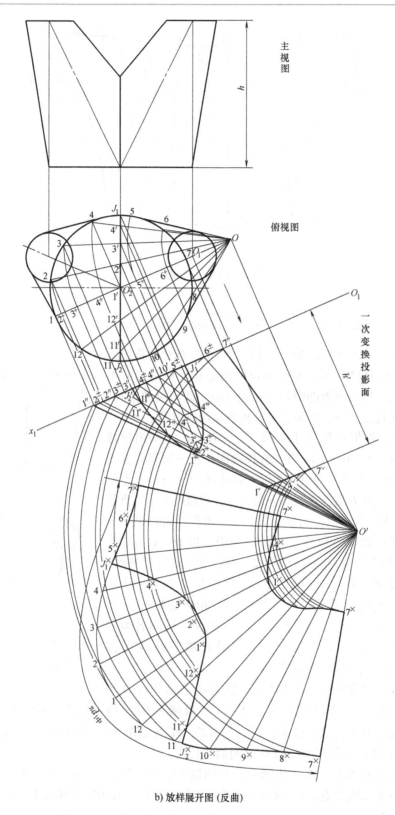

主
视
图

俯视图

一
次
变
换
投
影
面

b) 放样展开图 (反曲)

图 5-22　二合一变径偏心 V 形三通的展开 (五)（续）

过上述各点与 O' 连线，与小口的同弧线相交于 $7^x \sim 4^x \sim 1^x \sim 7^x$，与相贯点弧线交于 $4^x \sim 1^x \sim 11^x$。截取俯视图 $5—J_1$ 和 $11—J_2$ 弧长，移到展开图各对应的编号间，得到交点 J_1^x，J_2^x。用光滑曲线连接各点，$7^x—J_1^x—1^x—J_2^x—7^x—7^x—1^x—7^x$ 的部分是展开图，右侧部分是反曲、左侧是正曲。

实例 23　正圆台直交圆管的展开

结构介绍：如图 5-23a 所示，这是一个正圆台正交圆管。根据已知尺寸 a、b、h_1、h_2、d_1、d_2、δ 画出放样图，放样图如图5-23b 所示。圆台按里皮放样，圆管按外皮放样。

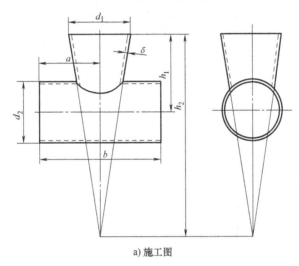

a) 施工图

图 5-23　正圆台直交圆管的展开

操作步骤：求相贯线。在左视图中，将圆台大口 $\frac{1}{2}$ 断面 6 等分，等分点是 1～7，过 2～6 点作铅垂线，得到 $2' \sim 6'$ 点与 O 连线，相交圆管得到 $1'' \sim 7''$ 点，即相贯点。在主视图中作圆台大口 $\frac{1}{2}$ 断面 6 等分，等分点是 4、(3) 5、(2) 6、(1) 7、……。过各点作铅垂线并与 O' 连线，与侧面图 $1'' \sim 7''$ 点投过来的高度一一对应，得交点 $4^* \sim 7^* \sim 4^*$，用曲线光滑连接各点，便完成求相贯线。如果是不展开圆管开孔，就不需要作这一步，只需要侧面图的相贯线就可直接展开圆台。

展开：在左视图中，以 O 为圆心，以 $O—7$ 为半径画弧，并在弧上任取一点为 4，截取 4、5、6、…、4 的 12 等分弧长等于大口中径周长，过 12 等分与 O 连线。

过侧面相贯点 $4''$、$5''$、$6''$ 作水平线，相交 $O—7$ 线是 4^+、5^+、6^+。以 O 为圆心，以 $O—4^+$，$O—5^+$，$O—6^+$，$O—7^+$ 为半径画同心圆弧，与大口放射线编号相对应得到 $4^x \sim 4^x$ 各点，用平滑曲线连接，即完成展开。

在主视图中 $O'—7$ 线的延长线上，取一点 4，以 4 为中心，将左视图中 $4''—3''$、$3''—2''$、$2''—1''$ 各点中径弧长，依次截取在 $O'—7$ 线上，并过各点作水平线，把主视图中 $4^*—4^+$、$5^*—5^+$、$6^*—6^+$ 的长度移到对应的编号线上，得到交点 $1^x \sim 7^x$，用平滑曲线光滑连接各点，即完成孔的展开。

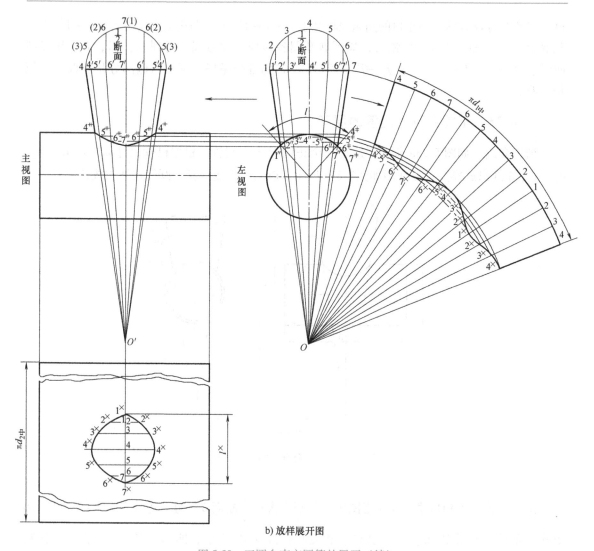

b) 放样展开图

图 5-23 正圆台直交圆管的展开（续）

实例 24 斜圆台相交圆管的展开

结构介绍：如图 5-24a 所示，这是一个斜圆台与圆管相交。根据已知尺寸 a、h_1、h_2、d_1、d_2，画出放样图，放样图如图 5~24b 所示，斜圆锥按里皮放样，圆管按外皮放样。

操作步骤：求相贯线。先在左视图中作斜圆锥大口 $\frac{1}{2}$ 断面的 6 等分，等分点是 1~7，投在端口线上是 2'~6'，与 O 连线，各素线与圆管相交是 1"~7"。然后，在主视图中作 $\frac{1}{2}$ 断面 6 等分，编号是 4、5（3）、6（2）、7（1）、6

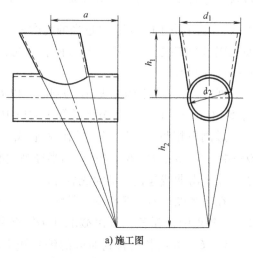

a) 施工图

图 5-24 斜圆台相交圆管的展开

（2）、5（3）、4，过各等分点向下作铅垂线与端口线相交是 5′~7′~5′，将 5′~7′~5′ 与 O' 相连，得到正面素线投影与侧面 1″~7″ 点投过来的素线高相交，获得同名编号交点是 4^+、5^+、6^+、7^+、6^+、5^+、4^+，用曲线光顺各点，即完成求相贯线。

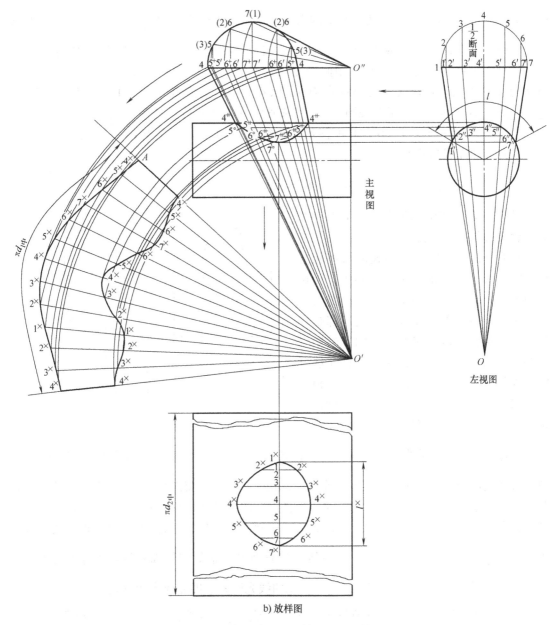

图 5-24　斜圆台相交圆管的展开（续）

　　求实长线：用旋转法。在主视图中，过 5~7（1）~5 各点画以 O'' 为圆心的同心圆弧，与大口端面投影线相交，得交点是 5^+、6^+、7^+、6^+、5^+。这一步过程的实质是：断面图和 O'' 构成了俯视图，通过旋转圆弧，使空间任意倾斜存在的各素线，变成相对平行于立面的倾斜线段，于是这些线段在立面的投影就是实长线。显然将 5^+~5^+ 各点与 O' 连接，得到的投影线都是实长。过各相贯点 5^+、6^+、7^+、6^+、5^+ 作水平线，与同名编号的实长线对应相交、得到的 5°、6°、7°、6°、5°各点就是这些点到顶点 O' 的实长线。

展开：用放射线法，在主视图中，作以 O' 为圆心，以 O'—4、O'—5^+、O'—6^+、O'—7^+、…、O'—4、O'—4^{*}、O'—5^{*}、O'—6^{*}、O'—7^{*}、…、O'—4^{*} 为半径的同心圆弧。在 O'—4 圆弧上，选定一点 A 作为对口缝起点 4^{x}，以大口中径周长的 $\frac{1}{12}$ 为半径，依次画弧相交相邻弧线上，得到 4^{x}~4^{x}~4^{x} 各点，与 O' 连线，构成放射线，与小口相交部分的同名弧线相交，得到 4^{x}~4^{x}~4^{x} 各点。最后，用曲线光顺各点，4^{x}—4^{x}—4^{x}—4^{x} 即为斜圆台的展开图。过 7^{*} 点作铅垂线，并在线上选出一点为 4，以 4 为中心，截取 4—3、4—5、3—2、5—6、6—7、2—1 各点间长，等于左视图中 $1''$~$7''$ 圆管中皮弧展开长。过 2~6 点作水平线，把主视图中 4^{*}—4^{*}、5^{*}—5^{*}、6^{*}—6^{*} 的长度移到对应的编号线上，得到交点 1^{x}~7^{x}，用平滑的曲线光顺各点，即完成孔的展开。

实例 25　斜圆台偏心相交圆管的展开

结构介绍：如图 5-25a 所示，这是一个斜圆台偏心与圆管相交。

展开分析：类似这种形式的形体相交构件，无论是正圆锥，还是斜圆锥，无论大口相交，还是小口相交，其求相贯线的方法和展开方法都是相同的。它们都是利用素线定位法来求相贯线，正圆锥的展开不用每一条素线求实长，而斜圆锥在展开时必须将每一条实长线都单独求出。根据已知尺寸 a、b、h_1、h_2、d_1、d_2、δ 画出放样图，放样图如图 5-25b 所示。

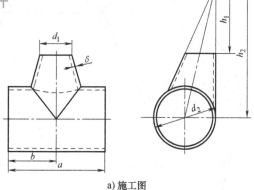

a) 施工图

图 5-25　斜圆台偏心相交圆管的展开

操作步骤：求相贯线。在左视图中，作斜圆锥 $\frac{1}{2}$ 平面 6 等分，等分点是 1~7，过 2~6 各点投在端口线上是 $2'$~$6'$，与 O^{x} 点连线后，相交主管的各交点是 $1''$~$7''$（$7''$ 没标注，因它与 7、O'' 点是重合的）。这 $1''$~$7''$ 点就是二形体相交的相贯点。如果不开孔的话，就无须画主视图，在实际工作中，有时是将支管展开后，压制成形放在主管上画出开孔线的。将主视图中斜圆锥 $\frac{1}{2}$ 断面 6 等分，同样投到端口线上与 O' 连线，恰好与侧面相贯点投过来的水平线对应相交，得出主视图的相贯点为 1^{*}~7^{*}，用曲线光顺各点即完成求相贯线。

求实长线：用旋转法。在俯视图中，斜圆锥等分点素线投影是 2~6 点，与 O'' 连线，过上述各点作以 O'' 为圆心的同心圆，相交于端口线上（未注符号），将这些交点与 O^{x} 连线，便得到斜圆锥各素线的实长。过各相贯点 $2''$~$6''$ 作水平线，与同名实长线相交得到的 $2°$~$6°$ 点，就是各点分别到 O^{x} 点的实长。同样每一条实长线与上口水平线相交，得到 2^{*}~6^{*} 各点，也是 O^{x} 点到小口各素线的实长。

展开：用放射线法。在左视图中，作以 O^{x} 点为圆心，以 O^{x}—1、O^{x}—7，以及各素线的实长线、O^{x}—$1''$、O^{x}—$2°$、O^{x}—$3°$、O^{x}— $4°$、O^{x}—$5°$、O^{x}—$6°$、O^{x}—1^{*}、…、O^{x}— 4^{*}、…、O^{x}—7^{*} 为半径的同心圆弧。在以 O^{x}—$4'$ 的实长线为半径圆弧上，选定一点 A 作为对口缝起

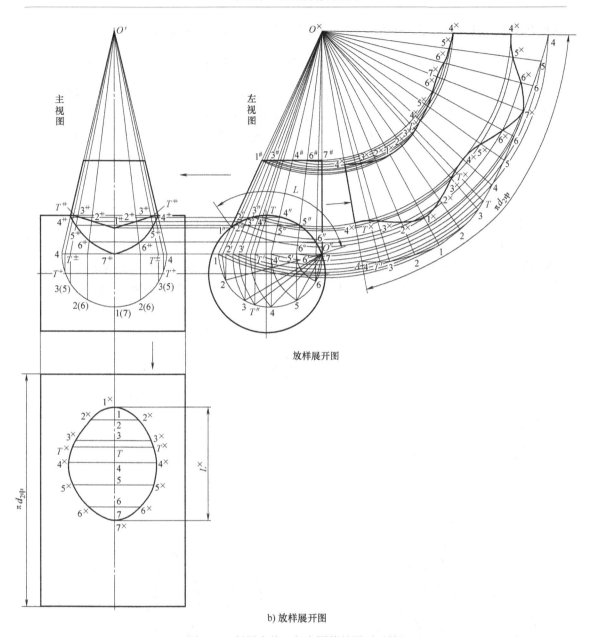

b) 放样展开图

图 5-25　斜圆台偏心相交圆管的展开（续）

点 4，以斜圆锥大口中径周长的 $\frac{1}{12}$ 为半径，依次画弧相交在邻弧线上，得到的交点是 4~4~4。

将各点与 $O^{\times}$ 连线形成放射线，与相贯点的 2°~6°等各点弧线相交是 $4^{\times}~4^{\times}~4^{\times}$ 点，与小口的 $1^{\#}~4^{\#}~7^{\#}$ 各点的弧线相交是 $4^{\times}~4^{\times}~4^{\times}$，最后，用平滑的曲线光顺各点，$4^{\times}—4^{\times}—4^{\times}—4^{\times}$ 所包括的曲线部分为支管展开图。在主视图中作 $O'—7^{\#}$ 的延长线，确定一点 1。依次将侧视图中 $1''—2''$、$2''—3''$、…、$6''—7''$ 间的弧线伸直移过来，过各点作水平线，截取立面中 $6^{\#}~6^{\#}$，$5^{\#}~5^{\#}$……$2^{\#}~2^{\#}$ 到各同名的编号线上，得到交点 $1^{\times}~7^{\times}$，用平滑曲线光顺各点，即完成开孔展开。

最后，需说明的是，T 点是二形体相交的最高点，为了展开的准确性，必须将 T 点反映在展开图中。具体作法是：在左视图中，过 T 点与 O^x 连线，相交下端口为 T' 点，过 T' 点作铅垂线，相交 $\frac{1}{2}$ 平面是 T'' 点。在斜圆锥的展开图中，截取 4—T 等于俯视图中 4—T'' 弧长。过 T 点与 O^x 连线，与同名弧线相交，得到相贯点 T 的展开点 T^x。在孔的展开中，将 T'' 点反映在主视图的断面图中是 T^+ 点，过 T^+ 点向上作铅垂线是 $T^\#$ 点，与 O' 连线，相交主管是 T'' 点。截取左视图中 4''—T 弧长伸展成直线，移到孔的展开中，并过 T 点作水平线，截取 $T''T^\#$ 长到 T 线上，得到 T^x、T^x 两点。

实例 26　三合一三脚四通的展开

结构介绍：如图 5-26a 所示，这是一个由三根渐缩管组成的四通。

展开分析：它的相贯线是人为的直线型相贯线，由于这是由三个相同的不规则曲面体组成（既不是正圆台，也不是斜圆台），因此，用人为相贯线最方便快捷，根据已知尺寸 h、R、d_1、d_2、α、δ 画出放样图，放样图如图 5-26b 所示，因为三个管相同，所以只需画一个即可。

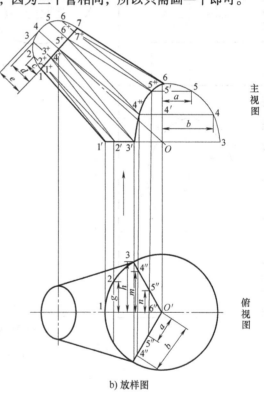

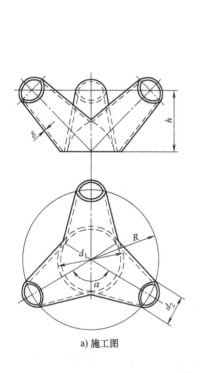

a) 施工图　　　　　　　　　b) 放样图

图 5-26　三合一三脚四通的展开

操作步骤：求相贯线。在主视图中，设定三根管的交汇处投影高等于已知尺寸 $\frac{d_1}{2}$，于是以 O 为圆心，以 $\frac{d_1}{2}$ 为半径画 $\frac{1}{4}$ 圆弧，并 3 等分，等分点是 3、4、5、6，过 4、5 两点向左作水平线，与中心线 O—6 相交，得 4'、5' 两交点，以及两点高度的投影半宽 a、b。然后，分别将 a、b 线段长度"搬"到俯视图中的相贯线上，得出对应点 4''、5''。过 4''、5'' 两点向上作铅

垂线，与水平线 4—4′ 和 5—5′ 的延长线相交，得出对应交点 4ᵗ、5ᵗ。用曲线连接 3′、4ᵗ、5ᵗ、6
各点，就是主视图相贯线的投影。平分俯视图中 1—3 弧，把点投到主视图中，得到 1′、2′、
3′点。

求实长线（梯形法）：如图 5-26c 所示。截取主视图中 6⁺—6 线投影长到实长图中，在线
段的一端取 c 长等于断面图中半宽 c 长，连接 6⁺—6ᵗ，即线段 6⁺—6 实长线。截取 6⁺—5ᵗ线段
投影长到实长图中，一端垂直线取半宽 c 长，另一端垂直线取平面中半宽 n 长，连接 6⁺—5ᵗ，
即 6⁺—5ᵗ实长线。截取 5⁺—5ᵗ线段投影长到实图中，一端垂直线取半宽 n 长，另一端垂直线取半
宽 d 长，连接 5⁺—5ᵗ，即 5⁺—5ᵗ实长线，以下用同样方法作出所有的投影线实长。

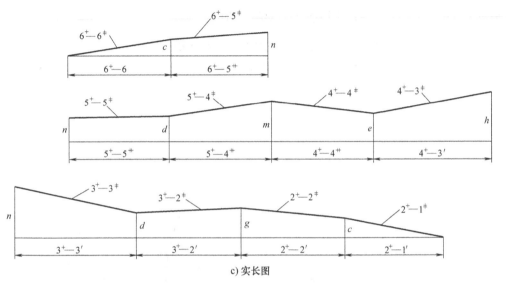

c) 实长图

图 5-26　三合一三脚四通的展开（续）

展开图（三角形法）：如图 5-26d 所示。作线段 6ˣˣ—7ˣ 等于主视图中 7—6 长，以 7ˣ 为圆
心，以小口中径周长 $\frac{1}{12}$ 为半径画弧，与以 6ˣˣ 为圆心，实长线 6⁺—6ᵗ 为半径所画弧，相交出 6ˣ
点。以 6ˣˣ 点为圆心，以大口中径 6—5 长为半径画弧，与以 6ˣ 点为圆心，以实长线 6⁺—5ᵗ 长为
半径所画弧，相交出 5ˣˣ 点。同样以 6ˣ 点为圆心，以 6ˣ—7ˣ 长为半径画弧，与以 5ˣˣ 为圆心，以
实长线 5⁺—5ᵗ 长为半径所画弧，相交出 5ˣ 点。以下用相同的方法作出全部交点，最后用曲线光
滑连接 1ˣ—1ˣ、1ˣˣ—1ˣˣ、1ˣ—1ˣ—1ˣˣ—1ˣˣ 所包括的部分为一节的展开图。

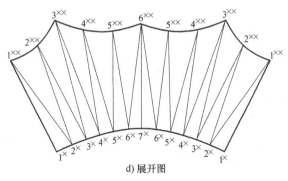

d) 展开图

图 5-26　三合一三脚四通的展开（续）

实例 27　三合一 W 形四通的展开

结构介绍：如图 5-27a 所示，这是一个由三个圆台呈一定角度在同一平面内对称排列的组合体，其中一个是正圆台，两个是近似圆台的不规则体。

展开分析：它的相贯线是人为直线型，根据已知尺寸画出放样图，放样图如图 5-27b 所示。

操作步骤：求断面实形。首先，作主管的表面分割。将 $\frac{1}{2}$ 平面 6 等分，等分点是 1~7，因为是左右对称，所以只画右边一半。过 4、5、6 三点向上作垂线，与端口投影线 BH 相交是 4′~6′，然后过 4′~6′点与 O 连线，相交相贯线得交点

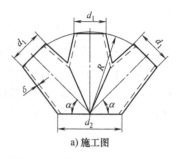

a) 施工图

图 5-27　三合一 W 形四通的展开

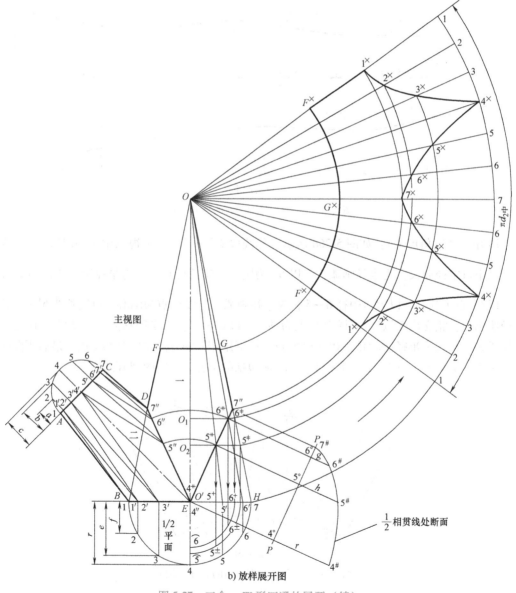

b) 放样展开图

图 5-27　三合一 W 形四通的展开（续）

$4^{\#}$、$5^{\#}$、$6^{\#}$，至此，已完成了主管表面分割。过 $5^{\#}$、$6^{\#}$ 两点作水平线，与中心线相交，得 O_1、O_2 两点，与边线相交得交点是 5^+、6^+，过 5^+、6^+ 两点向下作垂线，与端口线相交（未注符号），以 O' 为圆心，以这两点到圆心距离为半径画弧，得 5—6 弧。过主视图中 $5^{\#}$、$6^{\#}$ 点向下作垂线，与 BH 线相交，得 5^+、6^+ 点，与同名弧线得到对应交点是 5^*、6^* 点，于是，5^+—5^* 和 6^+—6^* 便是相贯线处断面半宽值。作 PP 线平行于相贯线，过 $4^{\#}$、$5^{\#}$、$6^{\#}$、$7''$ 四点作 PP 的垂直线，截取 4°—$4^{\#}$、5°—$5^{\#}$、6°—$6^{\#}$ 分别等于大口半径 r、5^+—5^*、6^+—6^*，用曲线光顺 $4^{\#}\sim7^{\#}$ 点，即完成相贯线处 $\frac{1}{2}$ 断面实形。以上是为了一线多用，才过 $5^{\#}$、$6^{\#}$ 两点作水平线的。如果需要，还可以多作几条水平线，得到多个水平切面半径，只要是在相贯线的含概范围内就可以。

求实长线：在求实长线之前，先将管二表面分割。以 O' 为圆心，O'—$5^{\#}$、O'—$6^{\#}$ 为半径画圆弧，得到左侧相贯线的 $5''\sim6''$ 点。然后过小口的 $2'\sim6'$ 点，大口的 $1'$、$2'$、$3'$、$4^{\#}$、$5''$、$6''$、$7''$ 点作连线，即完成管二的表面分割。实长图如图 5-27c 所示，截取 $6'$—$7''$ 等于主视图的 $6'$—$7''$，过端点作垂线，并截取 a 值等于小口断面 a，连线 $6'$—$7''^+$ 就是实长线。截取 $6'$—$6''$ 等于主视图中 $6'$—$6''$，作端点垂直线，截取半宽 a 和 g，连线 $6'$—$6''^+$，就是实长线。以下用同样方法作出所有分割线的实长。

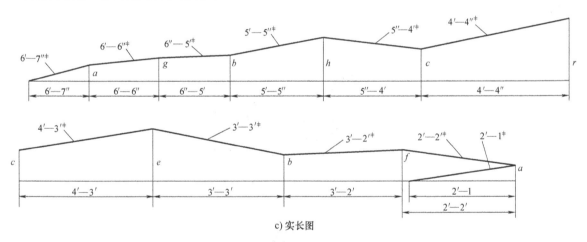

图 5-27　三合一 W 形四通的展开（续）

展开：主管展开用放射线法，过 G 点 $7''$（$1''$）、6^*、5^*、H 点作以 O 为圆心的同心圆弧，在 OH 弧上截取 1—1 等于大口中径周长，并分出 12 等分，过等分点与 O 连线，与同名弧线相交，$1^\times$—$1^\times$—$F^\times$—$F^\times$ 即为主管展开图。

管二的展开为三角形法，如图 5-27d 所示。作线段 $1^{\times\times}$—$1^\times$ 等于主视图中的 $1'$—$1'$，以 $1^{\times\times}$ 点为圆心，以小口中径周长的 $\frac{1}{12}$ 长为半径画弧，与以 $1^\times$ 点为圆心，以实长 $2'$—1^+ 为半径所画弧，相交出 $2^{\times\times}$ 点。以 $1^\times$ 为圆心，以大口平面中径周长的 $\frac{1}{12}$ 为半径画弧，与以 $2^{\times\times}$ 点为圆心，以实长线 $2'$—$2'^+$ 长为半径所画弧，相交出 $2^\times$ 点。以下用同样方法作出全部交点，但需要指出：$4^\times$—$7^\times$ 各点的间距长是从 PP 断面图中截取来的。

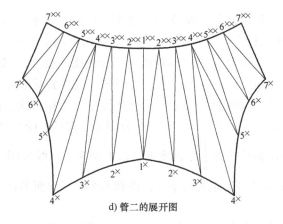

d) 管二的展开图

图 5-27　三合一 W 形四通的展开（续）

实例 28　圆管偏心斜交正圆台的展开

结构介绍：如图 5-28a 所示，这是一个圆管偏心斜交圆台的构件。根据已知尺寸 a、b、h_1、h_2、d_1、d_2、d_3、δ_1、δ_2、α 画出放样图，圆管按里皮，圆台按外皮，放样图如图 5-28b 所示。

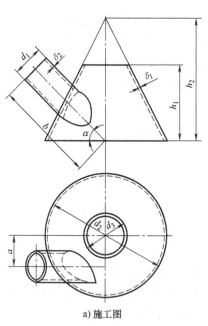

a) 施工图

图 5-28　圆管偏心斜交正圆台的展开

操作步骤：求相贯线。用任意剖切法，在主视图中作垂直于立面的剖切面。作圆管断面的 12 等分，编号是 1~12，过各等分点作轴线的平行线，与圆台边线相交是 $1^\vee \sim 7^\vee$，与大口投影线相交是 $1'' — 7''$，那么，$1^\vee — 1''$、$2^\vee — 2''$、…、$7^\vee — 7''$ 就是七个切面。在能保证相交这七条切面线的适当位置作两条线段 OA、OB，OA 和 OB 分别与七条切线相交点是 $A_1 \sim A_7$、$B_1 \sim B_7$。由素线与定位法原理将这组交点投到俯视图中，得交点 $A_1 \sim A_7$ 和 $B_1 \sim B_7$，再将 $1^\vee — 7^\vee$ 和 $1'' — 7''$ 分别投到平面，得到七个切面点轨迹，即 $1^\# — A_1 — B_1 — 1^+ \cdots 7^\# — A_7 — B_7 — 7^+$。用曲线光顺七个剖切面线，与断面图投过来的对应编号线 1′~12′ 相交，得到交点 1″~12″，就是二形体的相贯线，投到主视图中是 1″~12″，所得到的环形曲线就是所求相贯线。

　　展开：圆台的展开如图 5-28c 所示，用放射线法，过平面相贯点 1″~12″ 与 O′ 连线，相交大口边缘得交点 10°、11°、9°、…、4°、6°、5°。在主视图中，过相贯点 1″~12″ 作水平线，与边线相交是 7⁺、8⁺、…、3⁺、2⁺，这就是各相贯点所在素线的实长。以 O 为圆心，以 OF、O—2⁺、O—3⁺、…、O—7⁺、OE 为半径画同心圆弧，截取 FᵡF 为圆台大口中径周长。在 OF 弧上截取 10~5 各点间的弧长等于平面同名编号弧长。与 O 连线，相同编号的射线和圆弧相交，得到交点 1ᵡ~12ᵡ，用曲线光滑连接，即完成孔的展开，FᵡFᵡEᵡEᵡ 所得到部分为圆台展开。

　　图 5-28d 所示的是圆管的展开，作线段 7—7 长等于中径周长，并分出 12 等分。过各等分点作垂线，截取主视图 CD 线到各相贯点的距离移到展开图同名编号线上，得到 7ᵡ—7ᵡ，用平滑曲线光滑连接，7—7—7ᵡ—7ᵡ 所得到部分为圆管的展开。

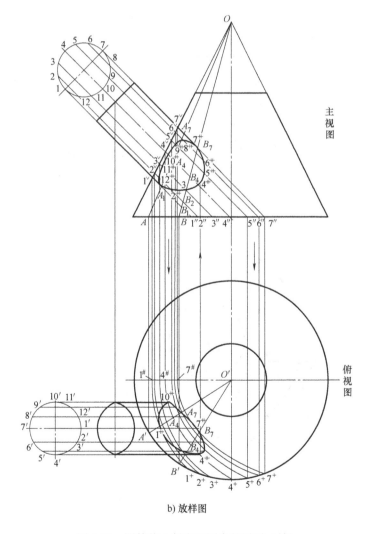

b) 放样图

图 5-28　圆管偏心斜交正圆台的展开（续）

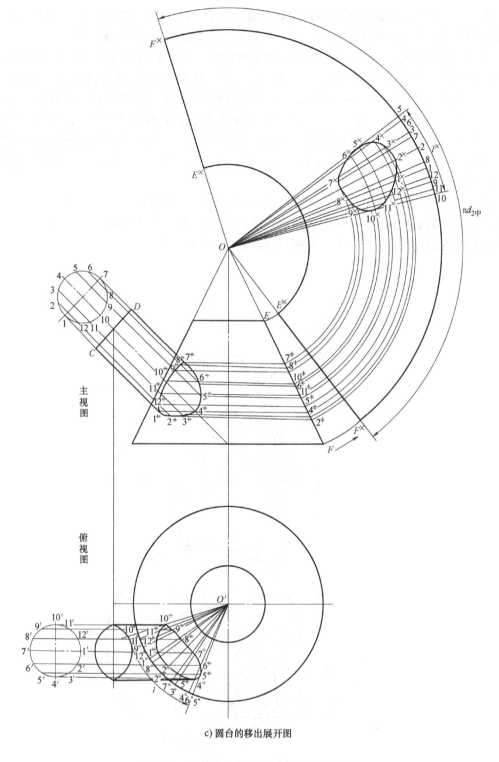

c) 圆台的移出展开图

图 5-28　圆管偏心斜交正圆台的展开（续）

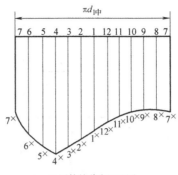

d) 圆管的移出展开图

图 5-28 圆管偏心斜交正圆台的展开（续）

实例 29 圆管水平斜交斜圆台的展开

结构介绍：施工图如图 5-29a 所示，已知尺寸有 a、b、c、h_1、h_2、h_3、d_1、d_2、α、δ，板厚处理后的放样图如 5-29b 所示。

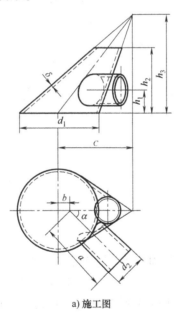

a) 施工图

图 5-29 圆管水平斜交斜圆台的展开

操作步骤：求相贯线，用水平剖切法。在主视图中，作垂直于主视图且平行于俯视图投影的切面。首先在主视图作圆管的 8 等分（因图形太小，不宜作多个切面），编号为 $1 \sim 8$，过 3、2、4、1、5、8、6，7 各点作水平线，与锥体边线相交是 $3^\vee$、$2^\vee$、$1^\vee$、$8^\vee$、$7^\vee$，与中心线相交是 O_1、O_2、O_3、O_4、O_5。于是，便得到 O_1—$3^\vee$、…、O_5—$7^\vee$ 五组剖切面的圆半径，将 $O_1 \sim O_5$ 投到俯视图是 $O_1' \sim O_5'$，将 $3^\vee \sim 7^\vee$ 投到平面是 $3^+ \sim 7^+$。以 $O_1 \sim O_5$ 为圆心，分别以 $3^+ \sim 7^+$ 为半径画弧，恰好与 $1'$—$8'$ 投过来的直线对应相交，得到五个层面上的交点，这些交点 $1^+ \sim 8^+$，就是二形相交的相贯点，投到主视图是 $1^+ \sim 8^+$，用曲线连接各点即完成求相贯线。

展开：为了使图面清晰，将展开图移出来作，如图5-29c 所示，在俯视图中分别过 $1^+ \sim 8^+$

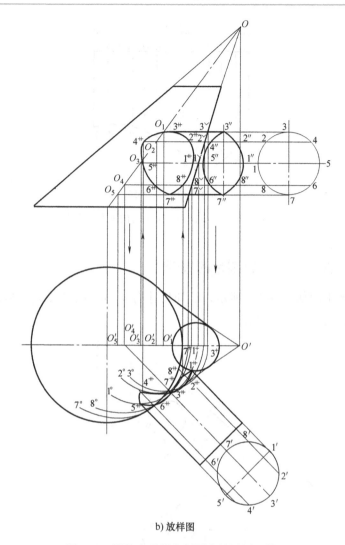

b) 放样图

图 5-29　圆管水平斜交斜圆台的展开（续）

各点与 O' 连线，相交圆台大口圆周得到 $1^\#$、$8^\#$，$7^\#$、$2^\#$、$6^\#$、$3^\#$、$5^\#$、$4^\#$点。以 O' 点为圆心，分别以 $O'—1^\#$、$O'—8^\#$、$O'—7^\#$、$\cdots$、$O'—4^\#$为半径画弧，相交水平中心线上，得到 $1^{\#'}$、$8^{\#'}$等各点，以及以 $O'A_1$、$O'A_2$ 画弧得到 A'_1、A'_2点。将上述各点投到主视，便得到交点 $A_1^\pm$、$A_2^\pm$、$\cdots$、$1^\pm$、$8^\pm$，与 O 连线，即完成各素线求实长。过主视图中相贯点 $1^\#$~$8^\#$作水平线，与对应编号实长线相交，得到 $1^\pm$~$8^\pm$，就是各点到 O 点的实长。以 O 点为圆心，分别以 OB、$O—1^\pm$、$O—8^\pm$、$O—7^\pm$、$\cdots$、OA 为半径画同心圆弧，以及 OC、OD 间的各实长线交点为半径画同心画弧。在 OB 弧上任选一点定为 $B^\times$，依次以俯视图中 $B'—1^\#$、$8^\#$，$1^\#$、$8^\#—7^\#$、$7^\#—2^\#$、$\cdots$、A_2A'中径弧长为半径，画弧相交邻弧上得各点，与 O 点连线，得到 $B^\times A^\times B^\times$、$C^\times C^\times$就是斜圆台的展开。以 O 点为圆心以 $O—1^\pm$、$O—2^\pm$、$\cdots$、$O—8^\pm$为半径画弧，同各放射线相交，得到 $1^\times$~$8^\times$各点，曲线连接各点，即完成孔的展开。

　　圆管的展开，用平行线法，如图 5-29d 所示。在圆管中径周长线段上，分出 8 等分，等分点为 1~5~1，过各点作垂线，截取同名编号线长等于俯视图中对应线长，得到 $1^\times—1^\times—1—1$ 即为圆管展开。本例二形体均为正曲。

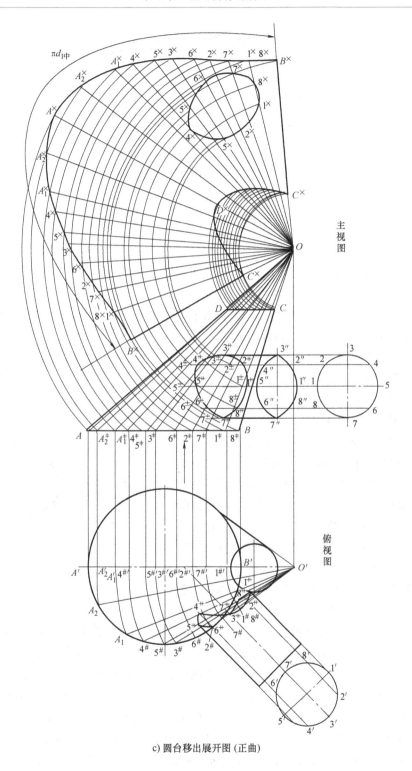

c) 圆台移出展开图 (正曲)

图 5-29　圆管水平斜交斜圆台的展开（续）

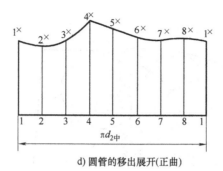

d) 圆管的移出展开(正曲)

图 5-29　圆管水平斜交斜圆台的展开（续）

实例 30　正圆台偏心斜交正圆台的展开

结构介绍：如图 5-30a 所示，这是一个由大小两个正圆台偏心斜交组成的构件。根据已知尺寸 a、h_1、h_2、h_3、d_1、d_2、d_3、δ，画出放样图，支管按照内皮，主管按照外皮放样，放样图如图 5-30b 所示。

操作步骤：求相贯线，用任意剖切法。在主视图中作垂直于立面，倾斜于平面的五个切面。即支管小圆锥断面 8 等分，投到端面上是 $1'$、$(2')$ $8'$、$(3')$ $7'$、$(4')$ $6'$、$5'$，于是形成了 O_1—$1'$、O_1—$(2')$ $8'$、$\cdots$、O_1—$5'$ 五条线段。就以这五条线段作为剖切基准，将这五个切面投到俯视图中，得到五个层面上支管和主管相交点，就完成求相贯点的目的。以 O_1—$(3')$ $7'$ 面为例说明，这一切面与主管左边线相交是 (3^+) 7^+ 点，投到平面是 $(3^±)$ $7^±$。这一切面与主管中心线相交是 $3°$ 点，引水平线相交右边线是 $3^\#$、$7^\#$ 点，投到平面是 $3°°$、$7°°$，以 O'' 为圆心，以 O''—$3°°$、$7°°$ 为半径画弧，相交中线得交点 $3^˘$、$7^˘$，这一步是利用纬线定位法来

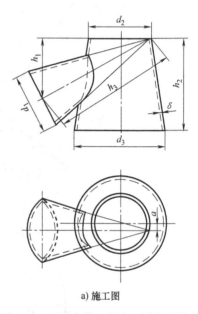

a) 施工图

图 5-30　正圆台偏心斜交正圆台的展开

确定 $3°$ 在平面中的位置。用素线定位法来确定中间部分的位置，选定二点 A、B 与 O 连线，得交点 (A_3) A_7、(B_3) B_7，投到平面是 A_3'、A_7'、B_3'、B_7'。用曲线连接 $3^˘$、$7^˘$—B_3'—A_3'—$3^±$、$7^±$—A_3'—B_3'—$3^˘$、$7^˘$，就形成主管 O_1'—$3''$、$7''$ 的剖切面，与支管剖切面 O'—$3''$、$7''$ 相交，得 $3^\#$、$7^\#$ 两个相贯点。其他四个切面作法相同，只是注意支管的相贯点 $5^\#$ 应取外皮的相交长度。

展开：移出展开图如图 5-30c 所示，主管的展开，以 $O^×$ 为圆心，以 $O^×D$、$O^×F$ 为半径画弧，在 $O^×F$ 弧上截取大口中径周长，定为 $F^×F^×$ 两点，与 $O^×$ 连线，即完成主管的展开。设主管的接缝选在 $O'^×a$ 处，那么，在平面中将 ae 圆弧四等分。过相贯点 $1^\#$~$8^\#$ 与 $O'^×$ 连线，延长各线相交圆周弧上得点 3^+、4^+、2^+、5^+、1^+、8^+、6^+、7^+。将平面中 a~e~7^+~3^+ 各点间弧长依次地"搬"到展开图中，编号是 $a^×$—$e^×$—$7^×$—$3^×$，与 $O^×$ 连线。主视图中过相贯点作水平线，与边线相交是 1^+、8^+、$\cdots$、5^+，过上述各点，作以 $O^×$ 为圆心的同圆弧，恰好与 $7^×$—$3^×$ 放射线相交，得到同名编号交点 $1^×$~$8^×$，连接环状曲线，即完成孔的展开。

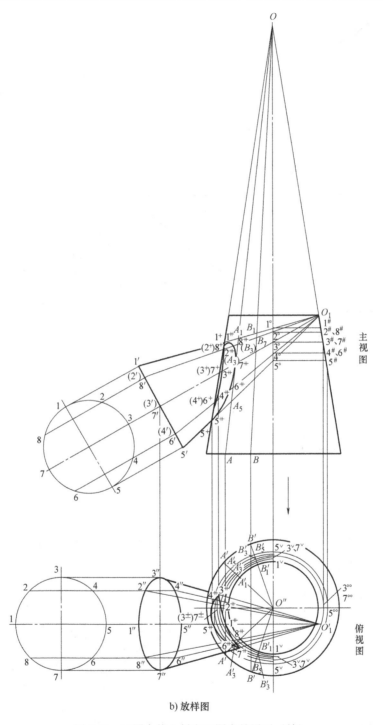

b) 放样图

图 5-30　正圆台偏心斜交正圆台的展开（续）

　　支管的展开，过 $1^{\#} \sim 8^{\#}$ 各点作水平线，与边相交得点 $1^{\ddagger} \sim 8^{\ddagger}$，以 $O^{\times}$ 为圆心，以 $O—1^{\ddagger}$、$O—7^{\ddagger}$、$\cdots$、$O—4^{\ddagger}$、$O—5^{\ddagger}$ 为半径画弧，再以 $O^{\times}—5'$ 为半径画弧，并在弧上截取 $5^{\times} \sim 5^{\times}$ 八等分等于大口周长，与 $O^{\times}$ 连线，与同名编号弧线相交，得 $5^{\times\times} \sim 5^{\times\times}$ 点，至此，$5^{\times\times}—5^{\times\times}—5^{\times}—5^{\times}$ 所包括的部分为支管展开。

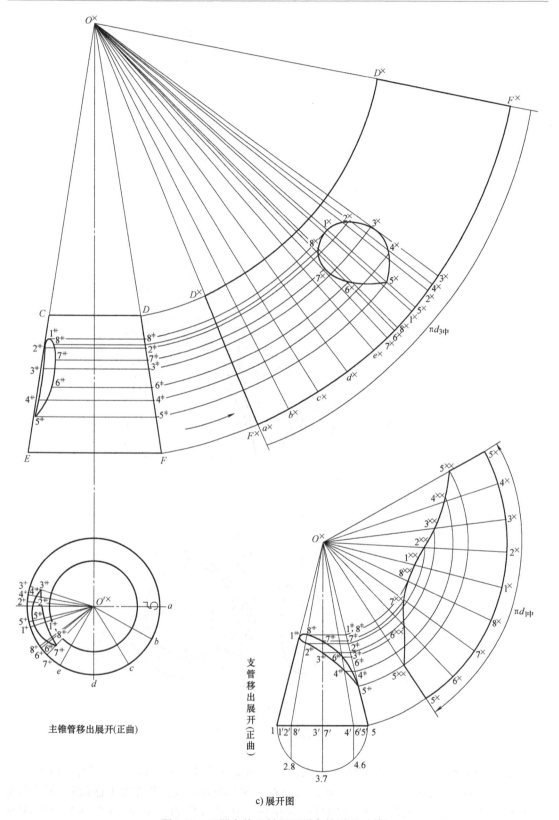

主锥管移出展开(正曲)

支管移出展开（正曲）

c) 展开图

图 5-30　正圆台偏心斜交正圆台的展开（续）

实例 31　　圆管斜交斜圆台的展开

结构介绍：如图 5-31a 所示，这是一个由圆管任意相交斜圆台的构件。已知尺寸有 a、h_1、h_2、h_3、h_4、d_1、d_2、α、δ，放样图如图 5-31b 所示。

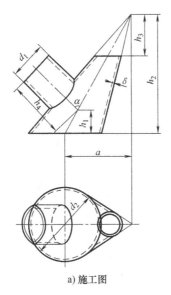

a) 施工图

图 5-31　圆管斜交斜圆台的展开

操作步骤：求相贯线，用垂直剖切法。因为是对称组合，所以作两个剖切平面，反映平面就是 3—a_3 线，4—a_2 线。用纬线定位法将这二个切面"搬"到立面中去。首先在立面中大于相贯范围的适当位置作三条水平线，与中心线相交是 O_1、O_2、O_3 三点，与边线相交是 a、b、c 三点。然后将这六点投到平面中去，分别是 O_1'、O_2'、O_3'、a'、b'、c'，于是便得到三个圆心和半径，画圆弧与 3—a_3 剖切面相交得 a_3、b_3、c_3 三点，与 4—a_2 剖切面相交得 a_2、b_2、c_2 三点，将这六点投到主视图中，与相对应的高度层纬线相交，得到 $a_3' \sim c_3'$、$a_2' \sim c_2'$。用曲线光顺 $a_3' \sim c_3'$、$a_2' \sim c_2'$，上述两个剖切面在主视图中得到体现，与对应的支管切面截交线相交，获得了相贯线 1#~5#。将相贯点投到平面中所对应的切面上，也得到 1#—8# 环形相贯点，用曲线光顺各点，便完成求相贯线。

展开：移出展开如图 5-31c 所示，在俯视图中过相贯点 1#~8# 与 O' 连线并延长到大口边缘线，得到 7+、6+、8+、5+、1+、2+、4+、3+ 各点。以 O' 为圆心，以 2+、4+、3+ 到 O' 长为半径画弧，相交中线，是 2±、4±、3± 三点，投到主视图是 2∓、4∓、3∓ 三点，与 $O^×$ 连线，便得到 2#—3#、7#—8# 六条素线的实长，过 2#、3#、4# 相贯点作水平线与对应的实长线相交，得 2˅、3˅、4˅ 三点，便是相贯点到 $O^×$ 实长。再作辅助展开素线 $a \sim e$，作以 O' 为圆心，到上述各点距离为半径的同心圆弧，与中心相交是 $b' \sim e'$，投到主视图中与 $O^×$ 连线，就是各线的实长。以 $O^×$ 为圆心，以上述各点实长为半径画同心圆弧，在 $O^× a^+$ 弧上选定一点为 $a^×$，以俯视图各点弧长分别作为半径（中径展开长）画弧，相交相邻弧线，得到 $a^× \sim 5^×$、$1^× \sim a^×$。与 $O^×$ 连线，与相贯点展开弧线和小口展开弧相交，得到开孔 $1^× \sim 8^×$ 点，小口 $f^×$—$g^×$—$f^×$ 点，用曲线光顺各点便完成主管的展开。支管展开用平行线法，作线段 1—1 等于支管中径周长，并分出 8 等分，过点作垂线，截取主视图中同各编号线长到展开图中，得到 1^x—1^x，曲线光顺各点，便完成展开。

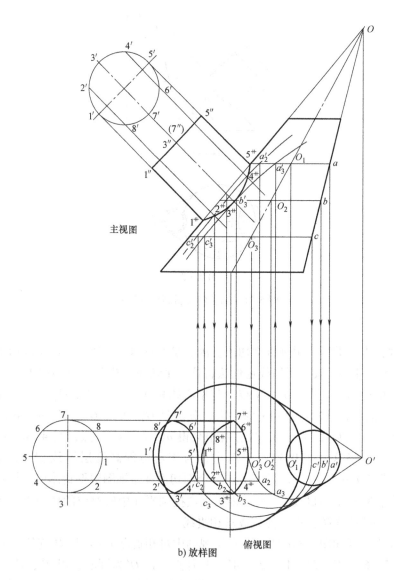

图 5-31　圆管斜交斜圆台的展开（续）

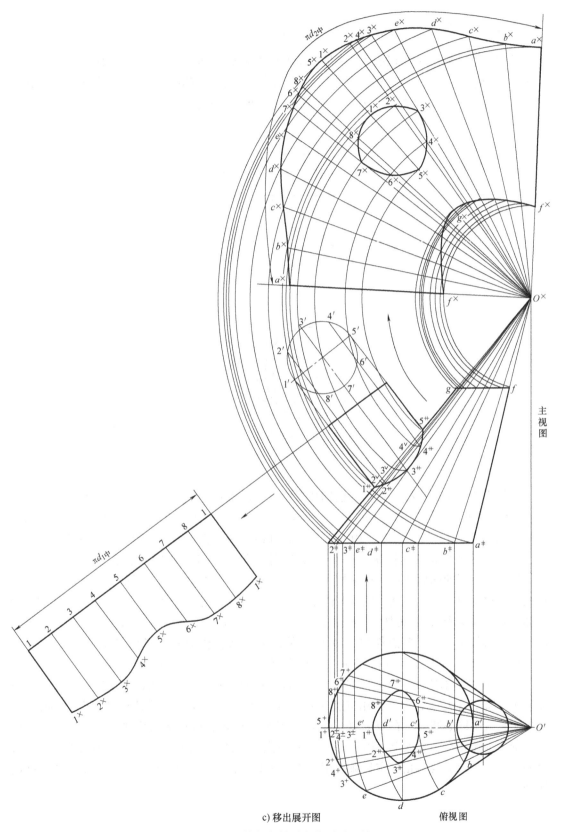

c) 移出展开图　　　　　　　俯视图

图 5-31　圆管斜交斜圆台的展开（续）

实例32　圆管垂直偏心相交斜圆台的展开

　　结构介绍：如图5-32a所示，这是一个圆管与斜圆台垂直相交构件，根据已知尺寸 a、b、c、h_1、h_2、h_3、d_1、d_2、δ，画出放样图。放样图如图5-32b所示，放样图中斜圆台按照外皮、支管按照里皮放样，但支管7—7″线长是按外皮截取展开的。

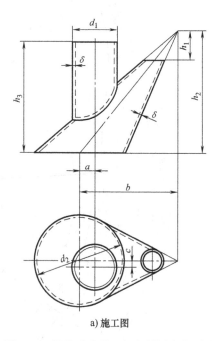

a) 施工图

图5-32　圆管垂直偏心相交斜圆台的展开

　　操作步骤：求相贯线。由于是已知相贯线，所以求解比较简单，用素线定位法。俯视图中将支管12等分，等分点为1~12，过1~12各点与 O' 连线延长到圆台下口得4′、5′、3′、6′、2′、1′、7′、12′、8′、11′、10′、9′。然后过各点向上作铅垂线，相交 AB 线得1″~9″各点，与 O 连线正好相交支管等分线1—12，得对应交点 1″~12″ 即为相贯线。

　　展开：为了使图面清晰，仍采用移出展开，移出展开如图5-32c所示，支管展开采用平行线法，故不再重述。斜圆台的展开除了整体展开之后，还有开孔展开。同时为了斜圆台的整体展开，还必须增加其他的等分点 a、b、c、…、h。过俯视图中 a、4′、5′、3′、…、11′、10′、9′、h、g、f 各点作以 O' 为圆心的同心圆弧，相交 O'—Z 线是1⁺、2⁺、…、9⁺、a'、h'、g'、f'。过上述各点作铅垂线，相交 Z^+e^+ 线于 1⁺、2⁺、…、9⁺、a^+、h^+、g^+、f^+ 各点，与 O^x 连线，获得每一条素线的实长。然后过各相贯点作水平线，相交同名实长线得各点是 1ˇ~12ˇ，于是，就得到各相贯点到 O^x 点的展开实长。用放射线法展开，以 O^x 为圆心，过各实长线画同心圆弧，在 O^xe^+ 弧上选定一点为基点 e^x，截取俯视图中 e、f、……之间弧长，依次画弧相交于邻弧上，得到 e^x~z^x~e^x 各点，用曲线光滑连接并与 O^x 连线即完成斜圆台的展开，各放射线与相贯实长弧线相交得 1ˣ~12ˣ 各点，用曲线连接各点，便完成开孔的展开。

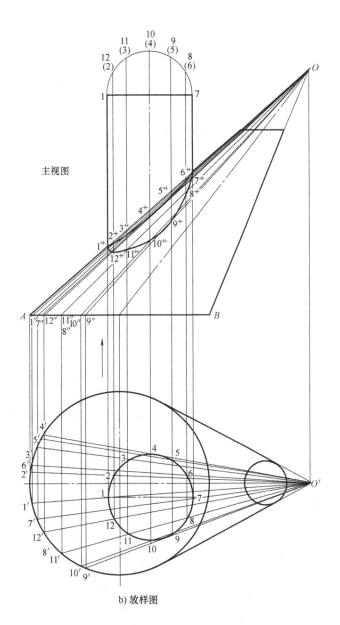

图 5-32 圆管垂直偏心相交斜圆台的展开（续）

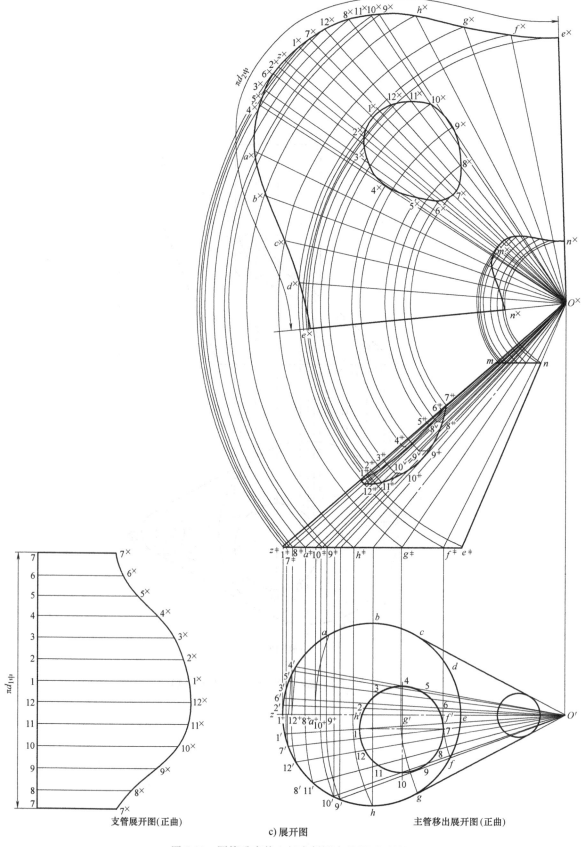

支管展开图（正曲）

c) 展开图

主管移出展开图（正曲）

图 5-32 圆管垂直偏心相交斜圆台的展开（续）

实例33 小正圆台水平相交大正圆台的展开

结构介绍：如图 5-33a 所示，这是两个正圆台相交，根据已知尺寸 a、b、h_1、h_2、h_3、d_1、d_2、δ 画出放样图。放样图如图 5-33b 所示。

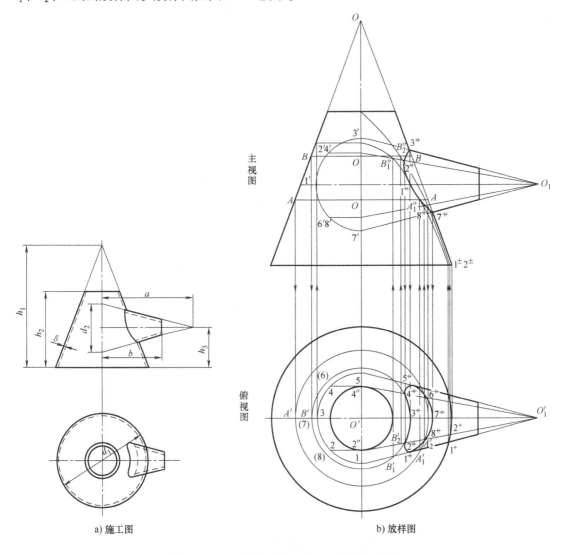

a) 施工图　　　　　　　b) 放样图

图 5-33　小正圆台水平相交大正圆台的展开

操作步骤：求相贯线，采用垂直切面求点法。俯视图中将支管断面 8 等分，编号为 1、2（8）、3（7）、4（6）、5。过 2（8）、4（6）两点作轴线的平行线，相交中心线交点是 4″、2″，与 O_1' 连线，于是，便得到 O_1'—1、O_1'—2″、O_1'—4″、O_1'—5 四个垂直切面。用纬线定位法将这四个切面"搬"到主视图中去，在主视图中适当位置作两条水平线 AA、BB，得到纬圆半径 OA、OB，投到俯视图中画圆，与四个切面相交是 B_1'、A_1'、B_2'、A_2'。投到主视图纬线上，得 B_1''、B_2''、A_1''、A_2''，以及大口交点 $1^\pm$、$2^\pm$，用曲线连接上述各点，得到两条曲线与支管等分相交，得出相贯点 2^+、1^+、8^+，再加上自然相贯点 3^+、7^+，用曲线光滑连接后，便完成求相贯线。再投回俯视图各对应的切面线上，得 1^+—8^+ 环形曲线，就是相贯线在平面的投影。

　　展开：支管的移出展开图如图 5-33c 所示，过各相贯点 $2^\#$～$7^\#$ 作水平线，与边线 PT 相交得 7^+～2^+ 各点。以 $O^\times$ 为圆心，以 $O^\times P$、$O^\times—7^+$、…、$O^\times—3^+$、$O^\times T$ 为半径画同心圆弧，在 $O^\times T$ 弧上截取中径展开周长，并分出 8 等分，与 $O^\times$ 连线，同名编号相交 $7^\times$～$3^\times$～$7^\times$ 各点，用曲线光滑连接后，得到 $7^\times—7^\times—G^\times—G^\times$ 即为支管的展开。

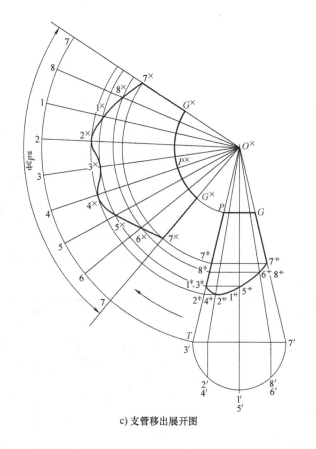

c) 支管移出展开图

图 5-33　小正圆台水平相交大正圆台的展开（续）

　　主管的移出展开如图 5-33d 所示。过各相贯点 $2^\#$～$8^\#$ 作水平线，与边线 FE 相交得 2^+～8^+，以 $O^\times$ 为圆心，以 $O^\times F$、$O^\times—3^+$、…、$O^\times E$ 为半径，分别画同心圆弧。在俯视图中，过各相贯点作与 O' 连线并延长到大口，得交点 $5^\vee$、$4^\vee$、$6^\vee$、…、$1^\vee$。在 $O^\times E$ 弧上截取中径展开周长，并分 $\frac{1}{2}$ 处定为 7、3 点（接缝选在 $O'C$ 线上），以 7、3 为基准，依次将俯视图中 $3^\vee$、$7^\vee$～$6^\vee$、…、$2^\vee$～$1^\vee$ 各点间的弧长截取在展开弧线上，与 $O^\times$ 连线，得到 $1^\times$～$8^\times$ 环形曲线即为开孔的展开，$C^\times C^\times D^\times D^\times$ 为主管的展开。

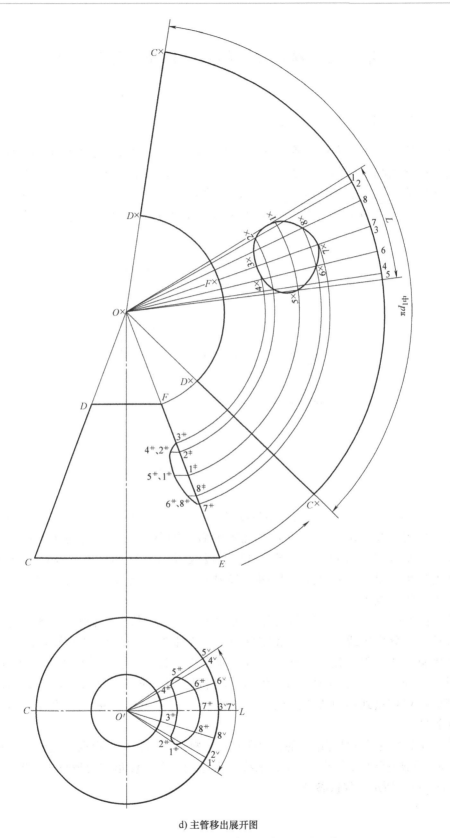

d) 主管移出展开图

图 5-33　小正圆台水平相交大正圆台的展开（续）

第二节 棱角体与棱角体相交构件的展开

实例 34 矩形管斜交方管的展开

结构介绍：这是一个矩形管斜交方管的构件，属于比较简单的棱角体构件展开，棱角体之间相交的相贯线都是由折角线组成，因此，只需求出几个关键的折角点即可。

展开分析：根据施工图 5-34a，已知尺寸 a、b、c、e、f、g、α、δ，画出放样图，支管按里皮、主管按外皮放样，但它们的展开长都应按里皮计算，放样图如图 5-34b 所示。

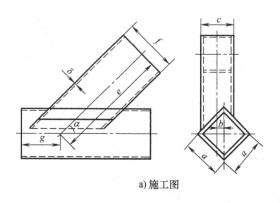

a) 施工图

图 5-34 矩形管斜交方管的展开

操作步骤：求相贯线。本例的相贯线其实是已知的，因为它在左视图中可以清楚反映出来，采用素线定位法将它投到主视图中后，即可展开。支管的 4 个棱与主管的接触点反映在左视图中分别是 E、F，主管上棱线 B 与支管的接触点反映在主视图中是 T^*。作支管断面图，并分出棱线 1—4 和特殊点 T，投到支管上与侧面投过来的 E、F 点相交，得到相贯点 1^*—4^*。

展开：平行线法。在主视图支管端面 $4'$—$1'$ 的延长线上，截取 3—3 长等于支管里皮展开长，并分出棱线 2、1、4 和特殊点 T，作垂线，截取同名编号长度线到展开图上，得到交点 3^x—3^x，用直线连接各点，便完成支管展开。主管的展开，作 DD 长等于主管里皮展开长，并分出棱线 A、B、C 和相贯点 E、F，作垂线，以主视图端面为基准，截取各相贯点到端面线长度到展开图上，得到交点 1^x—4^x，用直线连接各点，便完成主管展开。

我们所作的展开只是理论上的，但在实际下料工作中，可以根据工艺要求，制作方便，板材的幅度和焊接要求等诸多因素，来决定板缝的位置，棱角体的板材接缝形式通常有三种，如图 5-34c 所示，仅供参考。

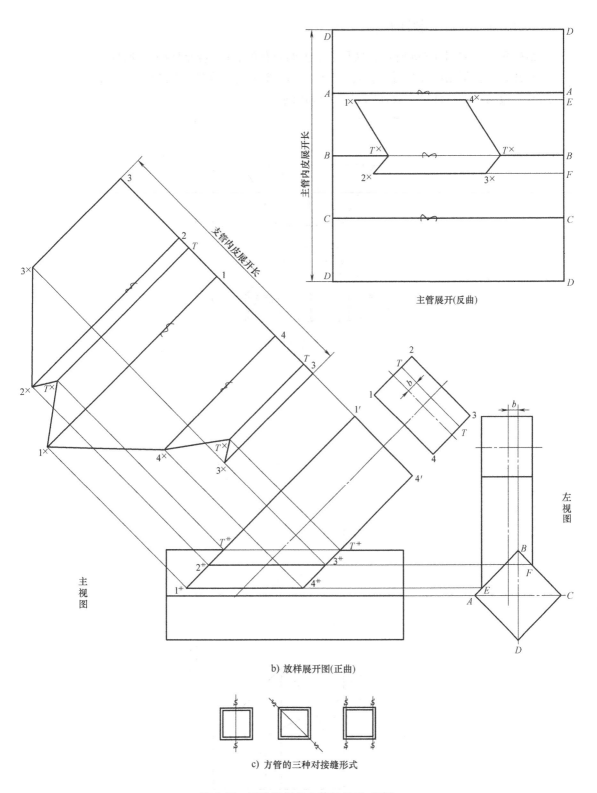

主管展开(反曲)

支管内皮展开长

主管内皮展开长

左视图

主视图

b) 放样展开图(正曲)

c) 方管的三种对接缝形式

图 5-34 矩形管斜交方管的展开（续）

实例 35　二合一斜四棱台三通的展开

结构介绍：如图 5-35a 所示，这是一个由两对称的斜四棱台组成的三通件。

展开分析：根据已知尺寸 a、b、c、h_1、h_2、δ 画出放样图，因为是对称结构件，所以只展开一边的四棱台即可，放样图如图5-35b所示。

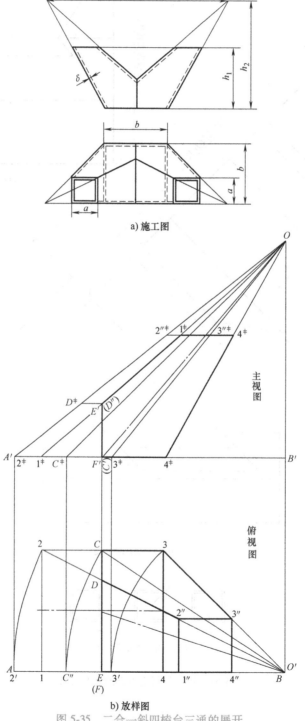

a) 施工图

b) 放样图

图 5-35　二合一斜四棱台三通的展开

操作步骤：求实长线。本例需要求实长的棱线有三条，即俯视图中的 O'—2、O'—3，还有相贯点折线 $O'C$。在俯视图分别过2、3、C 点作以 O' 为圆心的同心圆弧，相交中心线 $O'A$ 得 $2'$、$3'$、C''点。过这三点向上作铅垂线，相交 $A'B'$ 线得 2^+、3^+、C^+点，与 O 连线得到棱线和折线实长。过 D'' 点作水平线，相交 O—2^+ 线于 D^+，得到 OD^+ 线就是 D 点到 O 点的空间实长。同理 O—$2''^+$ 和 O—$3''^+$ 也是二点到 O 点的实长。O—1^+ 和 O—4^+ 在主视图反映实长，不需另求。

展开：移出展开如图 5-35c 所示，在直线 $O^\times G$ 中截取 $O^\times$—2^+、$O^\times$—1^+、$O^\times$—C^+、…、$O^\times$—4^+ 分别等于主视图中同名编号线上及相应点长，以 $O^\times$ 为圆心，分别过上述各点作同心圆弧，以 $4^{\times\times}$ 点为基准，以俯视图中大口边长为半径，依次画弧，相交在对应弧线上，即 $4^{\times\times}$—1—2—$3^{\times\times}$—$4^{\times\times}$。再确定中点 $F^{\times\times}$ 和 $C^{\times\times}$ 两点，然后分别截取主视图中 $1^+ \sim E'$ 点间长和 $2^+ \sim D^+$ 点间长，移到展开图中 $O^\times$—1 线和 $O^\times$—2 线上，得到 $E^{\times\times}$ 和 $D^{\times\times}$ 两点。同时各棱线所构成的放射线与小口实长弧线相交，$4^\times$—$1'''^\times$—$2'''^\times$—$3'''^\times$—$4^\times$ 为小口的展开，用直线连接各展开点即完成展开。

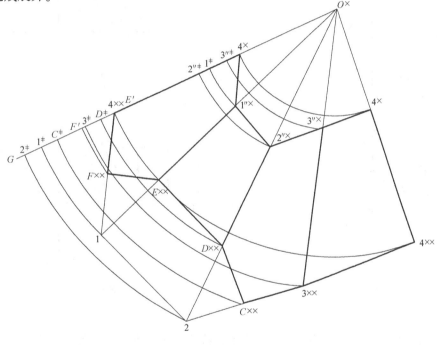

c) 移出展开图(正曲)

图 5-35　二合一斜四棱台三通的展开（续）

实例 36　矩形管偏心斜交正四棱台的展开

结构介绍：如图 5-36a 所示，这是一个由矩形管斜交正四棱台组成的构件。根据已知尺寸 a、b、c、e、f、h_1、h_2、α、δ 等画出放样图，主管按外皮放样，支管按里皮放样，但主管的展开长仍按里皮计算。放样图如图 5-36b 所示。

操作步骤：求相贯线，用切面求点法。本例所作的切面有两个，就是俯视图中过支管棱线，并且垂直于俯视图的切面。首先，作俯视图中支管断面棱角线编号1~4，并过主管棱线找出特殊点 T_1、T_2 反映在断面图上。于是俯视图中第一个切面是 $4'$—B，第二个切面是 $3'$—A，将这两个切面投到主视图中。以 J' 为圆心，分别以 $J'A$、$J'B$ 为半径画弧，相交中心

线于 A' 和 B'，过 A'、B' 两点投到主视图是 A''、B''，过两点作水平线，相交中心线于 $B^{\vee}$、$A^{\vee}$ 点。再将 C，D 两点投向主视图得 C'、D'，连接 $B^{\vee}C'$、$A^{\vee}D'$，与支管棱线相交得出 $1^{+}\sim 4^{+}$ 点。T_1''、T_2'' 两点是自然相贯点，把主视图中相贯点投到俯视图后，就得到平面相贯点 $1^{+}\sim 4^{+}$，用直线连接各点，就完成求相贯线。

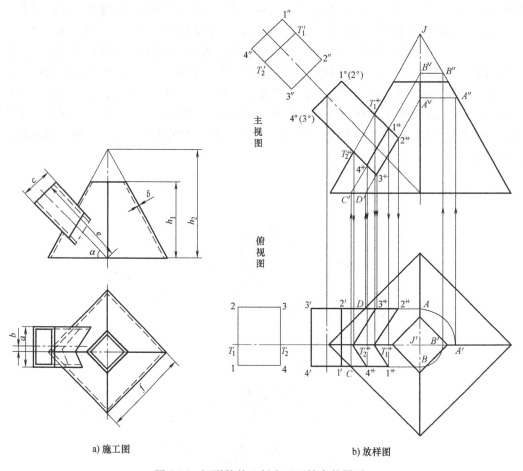

a) 施工图　　　　　　　　　　　b) 放样图

图 5-36　矩形管偏心斜交正四棱台的展开

展开：支管的展开如图 5-36c 所示，用平行线法。在里皮展开长的线段上，分出 $1\sim T_1\sim$ 2~…~1各点，过点作垂线，截取主视图中支管端口到各相贯点的长度，移到展开图同名编号线上，用直线连接各交点后，即完成支管的展开。

主管的移出展开如图 5-36d 所示，用放射线法。过俯视图相贯点 $1^{+}\sim 4^{+}$ 作与 J' 的连线并延长，相交大口边缘是 1^{+}、4^{+}、3^{+}、2^{+} 点。过上述四点作以 J' 为圆心的同心圆弧，相交中心线得 $3^{\pm}$、$2^{\pm}$、$1^{\pm}$、$4^{\pm}$ 四点。投到主视图是 3^{+}、2^{+}、1^{+}、4^{+}，并与 $J^{\times}$ 连线，过主视图中相贯点 $1^{+}\sim 4^{+}$ 作水平线，相交各同名实长线上，得到 $1^{\#}\sim$

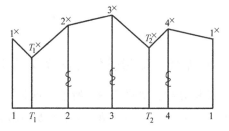

c) 支管展开(正曲)

图 5-36　矩形管偏心斜交正四棱台的展开（续）

$4^{\#}$ 就是各相贯点到 $J^{\times}$ 点的实长。以 $J^{\times}$ 为圆心，分别以 $J^{\times}E$、$J^{\times}-3^{\#}$、…、$J^{\times}T_1^{\pm}$、$J^{\times}G$ 为半

径画同心圆弧，在 J^xE 弧上截取四次里皮边长 b，与 J^x 连线，构成放射线与小口圆弧相交，即完成主管的整体展开。以 J^xP 为基准，截取 P—3^+、P—2^+、P—4^+、P—1^+ 等于俯视图大口同名点的距离，与 J^x 连线，恰好与同名编号圆弧相交出 1^x—T_1^x—2^x—3^x—T_2^x—4^x—1^x，即为开孔的展开，本例为正曲。

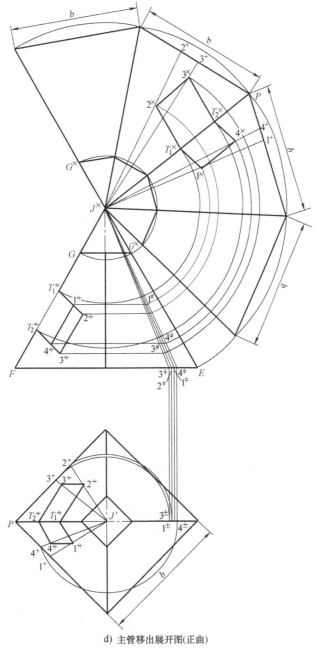

d) 主管移出展开图(正曲)

图 5-36　矩形管偏心斜交正四棱台的展开（续）

实例 37　正四棱台斜交正四棱台的展开

结构介绍：如图 5-37a 所示，这是一个由两个正四棱台斜交的构件，它具有棱角体展开的代表性。根据已知尺寸 a、b、c、e、f、h_1、h_2、α、δ 画出放样图，放样图如图 5-37b 所示。

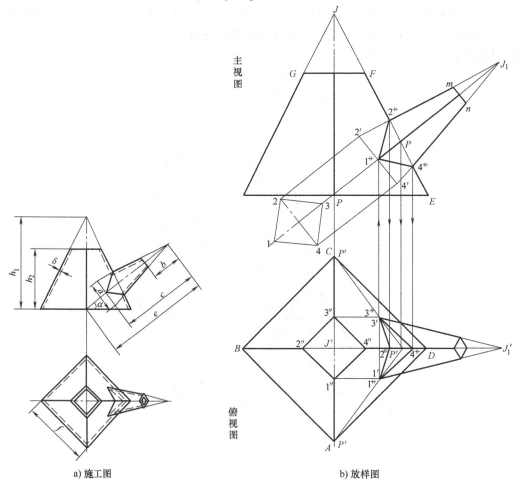

a) 施工图　　　　　　　　　　　　　b) 放样图

图 5-37　正四棱台斜交正四棱台的展开

　　操作步骤：求相贯线，用任意剖切法。根据本例特点不难看出，在主视图中 $2^\sharp$、$4^\sharp$ 两点是自然相贯点，而前后棱线未知相贯点部分，采用过支管棱线且垂直主视图的切面，就是主视图中的 PP 线，将这个切面投到平面表现为 P'—P'—P'，与支管棱线 J_1'—3'、J_1'—1' 相交，得相贯点 $1^\sharp \sim 3^\sharp$，连接相贯点 $1^\sharp \sim 4^\sharp$，投到主视图得 $1^\sharp$—$2^\sharp$，$1^\sharp$—$4^\sharp$，即完成求相贯线。

　　展开：支管的展开如图 5-37c 所示，用放射线法，作以 J_1 为圆心，分别以 J_1—$2^\sharp$、J_1—$4^\sharp$、J_1—$1^\sharp$ 为半径圆弧。在 J_1—$1^\sharp$ 圆弧上，以断面 1—2 边长截取四次，连线相交 $4^\times$—$3^\times$—$2^\times$—$1^\times$—$4^\times$ 点。与 $J_1 n$ 弧相交 $n^\times$—$m^\times$—$n^\times$ 点。$4^\times$—$n^\times$—$n^\times$—$4^\times$ 所包括的部分为支管展开。

　　主管的移出展开如图 5-37d 所示，在俯视图中，过 $1^\sharp$ 点作 J' 点连线并延长到底边，相交出 $1^\sharp$ 点，以 J'

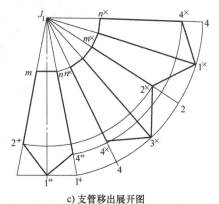

c) 支管移出展开图

图 5-37　正四棱台斜交
正四棱台的展开（续）

为圆心，以 J'—1^+ 为半径画弧，相交中心线得 1^+ 点。投到主视图，得 1^+ 点，与 J^x 连线，过 1^+ 点作水平线，与 J^x—1^+ 相交得 1^v 点。过 F、2^+、1^v、4^+、E 点，分别作以 J^x 为圆心的同心圆弧，在 J^x—E 弧上，以大口边长截取四次，与 J^x 连线，与同名弧线相交得交点，用直线连接各点，即完成主管的展开。

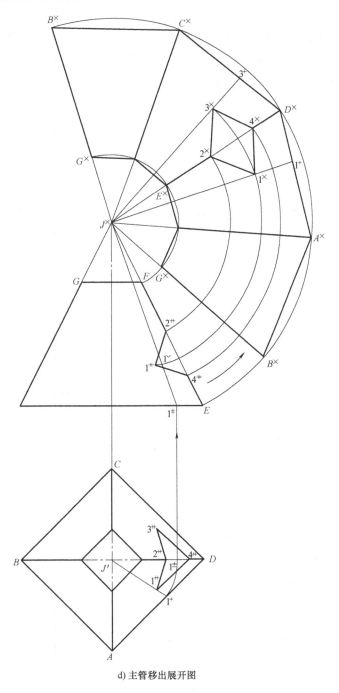

d) 主管移出展开图

图 5-37　正四棱台斜交正四棱台的展开（续）

实例38 四合一斜四棱台五通的展开

结构介绍：如图 5-38a 所示，这是由四个相同的四棱台组成的五通管。

展开分析：因为是四个相同的斜四棱台，所以只需展开一个即可，根据已知尺寸 a、b、h_1、h_2、δ 画出放样图，放样图如图5-38b所示。

操作步骤：求实长线。本例需要求实长的线段只有三条，就是俯视图中的1、2、3。在主视图中 $F^{\vee}G''$ 和 $A^{\vee}G^{\vee}$ 的延长线上，作垂线 SC，在水平线 CP 方向截取1、3、2线等于俯视图中各线长，所得 $1^{\ddagger}$、$3^{\ddagger}$、$2^{\ddagger}$ 均为实长线。

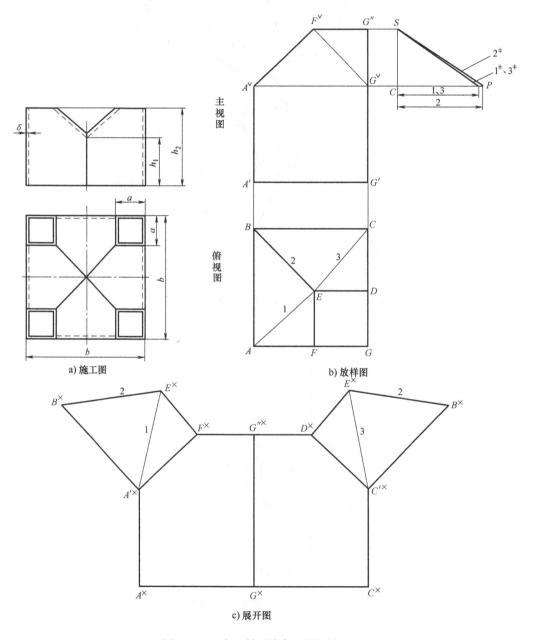

a) 施工图

b) 放样图

c) 展开图

图 5-38 四合一斜四棱台五通的展开

展开：用三角形法，如图 5-38c 所示。作水平线 $A^×C^×$ 等于俯视图中 AGC，然后根据主视图将正面和侧面板形状复制。分别以 $A'^×$ 和 $C'^×$ 为圆心，以实长线 $1^†$、$3^†$ 长为半径画弧，与以 $F^×$、$D^×$ 为圆心，以俯视图中 FE 长为半径所画弧，相交出 $E^×$ 点。再以 $A'^×$ 和 $C'^×$ 点为圆心，以俯视图中 AB 长为半径画弧，与以 $E^×$ 点为圆心，以实长线 $2^†$ 长为半径所画弧相交出 $B^×$ 点，用直线连各点，即完成 $\dfrac{1}{4}$ 的展开。

第三节　棱角体与曲面体的相交构件展开

实例 39　矩形管偏心斜交正圆台的展开

结构介绍：如图 5-39a 所示，这是一个支管为矩形、主管为圆台的结合体。根据已知尺寸 a、b、c、e、d_1、d_2、h_1、h_2、δ 画出放样图，放样图如图 5-39b 所示，圆台按照外皮、矩形管按照里皮放样。但矩形管上盖板应按照外皮放样，就是图中的 $1^†—3^†$，因为在二形体结合时，此处外皮是接触面。

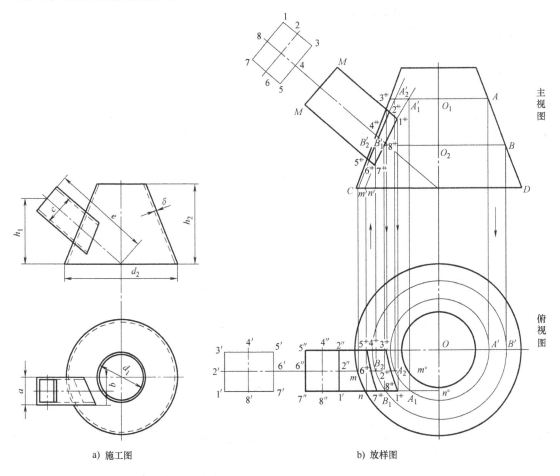

a) 施工图　　　　　　　　　　　　　　　b) 放样图

图 5-39　矩形管偏心斜交正圆台的展开

操作步骤：求相贯线，用切面求点法。本例的剖切平面有两个，即俯视图中 $6''$—$m°$、$7''$—$n°$。首先在主视图中适当的范围内作两条水平线，并与边线相交得到 O_1A、O_2B 两个纬圆半径，这两个纬圆反映在平面与两个切面相交得到 A_1、A_2、B_1、B_2 四点。同理，圆台大口与两个切面相交得到 m、n 两交点，然后将上述六点投到立面各自相对应的层面上，得到 A_1'、B_1'、n' 和 A_2'、B_2'、m' 六点。用曲线光顺各点后，便得到两个切面在立面的投影形状，与支管的棱线相交，即完成相贯点 $1^{\ddagger}$~$8^{\ddagger}$ 的求解过程。

展开：支管的展开如图 5-39c 所示，作线段 1—1 长等于支管断面里皮叠加长度，并按照断面 1~8 点间距将其移过来，过点作垂线。然后截取主视图中支管端面 MM 到各相贯点的长度，移到展开图的同名编号线上，得到交点，把各点用折曲线连接起来，即完成支管的展开。

圆台的展开如图 5-39d 所示，俯视图中过相贯点 $2^{\ddagger}$、$6^{\ddagger}$、$7^{\ddagger}$、$8^{\ddagger}$、$1^{\ddagger}$ 与 O 连线，相交大口边缘是 P、6^+、2^+、7^+、8^+、1^+ 六点。主视图中，以 $O^{\times}$ 为圆心，分别以 $O^{\times}F$、$O^{\times}$—$3^{\ddagger}$、$O^{\times}$—$2^{\ddagger}$、…、$O^{\times}E$ 为半径画同心圆弧，在 $O^{\times}E$ 的弧线上，选定一点 P，并按俯视图 P—$1^{\ddagger}$ 点之间的各点顺序弧长移到展开图上，将 P~$1^{\ddagger}$ 各点与 $O^{\times}$ 连线，构成放射线，同名放射线与

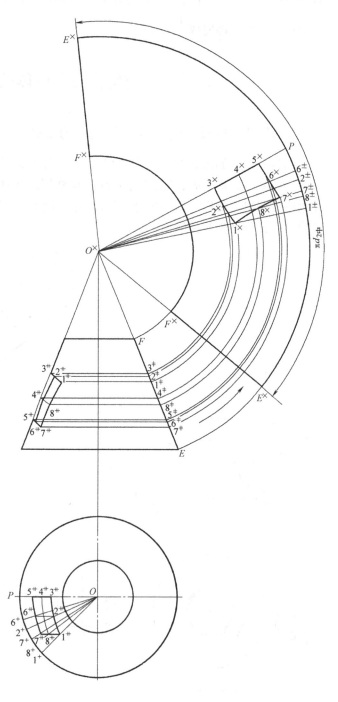

d) 主管移出展开图（正曲）

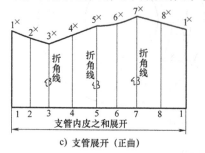

c) 支管展开（正曲）

图 5-39 矩形管偏心斜交正圆台的展开（续）

圆弧相交得 $1^x \sim 8^x$ 各点，用直线、曲线连接各点，即完成圆台的展开，本例为正曲。

实例 40　矩形管斜交斜圆台的展开

结构介绍：如图 5-40a 所示，根据已知尺寸 a、b、h_1、h_2、d_1、d_2、α、δ，画出放样图，放样图如图 5-40b 所示。

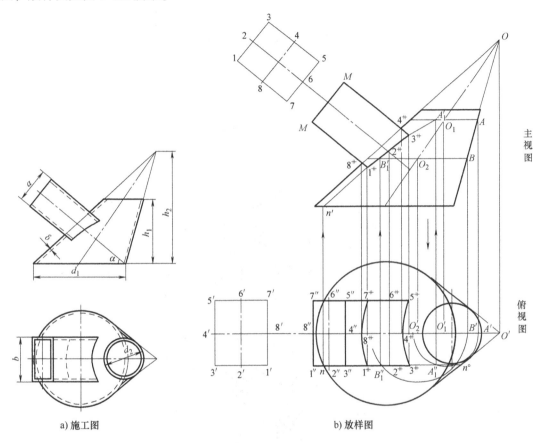

a) 施工图　　　　　　　　　　　　　　b) 放样图

图 5-40　矩形管斜交斜圆台的展开

操作步骤：求相贯线，用垂直剖切法。在主视图中适当位置作两条水平线，并延长到边线，相交出 A、B 两点，因此，得到两个纬圆半径，O_1A 和 O_2B。将 O_1、O_2、A、B 四点投到俯视图中，分别画两个圆弧与剖切面 $1'' - n^\circ$ 相交，得到 A_1''、B_1''，把 A_1''、B_1'' 投到主视图中相对应的纬圆线上，即得到 $A_1'B_1'$。将切面与圆台大口交点 n 投到立面是 n'，用曲线连接 $n'B_1'A_1'$，便得到垂直剖面在主视图中的投影，至此，由支管棱线与剖切面相交，就完成所求的相贯线 $1^+ \sim 8^+$。

展开：支管的展开如图 5-40c 所示，作线段 1—1 长等于支管里皮叠加长度，并按照断面图棱线和中心线位置，依次截取到线段上，过点 $1 \sim 5 \sim 1$ 作垂线。在主视图中，以 MM 为基准，截取 MM 到各相贯点 $1^+ \sim 8^+$ 的长度，移到展开图同名线上，所得交点 $1^x - 5^x - 1^x$ 即为支管的展开。用曲线连接各点，本例为正曲。

主管的移出展开如图 5-40d 所示，俯视图中，过相贯点 1^+、2^+、3^+ 与 O' 连线，并延

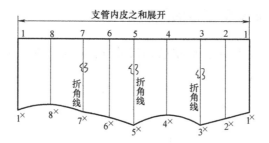

c) 支管移出展开（正曲）

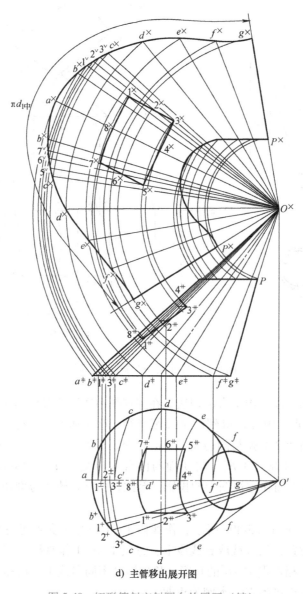

d) 主管移出展开图

图 5-40　矩形管斜交斜圆台的展开（续）

长到大口圆周得到 1^+~3^+ 三点。再作圆周的 12 等分，等分点是 a~g，过 b~f，1^+~3^+ 作以 O' 为圆心的同心圆弧，相交中心线上，编号是 b'~f'，$1^±$~$3^±$。将上述各点，投到主视图大口边线上，得到 b^+~f^+，1^+~3^+，与 $O^×$ 连线，就完成各素线实长求解。主视图中过 1^+、2^+、3^+ 点作水平线，相交各对应的实长线（未注符号）。以 $O^×$ 为圆心，分别以 a^+~g^+、1^+—3^+，以及相贯点实长线交点，小口与各实长线交点为半径画同心圆弧。在 $O^×g^+$ 弧线上，选定一点为 $g^×$，以大口周长的 $\frac{1}{12}$ 长 ab 为半径，依次画弧相交在邻弧上得到 $g^×$~$g^×$ 点。截取平面 1^+—3^+ 弧长到展开图上，相交同名弧上，得到 $1^ˇ$~$7^ˇ$ 点，与 $O^×$ 连线构成放射线，放射线与相贯点实长弧线相交，得到 $1^×$~$8^×$ 点为开孔的展开。曲线连接各点，本例为正曲。

实例 41　四棱锥斜交正圆台的展开

结构介绍：如图 5-41a 所示，这是一个由正四棱锥斜交正圆台的构件。根据已知尺寸 a、b、c、e、d_1、d_2、h_1、h_2、$δ$ 画出放样图，放样图如图 5-41b 所示。

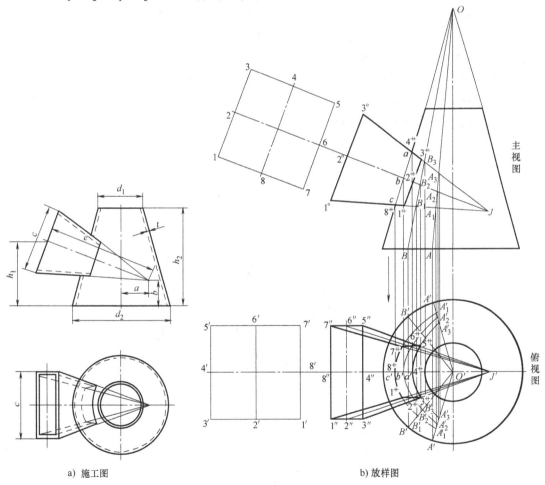

a) 施工图　　　　　　　　　　　　b) 放样图

图 5-41　四棱锥斜交正圆台的展开

操作步骤：求相贯线，用任意剖切法。这里作三个垂直于主视图的剖切平面，即主视图的 J—$1°$、J—$2°$、J—$3°$。用素线定位法将它们"搬"到俯视中去，就是图中的 OA、OB。

OA 与三个切面相交得 $A_1 \sim A_3$，OB 与三个切面相交是 $B_1 \sim B_3$，将它们投到俯视中，得到 $A_1' \sim A_3'$ 和 $B_1' \sim B_3'$。主视图中，剖切面 $J \sim 1°$ 等圆台边线相交是 C 点，$J \sim 2°$ 交点是 b 点，$J \sim 3°$ 交点是 a。将这三点投到俯视图中是 a'、b'、c'，用曲线光顺上述 15 个交点，得到三条曲线，过 J' 到 $1'' \sim 8''$ 线相交，便得到三个剖切平面切割二形体的交点，就是相贯点 $1^+ \sim 8^+$，再将 $1^+ \sim 8^+$ 投回主视图，便得到主视图相贯点 $1^+ \sim 8^+$，曲线连接各点，即完成求相贯线。

展开：用支管的移出展开如图 5-41c 所示，在 $\frac{1}{2}$ 平面中，以 J' 为圆心，以 $J'-1$ 为半径画弧，相交中心线得点 1^+，与 $J^\times$ 连线，就是四棱锥棱线的实长。过 1^+、3^+ 点作水平线相交 $J^\times-1^+$ 线，得到二相贯点到顶点的实长 $J^\times-1^\vee$，过 2^+ 点作水平线相交 $J^\times-8$ 线是 2^+，至此，即完成求实长线。以 $J^\times$ 点为圆心，分别以 $J^\times-2^+$、$J^\times-1^\vee$、$J^\times-4^+$、$J^\times-8^+$、$J^\times-1^+$ 为半径画同心圆弧，在 $J^\times-1^+$ 弧上，以四棱锥大口边长为定长，截取四次，得点 $1 \sim 3 \sim 5 \sim 7 \sim 1$，连线后，再分出 2、4、6、8 点，与 $J^\times$ 连线构成放射线，放射线与同名编号弧线交点 $1^\times \sim 5^\times \sim 1^\times$ 为相贯部分的形状，$1^\times - 1^\times - 1 - 1$，所包括的部分为支管的展开。

主管的移出展开如图 5-41d 所示，俯视图中过 5^+、6^+、7^+ 点作与 O' 的连线，得点 5^+、6^+、7^+ 点。主视图中，过相交点 3^+、2^+、1^+ 作水平线，与 $O^\times M$ 边线相交分别是 $3^\ddagger$、$2^\ddagger$、$1^\ddagger$（$1^\ddagger$ 和 $8^\ddagger$ 点重合）。以及 $O^\times$ 为圆心，分别以 $O^\times N$、$O^\times-4^\ddagger$、$O^\times-3^\ddagger$、$O^\times-2^\ddagger$、$O^\times-8^\ddagger$、$O^\times M$ 为半径画弧。在 $O^\times M$ 弧上，确定一点为 $8^\ddagger$，截取俯视图中 $8^+ \sim 7^+ \sim 6^+ \sim 5^+$ 点所包含的弧长，移到展开图上，得到 $3^\ddagger$、$2^\ddagger$、…、$5^\ddagger$ 点，与 $O^\times$ 连线，同名交点 $1^\times \sim 8^\times$ 就是孔的展开，用曲线连接即完成主管的展开。

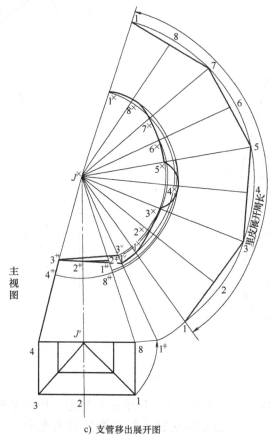

c) 支管移出展开图

图 5-41　四棱锥斜交正圆台的展开（续）

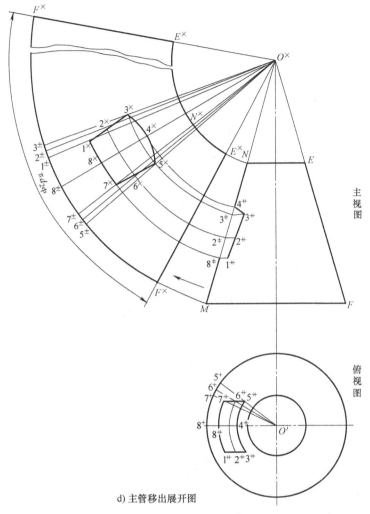

d) 主管移出展开图

图 5-41　四棱锥斜交正圆台的展开（续）

实例 42　圆管水平相交正四棱锥的展开

结构介绍：如图 5-42a 所示，这是一个圆管水平相交四棱锥的构件，圆管取里皮放样，四棱锥取外皮放样。根据已知尺寸 a、b、h_1、h_2、d、δ 画出放样图，放样图如图 5-42b 所示。

操作步骤：求相贯线。因为相贯线在主视图中是已知的，实际上，相贯线是不用另求的，只是利用素线定位法和纬线定位法将其"搬"到俯视图即可。主视图中作圆的 8 等分，过等分点 1~8 与 J^x 点连线，相交 $D'B'$ 线得 $1'~8'$，过 $1'~8'$ 作垂线，相交 BCD 线得 $1''~8''$，与 J' 线连线。过主视图圆管等分点作垂线，相交平面同名素线得 1^+、2^+、8^+、4^+、5^+、6^+ 各相贯点，3^+、7^+ 点是通过纬线定位法确定的。折

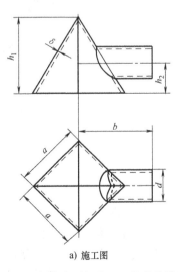

a) 施工图

图 5-42　圆管水平相交正四棱锥的展开

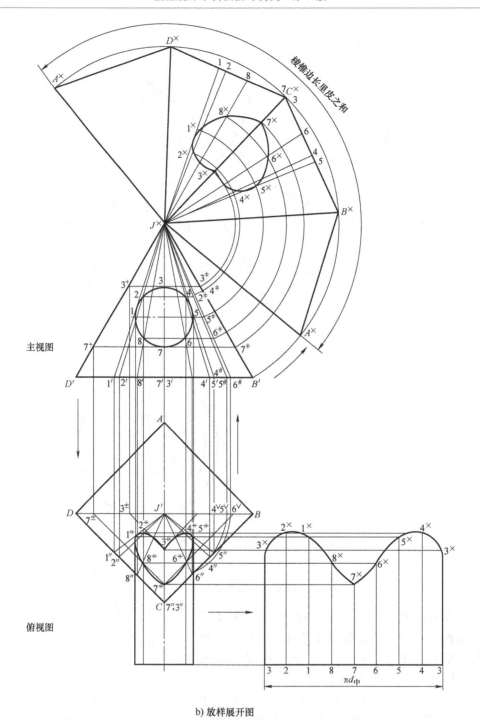

b) 放样展开图

图 5-42 圆管水平相交正四棱锥的展开（续）

曲线连接各点即可。

展开：四棱锥的展开用放射线法，在俯视图中，分别过 6″、4″、5″三点作以 J′为圆心的同心圆弧（J′—4″和 J′—5″重合），相交 DB 线得交点 4ᵛ5ᵛ6ᵛ。过 4ᵛ~6ᵛ向上作垂线，相交 D′B′线得交点 4#~6#，与 Jˣ连线，便得到 Jˣ到 1′~8′部分素线的实长。过 2、4 点作水平线，相

交 J^x—$4^\#$ 线得 2^+、4^+ 点，同样，1、5 点对应 5^+ 点、8、6 对应 6^+ 点。主视图中过相贯点 3、7 作水平线，相交 $J^x B'$ 线得 3^+、7^+。分别过 B'、7^+、3^+ 各点，作以 J^x 点为圆心的同心圆弧，截取平面大口边长 AB 长，移到 $J^x B'$ 弧上叠加四次，连线 $A^x A^x$ 以及顶点 J^x。将俯视图中 C~$8''$~$2''$~$1''$…… 各点截取在展开图 $D^x C^x B^x$ 间，与 J^x 连线，相交对应弧线交点为 1^x~8^x，是开孔的展开，$J^x A^x C^x A^x J^x$ 是四棱锥的展开。

圆管的展开用平行线法，作线段 3—3 等于圆管中径周长，并分出 8 等分作垂直线，截取俯视图中 $1^\#$—$8^\#$ 各线长，移到展开图对应线上，得交点 3^x~3^x，折曲线连接各点后，即完成展开。

实例 43　斜圆锥斜交正四棱台的展开

结构介绍：如图 5-43a 所示，这是一个由斜圆锥斜交正四棱锥的构件，根据已知尺寸 a、b、h_1、h_2、h_3、d、δ 画出放样图，放样图如图 5-43b 所示。

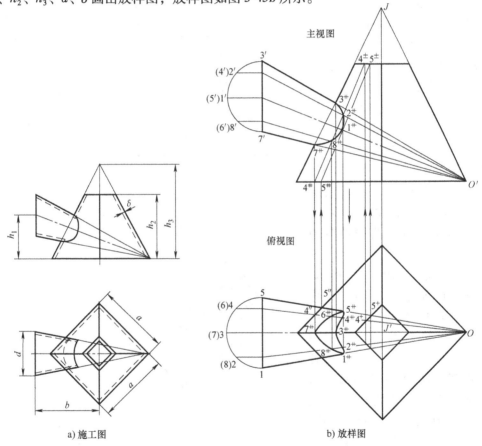

a) 施工图　　　　　　　　　　　b) 放样图

图 5-43　斜圆锥斜交正四棱台的展开

操作步骤：求相贯线，采用垂直剖切法。在平面中作斜圆锥断面的 8 等分，过等分点 2 (8)、3 (7)、4 (6) 作端面的垂线（未注符号），与 O 点连线，这就形成了垂直平面的五个剖切面 1~5，因为是上下对称，所以只需采用 O—3 (7) 以上的切面即可。过切面与四棱台上下口的交点，$4''$—4^+、$5''$—5^+ 投到立面，得到交点 $4^\#$~$4^\pm$、$5^\#$~$5^\pm$，连线后与斜圆锥所对应的切面形成交点，得到相贯点 $2^\#$、$1^\#$、$8^\#$，以及中心相贯点 $3^\#$、$7^\#$，用曲线连接各点，即完成求相贯线。

展开：主管的展开如图5-43c所示，在俯视图中，过相贯点1#—8#与J'连线，相交底边线AD、DC，得交点1ˇ、2ˇ、8ˇ、6ˇ、4ˇ、5ˇ。过1ˇ、2ˇ、8ˇ三点作以J'为圆心的同心圆弧，相交DB线得1'、2'、8'点，过1'、2'、8'向上作铅垂线，相交D'B'线得交点1″、2″、8″，与Jˣ连线，便得到J'到1ˇ—8ˇ各素线实长。立面中过相贯点2#、1#、8#作水平线，分别相交Jˣ—2″线于2⁺点，Jˣ—1″线于1⁺点，Jˣ—8″线于8⁺点。以Jˣ为圆心，分别以Jˣ—B'、Jˣ—8⁺……Jˣ—3″、Jˣ—F为半径作同心圆弧，在Jˣ—B'的弧线上，以大口边长为基准长截取四次，得交点Bˣ、Cˣ、Dˣ、Aˣ、Bˣ，与Jˣ连线。以Dˣ为基准，将俯视图中1ˇ~5ˇ各交点移过来，交点是1°~5°，与Jˣ连线，与同名弧线形成交点1ˣ~8ˣ就是孔的展开。BˣBˣFˣFˣ所包括的部分为四棱台的展开。

支管的展开如图5-43d所示，俯视图中过等分点2'、1'、8'作以O'为圆心的同心圆弧，与中心线相交，得交点2⁺、1⁺、8⁺，与Oˣ连线，便完成求实长线。过各相贯点2#、1#、8#作水平线，与相对应的实长线相交得到交点2#、1#、8#，即相贯点到Oˣ点的实长。以Oˣ点为圆心，分别以3'、3#、2#、1#、8#、7#、7'、8'、1'、2⁺

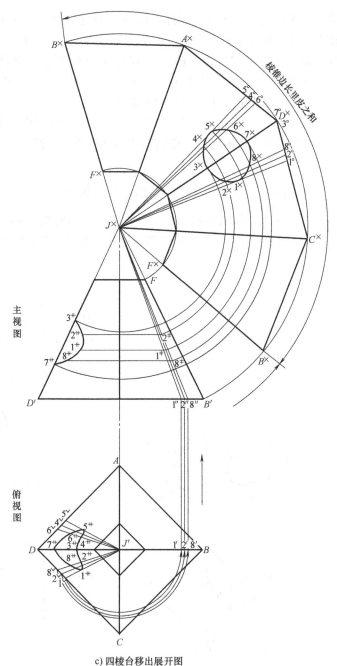

c) 四棱台移出展开图

图5-43　斜圆锥斜交正四棱台的展开（续）

各点到Oˣ为半径画同心圆弧，在Oˣ—7'弧线上，选定一点为7ˣ，以大口中径$\frac{1}{12}$周长为半径，依次画弧相交邻弧线上，得到7ˣ~7ˣ各点，与Oˣ连线，放射线与同名弧线得交点7ˣˣ~7ˣˣ，用折曲线连接各点，7ˣ—7ˣ—7ˣˣ—7ˣˣ所包括的部分为支管的展开。

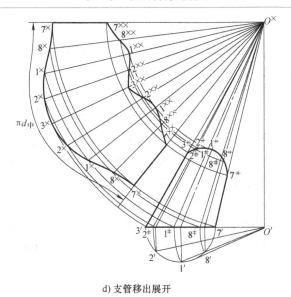

d) 支管移出展开

图 5-43　斜圆锥斜交正四棱台的展开（续）

实例 44　斜四棱锥斜交斜圆台的展开

结构介绍：如图 5-44a 所示，这是一个斜四棱台斜交斜圆台，属于比较复杂的构件，根据已知尺寸 a、b、c、h_1、h_2、δ，画出放样图，放样图如图 5-44b 所示。

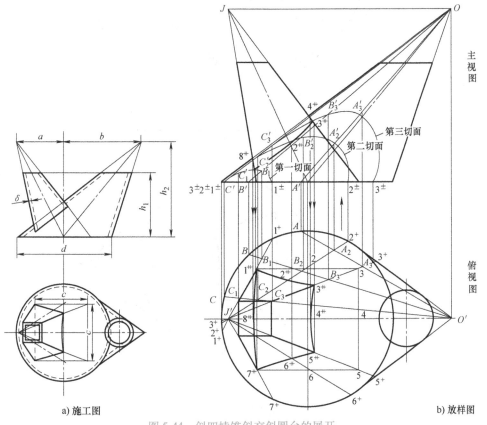

a) 施工图　　　　　　　　　　　　　　　　　　　　　　b) 放样图

图 5-44　斜四棱锥斜交斜圆台的展开

操作步骤：求相贯线，采用垂直剖切法。本例的垂直切面有六个，就是俯视图中的 J'—1^+、$\cdots$、J'—7^+，因为是上下对称，所以只需选定中心以上的三个剖面，即 J'—1^+、J'—2^+、J'—3^+。延长 J'—1、J'—2、J'—3，相交圆台大口边缘得 1^+—1^+、2^+—2^+、3^+—3^+。用素线定位法将这三个切面投到主视图中去，即 $O'A$、$O'B$、$O'C$，分别相交三个切面得交点，B_1、C_1、A_2、B_2、C_2、A_3、B_3、C_3。投到主视图的定位点是 B_1'、C_1'、A_2'、B_2'、C_2'、A_3'、B_3'、C_3'，再加上 $1^±$—$1^±$、$2^±$—$2^±$、$3^±$—$3^±$，用曲线光滑连接上述各轨迹点，便得三个切面在主视图中的投影，与斜四棱台所对应的切面相交，分别得交点 1^+、2^+、3^+。这三点和自然相贯点 4^+、8^+共同组成立面相贯线，将 1^+~8^+点投回到平面中，用折曲线光顺各点，即完成求相贯线。

展开：主管的移出展开图如图 5-44c 所示，俯视图中过相贯点 1^+~8^+作与 O'点的连线，相交斜圆台大口边缘线，得交点 $1^ˇ$、$2^ˇ$、$3^ˇ$、$5^ˇ$、$6^ˇ$、$7^ˇ$。再增加 E、F、G 辅助展开点，过

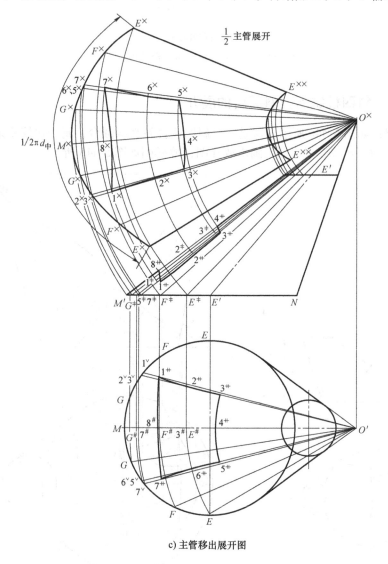

c) 主管移出展开图

图 5-44　斜四棱锥斜交斜圆台的展开（续）

上述各点作以 O' 为圆心的同心圆弧，相交中心线得交点 $G^\#\sim E^\#$，将 $G^\#\sim E^\#$ 投到主视图，相交 $M'N$ 线得到 $G^+\sim E^+$ 各点，与 $O^\times$ 连线便是各素线的实长。过相贯点 1"、2"、3" 作水平线，相交同名实长线得交点 1⁺、2⁺、3⁺。以 $O^\times$ 点为圆心分别以实长线 $O^\times E^+$、$O^\times F^+$、…、$O^\times M'$，$O^\times$ 到 1⁺~3⁺实长点，以及 $O^\times$ 到小口端面的实长点为半径画同心圆弧。在 $O^\times E^+$ 弧线上选定一点为 $E^\times$，以俯视图中，同名编号的顺序间弧长分别为半径画弧相交邻弧线上，得交点 $E^\times\sim E^\times$。与 $O^\times$ 连线，构成放射线与相贯点弧线和小口实长弧线相交，得到各点，用曲线光滑连接上述各点，即完成 $\frac{1}{2}$ 主管的展开。

支管的移出展开如图 5-44d 所示，在俯视图中，以 J' 为圆心，分别以 J'—1（7）、J'—2（6）、J'—3（5）为半径画弧，相交 $J'P$ 线，得交点 1⁺、2⁺、3⁺，与 $J^\times$ 连线便得到这三条线的实长。过相贯点 1"、2"、3" 作水平线，相交同名实长线得交点 1°、2°、3°，即完成各相贯点到 J' 的实长求出。以 $J^\times$ 为圆心，分别以 $J^\times$—8、$J^\times$—1⁺、$J^\times$—2⁺、…、$J^\times$—4" 长为半径画同心圆弧。在 $J^\times$—8 弧线上选定一点为 8"点，以俯视图 8—1、1—2、……的定长为半径画弧，相交在同名编号的弧线上，得到 8"~8"各点。与 $J^\times$ 连线，形成放射线与相贯点和小口实长弧线相交，得到 8×~8×~8××~8××~8×各点，用折曲线连接各点，即得到支管的展开。

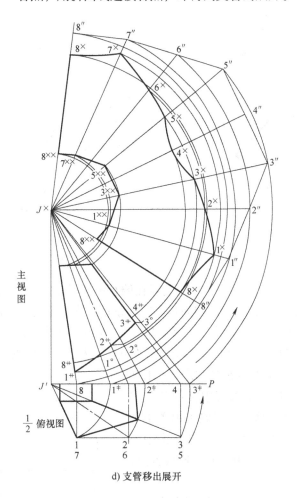

d) 支管移出展开

图 5-44　斜四棱锥斜交斜圆台的展开（续）

实例 45　圆管垂直相交斜四棱台的展开

结构介绍：如图 5-45a 所示，这是一个由圆管垂直相交斜四棱台的构件。根据已知尺寸 a、b、h_1、h_2、d、δ，画出放样图，主管按外皮，支管按里皮放样。放样图如图 5-45b 所示。

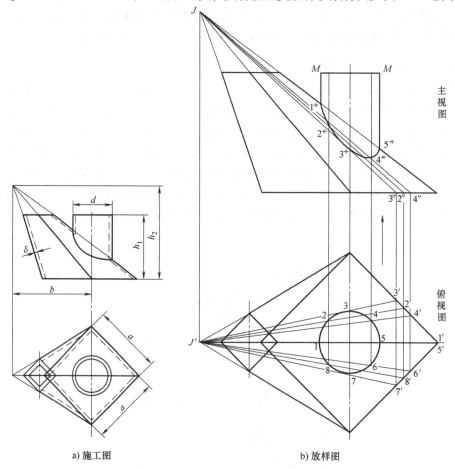

a) 施工图　　　　　　b) 放样图

图 5-45　圆管垂直相交斜四棱台的展开

操作步骤：求相贯线。本例的相贯线实际在俯视图中是已知的，用素线定位法将其投到主视图中去。在俯视图中，作圆管的圆周 8 等分，等分点是 1~8，过 1~8 点与 J' 的连线并延长到大口边缘，相交出 3′、2′、4′、1′、5′、6′、8′、7。投到主视得 3″、2″、4″点，与 J 连线，恰好与圆周等分点投上的同名编号相交，得 1^+~5^+ 点（6^+、7^+、8^+ 对称重合），即完成求相贯线。

展开：支管移出展开如图 5-45c 所示，用平行线法。作线段 1—1 长等于圆管中径周长，并分出 8 等分，过等分点作垂线。截取主视图中圆管端面 MM 到各相贯点的长度，移到展开图中同名编号线上，得交点 $1^\times$~$1^\times$，用折曲线连接各点，即完成展开。

主管的展开如图 5-45d 所示，俯视图中，过 B、D、3′、2′、4′、6′、8′、7′各点作以 J' 为圆心的

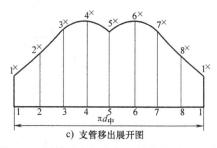

c) 支管移出展开图

图 5-45　圆管垂直相交斜四棱台的展开（续）

同心圆弧，相交中心线 $J'C$ 得交点 D''、$3''$、$2''$、$4''$。投到主视图中，与 $J^\times$ 连线，得到 $J^\times D^+$、…、$J^\times 4^+$ 即为各素线的实长。过 A^+、D^+、3^+……C^+ 各点，作以 $J^\times$ 为圆心的圆心圆弧，在 $J^\times A^+$ 弧上选定一点为 $A^\times$，以俯视图中边长 AD 为半径，画弧相交 $J^\times D^+$ 弧线，得 $B^\times$ 点，再以 $B^\times$ 为圆心画弧相交出 $C^\times$、…、$A^\times$ 点。过 $A^\times \sim C^\times \sim A^\times$ 各点与 $J^\times$ 连线，再以 $J^\times$ 为圆心，分别过 E、F、D^+、1^+、5^+ 点，以及 $2''$、$3''$、$4''$ 到各自实长点的距离为半径画弧，相交对应的放射线和同名编号素线上，得到 $1^\times \sim 8^\times$ 点为开孔交点，$A^\times—A^\times—E^\times—E^\times$ 为主管的展开。

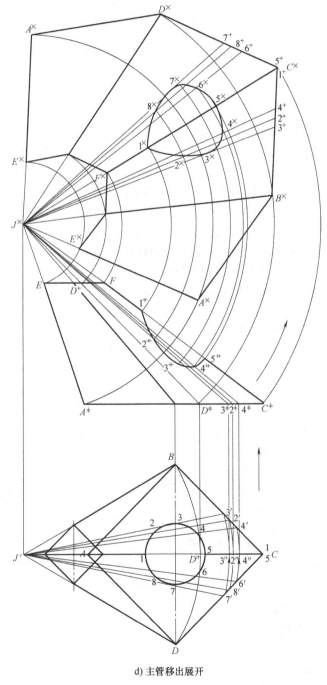

d) 主管移出展开

图 5-45　圆管垂直相交斜四棱台的展开（续）

第六章　综合类型的构件展开

主要内容：综合类型的构件展开，是钣金展开最难的部分，比如：实例 1～实例 8，实例 11～实例 16，实例 35～实例 37 等，本章共给出 37 个实例。

特点：集中了钣金展开的最难展开构件，达到钣金展开的最高境界。

第一节　复杂构件的展开

实例 1　多项四通管的展开

结构介绍：如图 6-1a 所示，这是一个比较复杂的构件。说它复杂是因为无论怎样选择投影面，在哪个视图上都不能同时反映出主支管实长和相交夹角等，所以这里采用变换投影面法。根据已知尺寸 a、b、c、e、d_1、d_2、α、δ 画出放样图，如图 6-1b 所示。

操作步骤：求相贯线。本例的相贯线是不能直接求出的，因此采用一次变换投影面方法作出。在侧视图中作支管一中心线的平行线，这条线就是一次换面投影旋转轴 O_1Z_1。作支管一的断面图，并将圆 8 等分，将等分点 1～8 投到主管上得交点 $1^\vee$～$5^\vee$。过支管中心线上下端投影长度和交点 $1^\vee$～$5^\vee$ 等，作 O_1Z_1 的垂线，按照投影关系分别截取 e 和 n，移到换面投影图上，相交两点得到支管一中心线投影实长。然后将断面图按照投影长关系旋转后，移到变换投影图上，过等分点 $1''$～$8''$ 作中心线的平行线，对应编号相交出相贯点 1^+～8^+，至此，就完成主管与支管一的相贯线求出。

在左视图中支管一的断面图上，过圆心作一条水平线，便得到一个中心线与水平线倾斜夹角 K，将这个断面图翻转到主视图中，A_1 点的位置对应在 A_2 点上，K 等于 K'，则 $1'$—$5'$ 与中心线的夹角 K' 就是支管双向倾的投影差。然后根据三面投影关系原理，将左视图中的相贯点 $1^\vee$～$8^\vee$ 分别投到主视图上，得到对应交点 1^+～8^+，分清层次可见性，用曲线连接各点，即完成主管与支管一在主视图中的相贯线投影。作主视图中相贯线的投影线，只是为了让读者弄清楚复杂构件的投影关系，并提高感性认识。还有主管与支管二的相贯线，在换面中的投影也是一样，对构件的展开，没有任何作用。由于支管二的中心线与主管中心线相交，并且垂直于立面，因此相贯线无须另求。

展开：如图 6-1c 所示，这是主管的展开。作水平线段 $M^\times M^\times$ 等于中径展开周长，并分出 0°～360°～180°～90°～0°等于左视图中主管的展开顺序。将支管一和管二在侧视图上的等分线相交点依次移到展开图中，即 l_1 等于 $l_1^\times$，l_2 等于 $l_2^\times$，过 1^+～5^+ 和 $1^\vee$～$5^\vee$ 各点作端面的垂线，然后截取换面图中和主视图中各线到端面的长度，对应移到展开图中，得到 $1^\times$～$5^\times$，$1^\times$～$5^\times$ 就是支管一、管二的开孔展开。

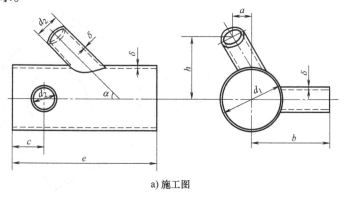

a) 施工图

图 6-1　多项四通管的展开

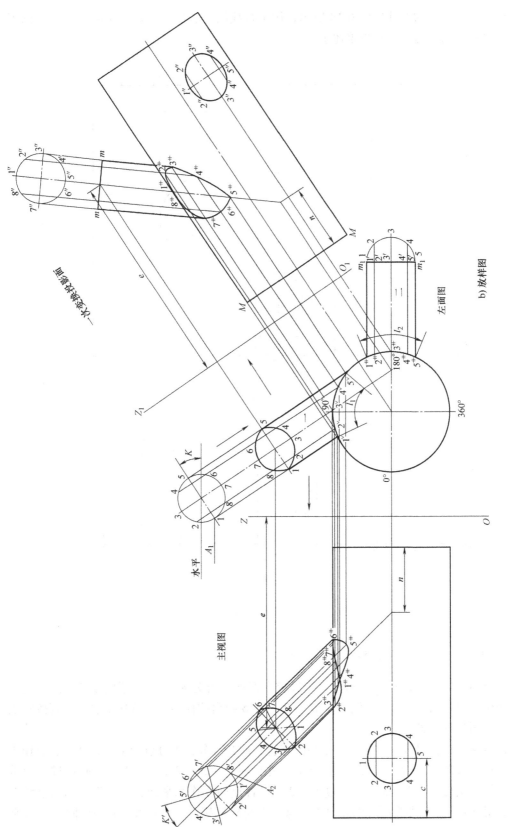

图 6-1　多项四通管的展开（续）

b) 放样图

支管一和支管二的展开如图 6-1d 所示，用平行线法，它们分别是在换面图中和左视图中截取各线长度的，这里就不再重述了。

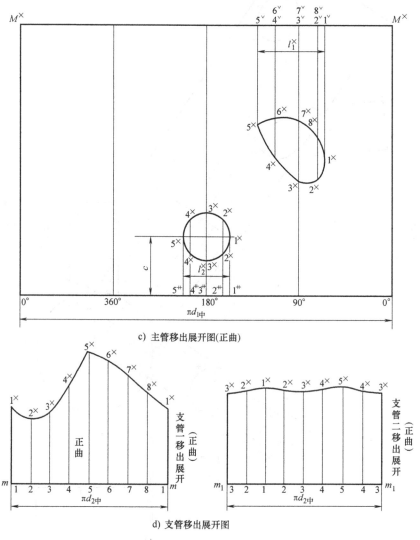

c) 主管移出展开图(正曲)

d) 支管移出展开图

图 6-1　多项四通管的展开（续）

实例2　支管垂直相交 90°弯头的展开

结构介绍：如图 6-2a 所示，这是一个异径支管垂直相交 90°弯头，说它复杂是因为支管与两节相交。根据已知尺寸 a、h、d_1、d_2、R、α、δ 画出放样图，支管按里皮，主管按外皮放样，放样图如图 6-2b 所示。

操作步骤：求相贯线。首先，将主视图支管圆周 8 等分，等分点为 1~5，并过各点作垂线。然后在左视图将支管 8 等分点旋转 90°，并标写 1′、5′、2′、4′、3′。也同样过点引垂线，与主管相交得 1″、2″、3″各点，过 1″、2″、3″各点向左作水平线，与主视图的铅垂线对应相交，得交点 1*~5* 即为所求的相贯点。这一点与异径相交三通的求作方法相同。但是所

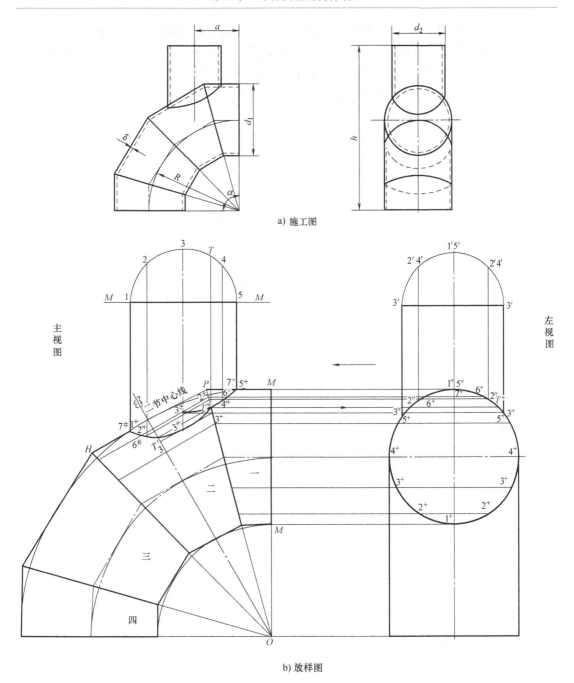

a) 施工图

b) 放样图

图 6-2　支管垂直相交 90°弯头的展开

不同的是，从左视图引过来的水平线只能与第一节主管相交，而第二节是将水平线改成平行弯头轮廓线走向的。这里要注意的是在主视图中，一、二节主管相贯线 OP 上的 T'' 点求法，它是通过左视图中 3″向左作水平线，相交主视图中支管的 3 号线得交点 3$^{\pm}$，用曲线光顺 3$^{\pm}$、4$^+$、5$^+$各点，通过曲线与 OP 线相交得 T'' 点。这一步相当于异径直交三通管的作法，最后 1$^+$—2$^+$—3$^+$—T''—4$^+$—5$^+$所代表的就是四节弯头与支管相交的相贯线。

　　展开：主管的展开如图 6-2c 所示，用平行线法，作线段 1—1 等于主管中径展开长，并分出 12 等分。左视图中作主管的 12 等分得 1^+~7^+，投到主视图中对应长度线进行展开，这与 90°四节弯头展开方法相同，故不再重述。下面说一下开孔方法，先说第一节的作法，截取侧面图中 7^+—T^+弧长移到展开图上，并过 T^+点作垂线，与边缘相交得 $T^×$点。左视图中，过 6^+、7^+点作水平线，相交相贯线得 $6^{\vee}$、$7^{\vee}$点，分别截取 OP 线到 $6^{\vee}$点和 $7^{\vee}$点的长度，移到展开图中对应编号线上，得交点 $6^×$、$7^×$，$T^×$—$6^×$—$7^×$—$6^×$—$T^×$ 所包括的部分为一节开孔展开。二节的开孔展开，展开图中，截取 $3''$—T^+—7 长等于侧面图同名编号弧长，并作垂线，以二节中心线为基准，截取中心线到 $3^\#$、$6^\#$、$7^\#$各线长移到展开图中同名编号线上，用曲线连接 $7^×$—$6^×$—$3^×$—$T^×$，即为开孔的展开。

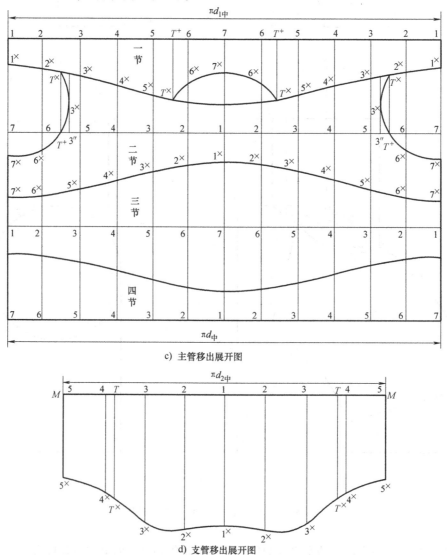

c) 主管移出展开图

d) 支管移出展开图

图 6-2　支管垂直相交 90°弯头的展开（续）

　　支管的展开也是平行线法，如图 6-2d 所示，它是以主视图中支管端面 MM 为基准进行展开的，步骤从略。

　　前面提过，在实际工作中，无论是本例，还是其他类型相交的构件，为了方便、快捷，一般开孔是不作展开的。只要展开支管后，用实物来相交吻合划线后切割开孔，处理干净焊渣飞溅等管内的杂物，组对焊接即可。但是，这里所讲的开孔展开的目的是让大家了解，作为一名钣金工，所必须掌握的展开技能，以便适应千变万化的展开需要。

实例 3　支管水平相交 90°弯头的展开

结构介绍：如图 6-3a 所示，与上例不同，本例支管是水平相交主管弯头的，所以其求相贯线的方法也是不同的。根据已知尺寸 a、b、d_1、d_2、h、R、δ、α，画出放样图，放样图如图 6-3b 和图 6-3c 所示。

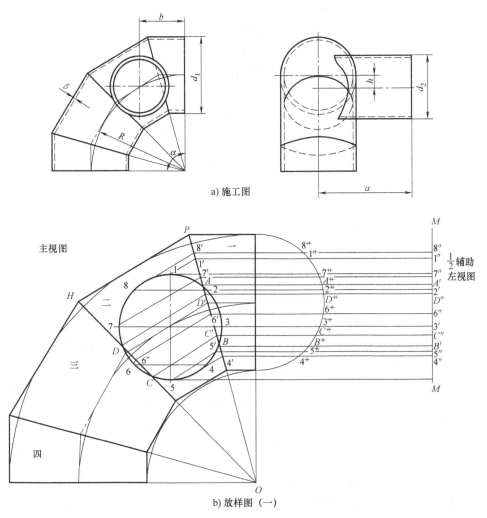

a) 施工图

b) 放样图（一）

图 6-3　支管水平相交 90°弯头的展开

操作步骤：求相贯线。在放样图（一）中，将主视图支管圆周 8 等分，编号为 1～8。然后过各等分点向左视图连线。这里分三种情况，第一种：在主管第一节上的支管等分点有两个，即过 2、3 两点水平线，直接相交左视图主管圆弧上，得 2^{+}、3^{+} 两个相贯点。第二种：第二节和第三节主管上分别落有支管等分点，1、4、5、7、8 和 6 点。过两节上的等分点分别作主管轮廓的平行线，即 1—$1'$—1^{+}、4—$4'$—4^{+}、5—$5'$—5^{+}、7—$7'$—7^{+}、8—$8'$—8^{+}、6—

$6^{\vee}$—$6'$—$6^{\#}$。第三种：凡是支管圆周线落在主管节与节之间对口缝线上的交点，即主视图中的 A、B、C、D 四点，同样，也过 A、B、C、D 四点作轮廓的平行线，$AA^{\#}$、$BB^{\#}$、$CC'C^{\#}$、$DD'D^{\#}$。至此，就完成相贯线在左视图上的投影，即 $1^{\#}$~$8^{\#}$ 点。

展开：为了使图面清晰，我们移画出放样图（二）（见图 6-3c）。将支管圆周 8 等分，等分点为 1~8。分别过各等分点和 A、B、C、D 四点向断面作轮廓平行线和水平线，即 1—$1'$—$1^{\#}$、2—$2'$—$2^{\#}$、3—$3^{\#}$、4—$4^{\#}$、5—$5'$—$5^{\#}$、6—$6'$—$6^{\#}$、7—$7''$—$7^{\#}$、8—$8'$—$8^{\#}$、A—$A^{\#}$、B—$B^{\#}$、C—C'—$C^{\#}$、D—D''—$D^{\#}$。将 $\frac{1}{2}$ 断面图 6 等分，编号为 1~7，过等分点作主管端面的垂直线，得交点 $2^{\vee}$~$6^{\vee}$。

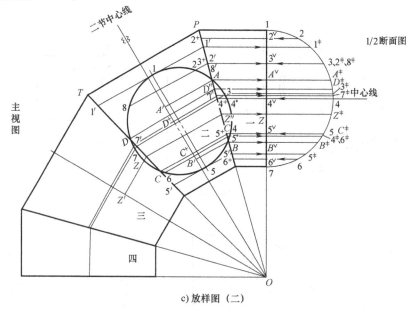

c) 放样图（二）

图 6-3　支管水平相交 90°弯头的展开（续）

主管的展开如图 6-3d 所示，作线段 1—1 等于主管中径周长，并分出 12 等分，截取主视图中各同名号线的长度，移到展开图中即：1~P 等于 1—$1^{\times}$、$2^{\vee}$—2^{+} 等于 2—$2^{\times}$…7—7^{+} 等于 7—$7^{\times}$，得交点 $1^{\times}$—$1^{\times}$，即为一节的展开。截取断面图中 $A^{+}B^{+}$ 弧展开长，移到一节展开端面线上，过点作垂线，截取主视图中 $AA^{\vee}$、$BB^{\vee}$，移到展开图中，得交点 $A^{\times}$、$B^{\times}$ 两点。截取 4—$4^{\times}$、5—$5^{\times}$ 分别等于主视图中 $4°$—$4^{\times}$、$5°$—$5^{\vee}$ 长，曲线光滑连接 $A^{\times}$—$4^{\times}$—$Z^{\times}$—$5^{\times}$—$B^{\times}$ 后，即完成一节开孔的展开。同理二节的开孔也是如此，截取 1^{+}—5^{+} 弧长，移到展开图上，同时，也将 $A^{+}B^{+}$、$C^{+}D^{+}$ 弧长展开移到展开图上，过点 A^{+}、B^{+}、C^{+}、D^{+} 四点作中心线的垂线。以二节中心线为基准，分别截取 $A'A$、$B'B$、$C^{+}C$、$D^{+}D$，移到展开图上即得到 $A^{\times}$、$B^{\times}$、5^{+}、$C^{\times}$、$D^{\times}$、1^{+}，各交点，截取放样图二节中心线至 2、8 二点的距离，移到展开图中主管展开的 3 号线上，得交点 $2^{\times}$、$8^{\times}$。用曲线连接 $B^{\times}$—5^{+}—$C^{\times}$、$A^{\times}$—$2^{\times}$—1^{+}—$8^{\times}$—$D^{\times}$ 后，即完成二节的开孔展开。三节的展开同理，故不再重述。

支管的展开如图 6-3e 所示，用平行线法，在中径周长线段上，分出 8 等分，然后截取 A、B、C、D 等于放样图（一）主视图中 A、B、C、D 间的弧长，过各点作垂线。在放样图（一）中，截取 $\frac{1}{2}$ 辅助左视图以 MM 为基准各线长度，移到展开图中同名线上；$1''$—$1^{\#}$ 等于 1—$1^{\times}$……$8''$—$8^{\#}$ 等于 8—$8^{\times}$。用曲线连接各点后，即完成支管展开。

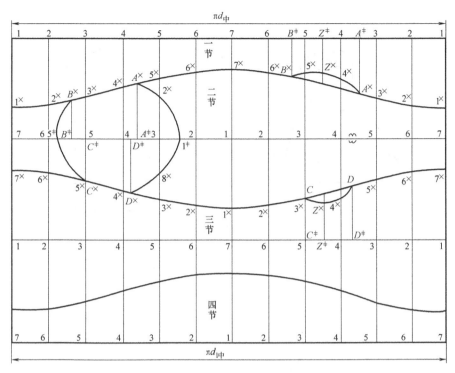

d) 主管移出展开图(正曲)

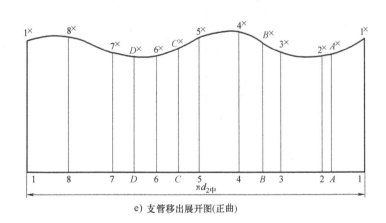

e) 支管移出展开图(正曲)

图 6-3　支管水平相交 90°弯头的展开（续）

实例 4　支管单向倾斜相交 90°弯头的展开

结构介绍：如图 6-4a 所示，这是一个支管单向倾斜相交 90°弯头的例子，这个构件要比前面两例复杂些，求相贯线的方法也不相同。根据已知尺寸 a、b、d_1、d_2、R、α_1、α_2、δ，画出放样图，放样图如图 6-4b 和图 6-4c 所示。

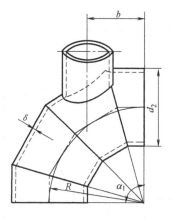
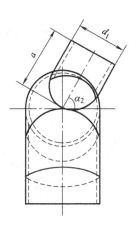

a) 施工图

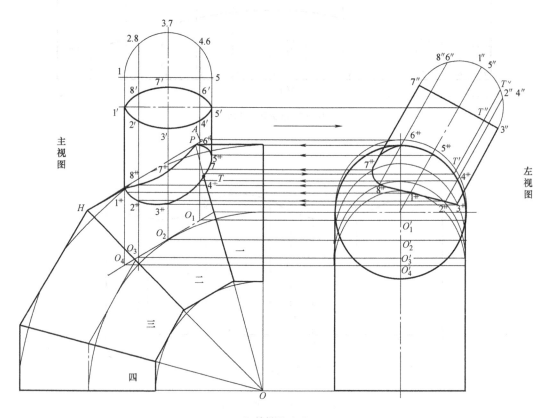

b) 放样图（一）

图 6-4　支管单向倾斜相交 90°弯头的展开

操作步骤：求相贯线。本例求相贯线的方法与前两例都不同，它采用的是切面求点法。在主视图支管断面上，将圆周 8 等分，等分点为 1、2.8、3.7、4.6、5，过 1~8 各点作铅垂线，与主管中心线相交，得 $O_1 \sim O_4$ 四个交点。其中 O_4 是延长二节中心线相交而得的，于是，就形成了 $1'—O_4$、$8'—O_3$、$7'—O_2$、$6'—O_1$ 四个剖切面（5'切面不用作，因为在左视图

5′线正好相交外轮廓线）。显然，这四个切面的截切线都是椭圆，那么 $O_1 \sim O_4$ 都是各椭圆的中心点。我们知道，$O_1 \sim O_4$ 到主管的轮廓线是长半轴，主管半径是短半轴，有了这两个量，还有 $O_1' \sim O_4'$ 四个中心点，我们在左视图中就可以画出这四个椭圆的轨迹。将支管切面截交线与椭圆弧相交后，我们就可以得到 $1^{\#} \sim 8^{\#}$ 各相贯点，即 O_4—$1^{\#}$、O_3—$2^{\#}$、O_3—$8^{\#}$、……，将各相贯点投到主视图中，便得到相贯点在主视图中的投影。

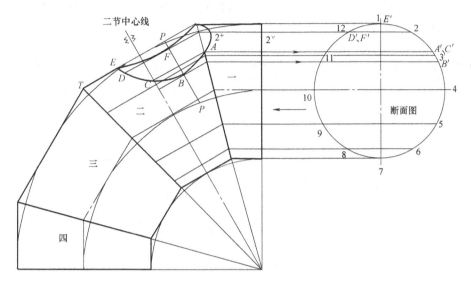

c) 放样图（二）

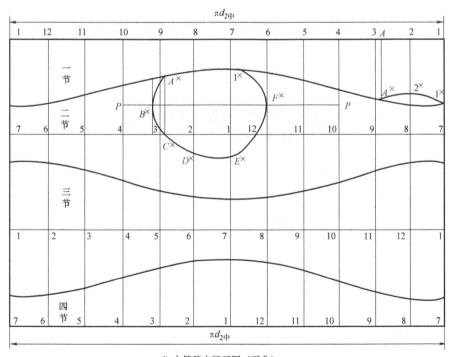

d) 主管移出展开图（正曲）

图 6-4　支管单向倾斜相交 90°弯头的展开（续）

展开：主管的展开如图 6-4d 所示，展开方法与前二例方法相似，简述如下：在一节的展开图上，截取 A—1 等于图 6-4c 断面中 A'—1 弧长，2—2^x 等于放样图中的 2^v—2^+，A^x—2^x—1^x 就是一节的开孔展开。在图 6-4c 二节中，过相贯线的最低点作切线，并使切线平行于外轮廓线，显然 F、B 就是切点。再过 F、B 点作 PP 线平行于二节中心线，把其他控制点 C、D、E 也投到断面图中，至此，就得到了所有控制点之间的展开弧长。在二节的展开图上，作 PP 线平行于中心线，并保证与中心线的间距，在 PP 线上，截取 F^xB^x 等于断面圆弧长并确定方位，然后，以中心线为基准，确定出 C^x、D^x、E^x、A^x 各点，最后曲线连接 A^x $B^xC^xD^xE^xF^x$—1^x 为二节开孔展开。

支管的展开如图 6-4e 所示，用平行线法。在中径周长线段上分出 8 等分，等分点是 3～3，截取 3—3^x、…、7—7^x、…、3—3^x 分别等于左视图中的同名线长度，将 3^x—7^x—3^x 用曲连接后，即完成支管展开。

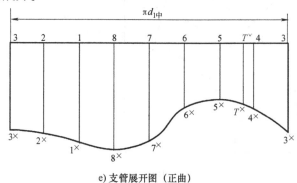

e) 支管展开图（正曲）

图 6-4 支管单向倾斜相交 90°弯头的展开（续）

实例 5 支管双向倾斜相交 90°弯头的展开

结构介绍：如图 6-5a 所示，这是一个由双向倾斜相交的支管与 90°弯头组成的构件，这是支管与弯头相交件中最复杂的一种形式。根据已知尺寸 h、d_1、d_2、R、α_1、α_2、α_3、δ，画出放样图，放样图如图 6-5b 和图 6-5c 所示。

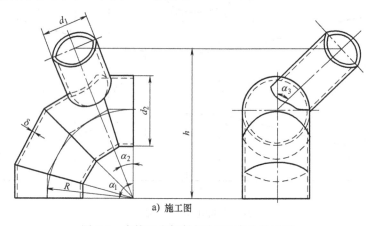

a) 施工图

图 6-5 支管双向倾斜相交 90°弯头的展开

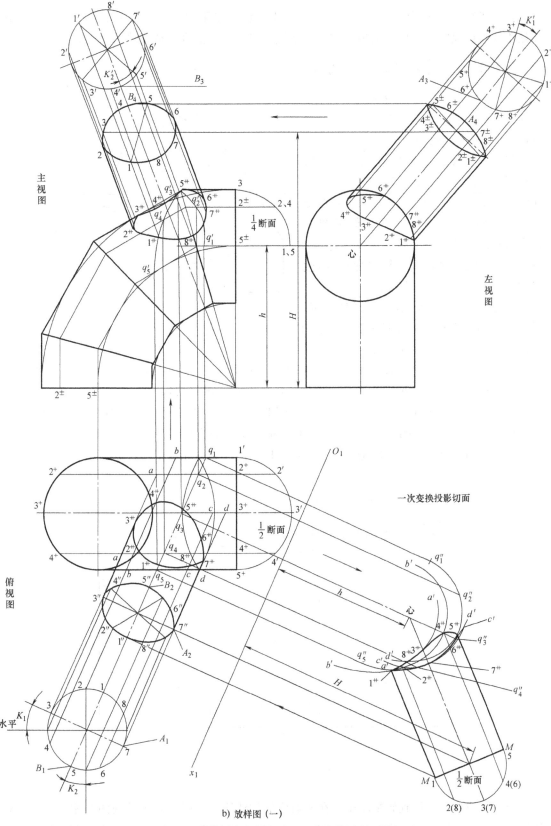

b) 放样图（一）

图 6-5 支管双向倾斜相交 90°弯头的展开（续）

操作步骤：求相贯线。如图 6-5b 所示，本例也是采用切面求点法求相贯线，但这组切面是不能直接反映出来的，需要采用一次变换投影面，才能真实地反映切面实形。在主视图中，作主管断面图 $\frac{1}{4}$ 圆周 2 等分，等分点是 1.5、2.4、3，过 1.5，2.4 点向左作水平线，相交端面线是 $2^\pm$、$5^\pm$ 两点，过这两点作轮廓的平行线，得出 $2^\pm—2^\pm$、$5^\pm—5^\pm$ 两组代表弯头表面的素线，把它们投到俯视图中，就是 $2^+—2^+$、$3^+—3^+$、$4^+—4^+$。在俯视图中，作 X_1O_1 平行于支管中心线，作为一次换面投影旋转轴。在俯视图中，将支管断面 8 等分，编号为 1~8，过 1~8 各点作中心线的平行线，与主管的表面素线相交，得交点 $a~a$、$b~b$、$q_1~q_5$、$c~c$、$d~d$，这就是垂直于平面的五个剖切平面。下面以 $q_1~q_5$ 切面为例说明作图方法：在俯视图中，分别过 q_1、q_2、q_3、q_4、q_5 各

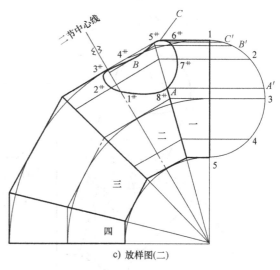

c) 放样图(二)

图 6-5 支管双向倾斜相交 90°弯头的展开（续）

点向上和向垂直 X_1O_1 方向作射线，然后把主视图中切面与表面素线的交点 $q'_1~q'_5$ 高度，依次对应"搬"到一次换面投影图中，得到同名交点 $q''_1~q''_5$ 高度，把 $q''_1~q''_5$ 连接成曲线就是剖切面 $q_1~q_5$ 的实际曲线形状。那么它对应的支管 1、5 两条素线与该曲线相交，所得到的交点就是 $1^\ast$、$5^\ast$ 两线的相贯点。其他剖切面的作法也完全相同，只是为了图面清晰，没有投影线和中间交点标注。最后把这些相贯点连接成曲线，即完成了求相贯线。

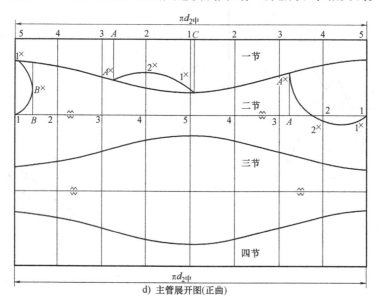

d) 主管展开图(正曲)

图 6-5 支管双向倾斜相交 90°弯头的展开（续）

把所求的相贯点投到俯视图中，在所对应的剖切线上，就得到了俯视图中相贯点 $1^\ast~8^\ast$ 的投影。然后按照三面投影原理，把相贯点 $1^\ast~8^\ast$ 分别投到主视图和左视图，就完成了整个

求相贯线步骤。左视图中的相贯线对展开没有帮助，这里作图只是为了展示它的直观性。另外，由于支管是双向倾斜的，所以素线 1″—5″、2″—4″、8″—6″ 在主视图和左视图中的投影大多情况不是重合的（本例侧面中重合只是巧合），它存在一个倾斜投影差，即俯视图中的 K_1、K_2（$K_1 = K_2$）。其作图原理是：在俯视图支管的断面图中，作水平线和铅垂线过圆心，于是，便得 K_1、K_2。然后按照断面图翻转还原重合的方向进行，将俯视图中的断面图，移到

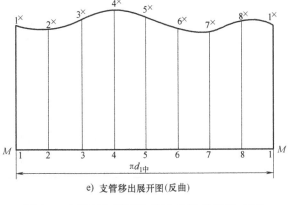

e) 支管移出展开图(反曲)

图 6-5 支管双向倾斜相交 90°弯头的展开（续）

主视图和左视图中，也就是俯视图中的 A_1 到 A_2，再由 A_2 到左视图的 A_3，由 A_3 到 A_4，同样也是由 $B_1 \sim B_4$，最后确定各素线的投影位置。

展开：主管的展开图是根据放样图（二）（见图6-5c)作出的，如图 6-5d 所示，展开方法与前几例相同，故不再重述。

支管的展开如图 6-5e 所示，它是根据一次换面投影图作出的。无论是主管还是支管，像这一类的复杂构件展开都是有方向的，也就是注意正反曲，如果搞错，就会出现废品，这一点一定要牢记。

实例6 四等径正圆台相交体的展开

结构介绍：如图 6-6a 所示，这是一个由四个完全相同正圆台在立体空间中呈互为 120°角组合而成的构件。这种形状的构件用途不是很多，但从构件表面展开角度来讲，它具有一定的代表性。我们展开这个构件的目的不仅仅是为了展开它本身，更重要的是通过展开它，来提高我们的空间想象力，求相贯线和展开的能力，以及下料组装综合水平。根据已知尺寸 d_1、d_2、d_3、δ 画出放样图，放样图如图6-6b所示。

操作步骤：求相贯线。先根据已知尺寸 d_3 大小作出

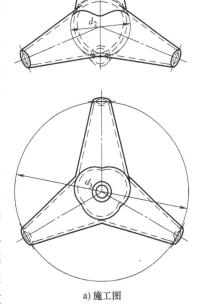

a) 施工图

图 6-6 四等径正圆台相交体的展开

俯视图，然后根据俯视图求主视图 O_2D 长。具体作法是：截取 AB 长为半径，以主视图中 D 点为圆心画弧，相交中心线于 C 点，则 AB 等于 CD。作 CD 的垂直平分线，相交出 E、F 两点，同时得交点 O_2，则 CO_2 等于 O_2D，也就是圆台的中心线实长。$\angle CO_2D$ 是两个圆台之间相交的实际夹角，同时得到四圆台相交相切圆半径 O_2M。在主视图中 O_2D 的延长线上，作出圆台大口断面图，并分出圆周 12 等分，等分点为 1~7。过各等分点作中心线的平行线，相交大口端面，得 1′~7′，与 O_1 连线后，就完成了形体的表面分割。其中 1′—3′ 与 EF 线相交，得到 1″、2″、3″点，就是上部分二圆台相交的相贯点。过俯视图中断面图等分点 1″~7″

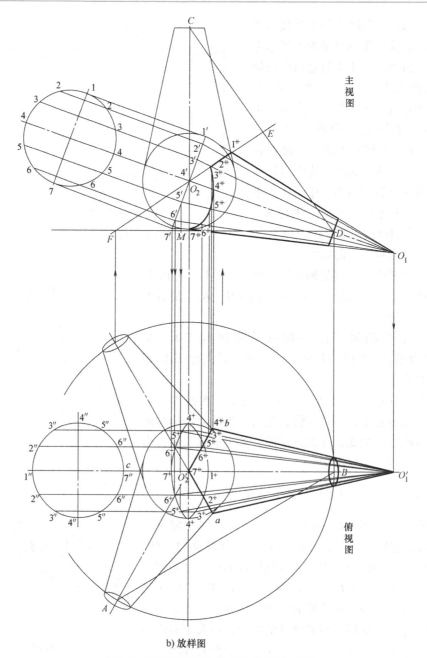

b) 放样图

图 6-6　四等径正圆台相交体的展开（续）

作水平线，相交圆台大口轮廓得到 1^+~7^+ 各点，与 O_1' 连线，就是主视图中各等分素线在俯视图中的投影。俯视图 $O_2'a$、$O_2'b$、$O_2'c$ 分别是每两圆台的相贯线，其中 $O_2'b$ 线与 4^+—7^+ 等分素线相交，得 4^+~7^+ 各点就是二圆台下部分的相贯线。把它们投到主视图中各对应的素线上，得到 4^+~7^+ 点，用曲线光滑连接后，至此，得到 1^+—3^+、3^+—7^+ 完整的相贯线在主视图中的投影。

展开：因为是四个圆台完全相同，所以只需展开一个即可，展开图如图 6-6c 所示。过 $\frac{1}{2}$ 断面图等分点 2~6 作中心线的平行线，得到大口边线交点 $2'$~$6'$，与 O^x 连线。过相贯点

$2^{\ddagger}\sim7^{\ddagger}$作中心线的垂线，相交边轮廓线$O^{\times}P$于$7^{\ddagger}$、$6^{\ddagger}$、……各点，以$O^{\times}$为圆心，分别以$O^{\times}$ C、$O^{\times}—1^{\ddagger}$、$O^{\times}—2^{\ddagger}$、$O^{\times}—3^{\ddagger}$、…、$O^{\times}P$为半径画弧，在$O^{\times}P$弧线上，截取$1—7—1$弧长等于中径周长，并12等分，过各等分点与$O^{\times}$连线，与各实长弧线同名编号相交，得出$1^{\times}—7^{\times}—1^{\times}$各点，则$1^{\times}—1^{\times}—C^{\times}—C^{\times}$是所求的展开图。

另外需指出，作这个构件展开时，圆周等分必须是12等分或者是12的倍数，因为在圆台的大口展开是呈波浪形的，$1^{\times}—5^{\times}—5^{\times}$三条线最短，$3^{\times}—7^{\times}—3^{\times}$三条线最长，它们互为120°，三长三短交替存在，只有12等分线才能代表关键点，其他的等分则不行。本例所作的O_2M半径是最大值，这是个变量它可以适当减小的。

实例7　正圆台垂直相交斜四棱台的展开

结构介绍：如图6-7a所示，这是一个由正圆台直交斜四棱台的构件，根据已知尺寸a、b、h_1、h_2、h_3、d_1、d_2、δ画出放样图，放样图如图6-7b所示。

操作步骤：求相贯线。根据二形体特点，采用变换投影面法求相贯线比较方便。在主视图中棱线JA的延长线上，作该线的垂线O_1Z_1，作为一次换面投影轴。将圆台大口断面8等分，过等分点2、3、4投到端口面是$2'$、$3'$、$4'$，过$2'$、$3'$、$4'$与O点连线。过O点和$1'$、$2'$、$3'$、$4'$、$5'$点作O_1Z_1的垂线，以O_1Z_1为基准截取b'长等于俯视图中b，截取a'长等于俯视图中的a。过大口断面$1''\sim5''$点作中心线的平行线，同名交点$1^+\sim5^+$点为大口的投影，过$1^+\sim5^+$各点与O'连线，得到相贯点2^+、4^+、3^+。过2^+、4^+、3^+点投回主视图中，同各素线相交得相贯点$2''$、$3''$、$4''$，再加上自然相贯点$1''$、$5''$，用曲线光滑连接$1''\sim5''$，即完成求相贯线。

展开：主管的展开如图6-7c所示，用素线定位法将相贯线投到俯视图中，得到$3''$、$2''$、$4''$三点。旋转法求出斜棱台棱长$J^{\times}B^+$，以$J^{\times}$为圆心，分别以$J^{\times}A$、$J^{\times}B^+$、$J^{\times}C$为半径画弧，在$J^{\times}A$弧上选定一点为$A^{\times}$，以棱锥边长M为定长，依次画弧相交$B^{\times}$、$C^{\times}$、$B^{\times}$、$A^{\times}$。将俯视

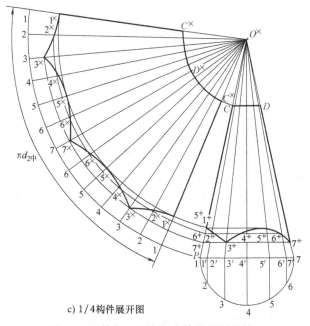

c) 1/4构件展开图

图6-6　四等径正圆台相交体的展开（续）

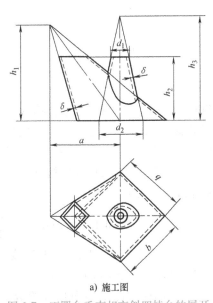

a) 施工图

图6-7　正圆台垂直相交斜四棱台的展开

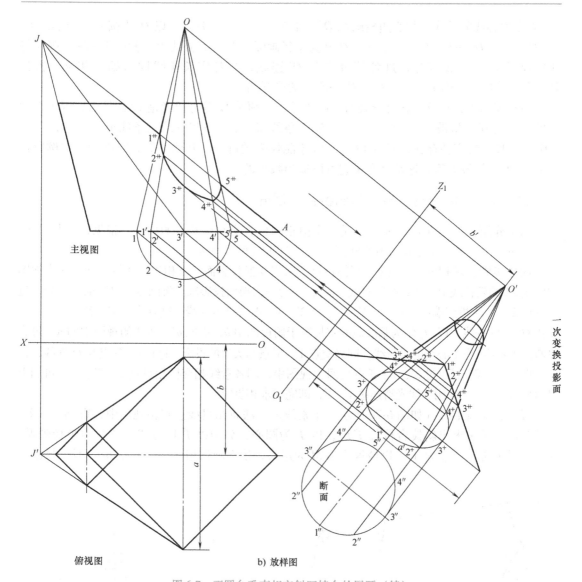

图 6-7　正圆台垂直相交斜四棱台的展开（续）

图 C—4″、C—2″、C—3″依次移到展开图上是 4⁺、2⁺、3⁺点，过 4⁺、2⁺、3⁺点与 Jˣ连线。过相贯点 2ᵗ、3ᵗ、4ᵗ作水平线，分别相交 JˣBᵗ和 JˣC 线于 2ᵛ、3ᵛ、4ᵛ。以 Jˣ为圆心，以 Jˣ—1ᵗ、Jˣ—2ᵛ、Jˣ—3ᵛ、Jˣ—4ᵛ、Jˣ—5ᵗ为半径画弧，相交同名素线 1ˣ和 5ˣ、2ᵗ—2#—2#、3ᵗ—3#—3#、4ᵗ—4#—4#，用直线连接 2ᵗ—2#—2#……相交出 2ˣ、3ˣ、4ˣ点，用曲线连接 1ˣ~5ˣ点，便完成主管展开。

　　支管的展开如图 6-7d 所示，将 $\frac{1}{2}$ 断面圆周 4 等分，编号 1~5，过各点作铅垂线，相交大口端面线 2′、3′、4′，与 Oˣ连线。过相贯点 1ᵗ~4ᵗ作平行线相交边线 OˣP，得点 1‡~4‡。以 Oˣ为圆心，分别以 Oˣ—B、Oˣ—1‡、…、Oˣ—P 为半径画弧，在 Oˣ—P 弧上截取 1—1 长等于大口中径周长，并分出 8 等分，过等分点与 Oˣ连线，同名弧线与素线相交，Aˣ—Aˣ—1ˣ—5ˣ—1ˣ 为支管的展开。

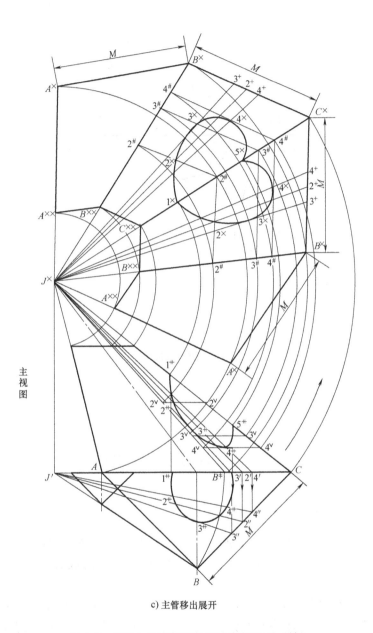

c) 主管移出展开

图 6-7　正圆台垂直相交斜四棱台的展开（续）

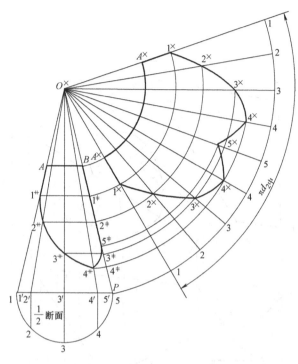

d) 支管的移出展开

图 6-7 正圆台垂直相交斜四棱台的展开（续）

第二节 单片板类构件的展开

实例 8 罐体封头的座板展开

结构介绍：如图 6-8a 所示，这是一个压力容器罐体封头内部安装座板的施工图，根据已知尺寸 a、b、c、d、e、h_1、h_2、h_3、R、r、δ，画出放样图，放样图如图 6-8b 所示。

操作步骤：求相贯线，用纬线定位法。在俯视图中作座板的等分点 1~3、3~5，以 O 为圆心，分别过 1~5 点作同心圆弧，相交水平中心线得 1'~5' 点。过 1'~5' 向上作铅垂线，相交封头轮廓线是 1''~5'' 点。过 1''~5'' 点作水平线，这就是纬圆在立面中的投影。过 1~5 点向立面作铅垂线，与同名的纬圆相交，得 1^+~5^+ 点，即直角座板相交封头的相贯点。

展开：用平行线法。如图 6-8c 所示，作线段 $M'M'$ 等于俯视图中 1~5 点展开长，并将其等分点移过来，过 1~5 点作线段的垂线，截取 $1^×$—$5^×$ 到 $M'M'$ 的长度，等主视图中 MM 到各相贯点的长度，得交点 $1^×$~$5^×$，用曲线连接，即完成展开。

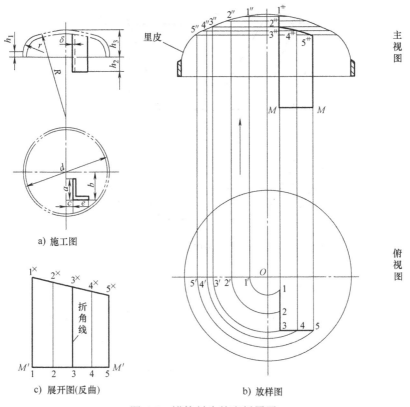

a) 施工图

c) 展开图(反曲)

b) 放样图

图 6-8 罐体封头的座板展开

实例 9 梯形板的展开

结构介绍：如图 6-9a 所示，这是一个左右对称的梯形板，根据已知尺寸 a、b、c、e、f、h、δ 画出放样图，放样图如图 6-9b 所示。

操作步骤：求实长。在主、俯二视图中，只有 BC 不反映实长，因此，截取俯视图中 BC 长，移到主视图中，与 SC 线共同组成一个直角三角形，则斜边就是 BC 线的实长。

展开：如图 6-9c 所示，先将主视图 $B'B'D'D'B'$ 部分复制在展开图中，然后以 $D^×$ 为圆心，以俯视图中 CD 长为半径画弧，与以 $B^×$ 为圆心，以实长线 $BC^‡$ 长为半径所画弧，相交出

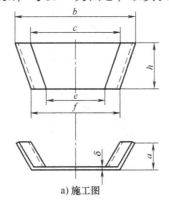

a) 施工图

图 6-9 梯形板的展开

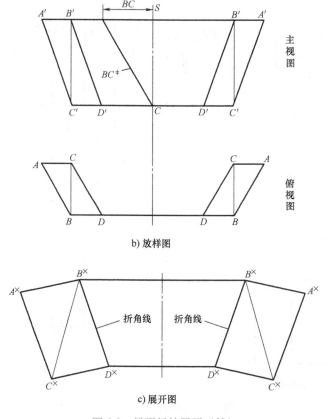

b) 放样图

c) 展开图

图 6-9　梯形板的展开（续）

$C^{×}$ 点。以 $C^{×}$ 点为圆心，以主视图中 $A'C'$ 长为半径画弧，与以 $B^{×}$ 为圆心，俯视图中 AB 长为半径所画弧，相交出 $A^{×}$ 点。本例在 $B^{×}D^{×}$ 线折弯。

实例 10　棱形板的展开

结构介绍：如图 6-10a 所示，根据已知尺寸 a、b、h、δ，画出放样图，放样图如图 6-10b 所示。

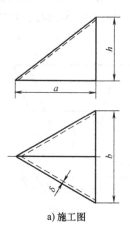

a) 施工图

图 6-10　棱形板的展开

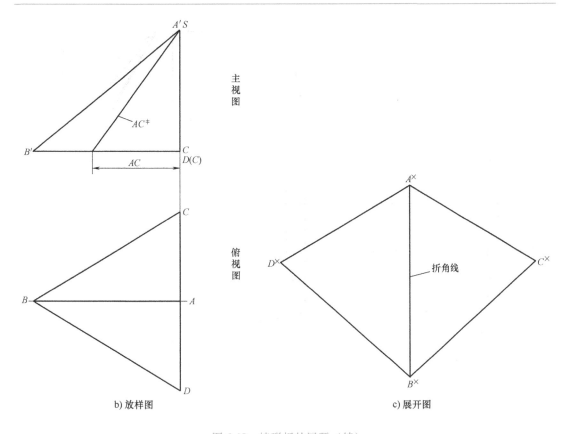

图 6-10　棱形板的展开（续）

操作步骤：求实长线。本例需求实长的只有 AC 线（AC 等于 AD），截取俯视图 AC 线移到主视图中，与投影高组成直角三角形，连接斜边 AC⁺ 线，即为实长线。

展开：如图 6-10c 所示，作线段 AˣBˣ，以 Aˣ 为圆心，以实长线 AC⁺ 长为半径画弧，与以 Bˣ 为中心，以俯视图 BC 长为半径所画弧分别相交出 Cˣ、Dˣ 两点，则 AˣDˣBˣCˣAˣ 即为所求的展开图。

实例 11　斜卡角板的展开

结构介绍：如图 6-11a 所示，这是由两块斜度不同的板料组成的钝角板单片构件，根据已知尺寸 a、b、c、e、f、g、δ、h 画放样图，放样图如图 6-11b 所示。

操作步骤：求实长线。在主视图上下端投影高 C′（B′）D′ 和 F′（A′）E′ 的延长线上，作垂线 SC，在水平方向分别截取 FC、ED、AC、FD 等于俯视图中同名线长，连接斜边，则 FC⁺、FD⁺、AC⁺、FD⁺ 就是所求实长。

展开：如图 6-11c 所示，作线段 FˣCˣ 等于实长线 FC⁺ 长，以 Cˣ 为圆心以实长线 AC⁺ 长为半径画弧，与以 Fˣ 为圆心，俯视图中 AF 长为半径所画弧，相交出 Aˣ 点。以 Cˣ 点为圆心，俯视图中 BC 长为半径画弧，与以 Aˣ 为圆心，以主视图中（A′）（B′）长为半径所画弧，相交出 Bˣ 点。以 Cˣ 点为圆心，俯视图中 CD 长为半径画弧，与以 Fˣ 点为圆心，以实长线 FD⁺ 为半径所画弧，相交出 Dˣ 点。以 Fˣ 点为圆心，俯视图 FE 长为圆画弧，与以 Dˣ 点为圆心，以实长线 ED⁺ 长为半径所画弧，相交出 Eˣ 点。

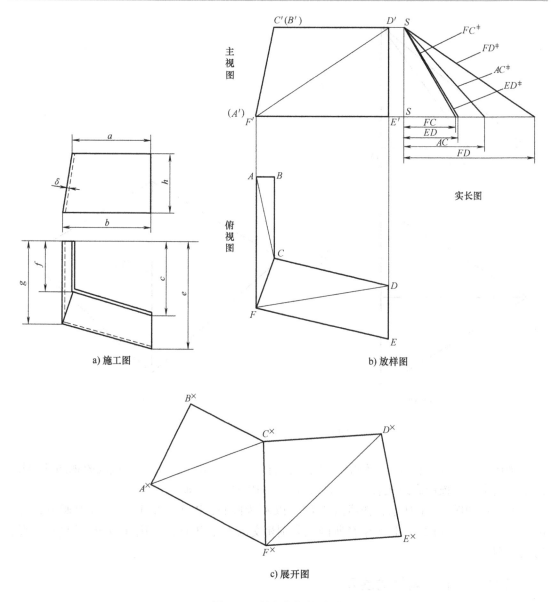

图 6-11　斜卡角板的展开

实例 12　钝角折角板的展开

结构介绍：如图 6-12a 所示，本例与上例相比基本相同，所不同的是侧面板的倾斜方向相反，展开方法完全相同。根据已知尺寸 a、b、c、e、f、g、δ、h 画出放样图，放样图如图 6-12b 所示。

操作步骤：实长图如图 6-12c 所示，采用三角形法，SC 表示投影高，再拿出俯视图中的线段投影长，得出斜边即为各线的实长。

展开：如图 6-12d 所示，用三角形法展开，这里不再详述。

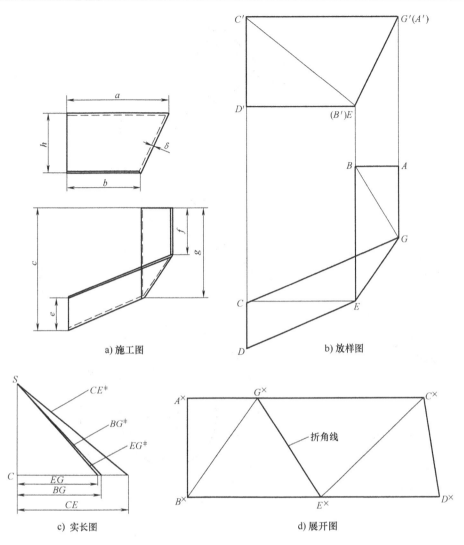

a) 施工图　　　b) 放样图

c) 实长图　　　d) 展开图

图 6-12　钝角折角板的展开

实例 13　斜面螺旋叶片的展开

结构介绍：如图 6-13a 所示，根据已知尺寸 d_1、d_2、h_1、h_2、δ、α 画出放样图，放样图如图 6-13b 所示。

操作步骤：放样图的画法如图 6-13b 所示。在俯视图中，将大圆周 12 等分，编号是 1~12，过各等分点与 O 点连线，相交小圆周，得点 1′~12′，至此，将环状圆周分成 12 等分，连接各等分中的对角线 b，即：1—2′、2—3′……，过大小圆等分点向主视图作铅垂线。在主视图左侧，截取1^+—1^+等于 h_1，并分出 12 等分，过各点向右作水平线。在右侧截取 1″—1″也等于 h_1，分出 12 等分，同时保证 1″—1^+等于 h_2，过各点向左作水平线。左右两边的水平线与平面中投上来的铅垂相交，同名线相交得出内圆曲线是$1^±$—$1^±$，外圆曲线是$1^\#$—$1^\#$，连接各点间线段，即完成放样图。

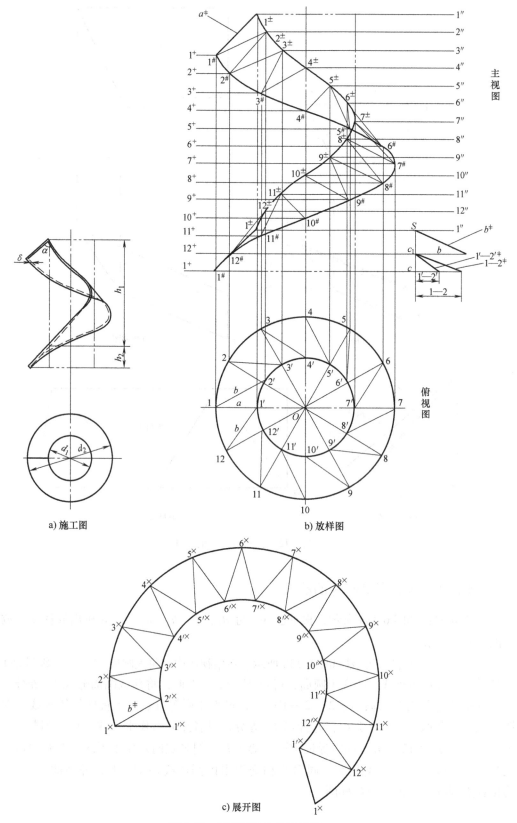

主视图

俯视图

a) 施工图

b) 放样图

c) 展开图

图 6-13　斜面螺旋叶片的展开

求实长线：在主视图中，截取 $\dfrac{h_1}{12}$ 高，与俯视图内外圆弧 1—2 和 1′—2′ 组成三角形，分别得出斜边实长线 1′—2′$^+$、1—2$^+$。截取 SC_1 等于 1′—12 的投影高，与水平方向的 b 长组成三角形，所得到的斜边 b^+ 就是实长。

展开：展开图如图 6-13c 所示，用三角形法。作线段 1$^×$—1′$^×$ 长等于主视图中 a^+ 长，以 1′$^×$ 点为圆心，以实长线 1′—2′$^+$ 长为半径画弧，与以 1$^×$ 点为圆心，实长线 b^+ 长为半径所画弧，相交出 2′$^×$ 点。以 1$^×$ 点为圆心，以 1—2$^+$ 长为半径所画弧，与以 2′$^×$ 点为圆心以 a^+ 长为半径所画弧，相交出 2$^×$ 点。以下用同样方法作出所有交点，最后用曲线光滑连接 1$^×$—1$^×$、1′$^×$—1′$^×$，即完成展开。

实例 14　锥体螺旋叶片的展开

结构介绍：如图 6-14a 所示，这也是一个直纹螺旋面构件，属于近似展开。根据已知尺寸 d_1、d_2、d_3、h、δ，画出放样图，放样图如图 6-14b 所示。

操作步骤：放样图的画法如图 6-14b 所示。在俯视图中，作大圆周的 12 等分，等分点为 1~12，过各等分点与 O 连线，相交小圆周，得交点 1′~12′。将 AB 长分成 12 等分，然后在 O—12 线上，以大圆周交点为基准，截取 12—12$^\#$ 等于 $\dfrac{AB}{12}$，得交点 12$^\#$。截取 11—11$^\#$ 等于 $\dfrac{2AB}{12}$、10—10$^\#$ 等于 $\dfrac{3AB}{12}$……

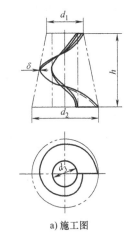

a) 施工图

图 6-14　锥体螺旋叶片的展开

1$^\#$—1$^\#$ 等于 $\dfrac{12AB}{12}$。用曲线光顺 1$^\#$—12$^\#$，用直线连接 1$^\#$—2′、2$^\#$—3′、…、12$^\#$—1′。过 1$^\#$~12$^\#$ 和 1′~12′ 向主视图作垂线，与 h 高的 12 等分水平线相交得出内圆交点 1$^+$~1$^+$，外圆交点 1$^\pm$~1$^\pm$，用曲线光顺各点，即完成主视图。

求实长线：在主视图中，作水平线的垂线 SC，将每个水平线间距作为一个投影高，在 SC 的左边，截取 1$^\#$—12$^\#$ 等于俯视图中同名线长，在 SC 的右边，截取 1′—12′ 等于俯视图中同名线长，于是，分别得到的斜边就是各自投影线的实长。同样，截取 1′—2′ 等于内圆周 $\dfrac{1}{12}$ 长，得到斜边 1′—2′$^+$ 就是内圆曲线的实长。

展开：展开图如图 6-14c 所示，用三角形法。截取 1′$^×$—1$^×$ 长等于俯视图中 1′—1$^\#$ 长，以 1′$^×$ 为圆心，以实长线 1′—12′$^\#$ 长为半径画弧，与以 1$^×$ 为圆心以实长线 1$^\#$—12$^\#$ 长为半径所画弧，相交出 12$^×$ 点。以 1′$^×$ 点为圆心，实长线 1′—2′$^+$ 长为半径画弧，与以 12$^×$ 为圆心，以俯视图中圆 12′—12$^\#$ 长为半径画弧，相交出 12′$^×$ 点。以下用同样方法作出全部交点，用曲线光滑连接 1$^×$—1$^×$ 和 1′$^×$—1′$^×$，用直线连接各交点，即完成展开。

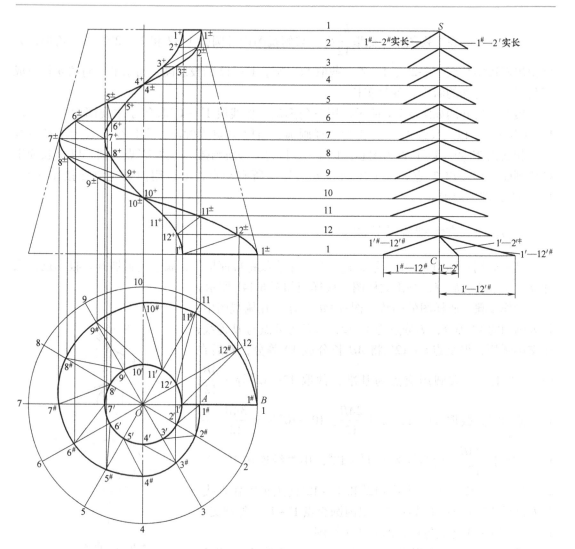

b) 放样图

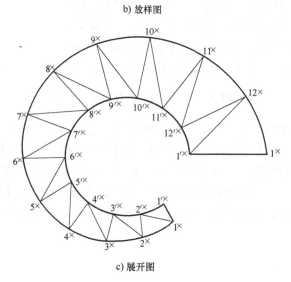

c) 展开图

图 6-14　锥体螺旋叶片的展开（续）

实例 15　不对称梯形圆角围板的展开

结构介绍：如图 6-15a 所示，这是一个由圆角过渡、且两块斜度不同的围板组成的单片构件。根据已知尺寸 a、b、c、e、f、h、r、R、δ 画出放样图，放样图如图 6-15b 所示。

操作步骤：求实长线。在俯视图中，将内外圆弧 2 等分，得等分点 $1'\sim3'$ 和 $1\sim3$。在主视图中作 $A'B'$、$D'C'$ 的延长线，并作垂线 SC，在俯视图中截取 AD、$1'{-}1$、$1{-}2'$、$\cdots$、CB 长，分别移到实长图中水平方向，相交各点，所得到的斜边 AD^{+}、$1{-}2^{+}$、$\cdots\cdots$ 为实长。

展开：如图 6-15c 所示，作线段 $2^{\times}{-}2'^{\times}$ 等于实长线 $2{-}2'^{+}$，以 $2^{\times}$ 为圆心，以俯视图中大弧长 $1{-}2$ 长为半径画弧，与以 $2'^{\times}$ 为圆心，以实长线 $1{-}2'^{+}$ 长为半径所画弧，相交出 $1^{\times}$ 点。以 $2'^{\times}$ 点为圆心，以俯视图中小弧长 $1'{-}2'$ 长为半径画弧，与以 $1^{\times}$ 为圆心，以实长线 $1{-}1'^{+}$ 长为半径所画弧，相交出 $1'^{\times}$ 点。以 $1^{\times}$ 点为圆心，以俯视图中 $1{-}M$ 长为半径画弧，与以 $1'^{\times}$ 为圆心，以实长线 AD^{+} 长为半径所画弧，相交出 $M^{\times}$ 点。作 $A^{\times}M^{\times}$ 等于 $D^{\times}{-}1'^{\times}$ 长，并且都等于俯视图中 AM 长。$A^{\times}M^{\times}$ 垂直于 $M^{\times}{-}1'^{\times}$，用同样方法作出另一半，即完成展开图。

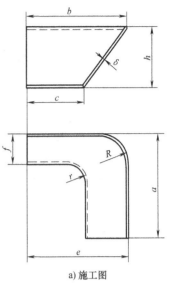

a) 施工图

图 6-15　不对称梯形圆角
围板的展开

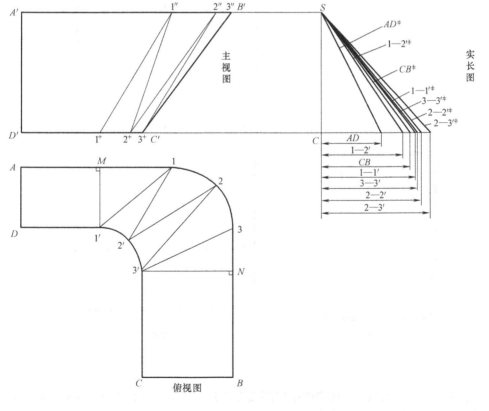

b) 放样图

图 6-15　不对称梯形圆角围板的展开（续）

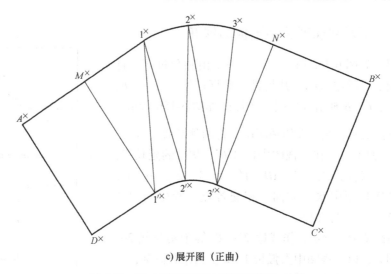

c) 展开图（正曲）

图 6-15　不对称梯形圆角围板的展开（续）

实例 16　一边斜圆角围板的展开

结构介绍：如图 6-16a 所示，这是一种垂直边和倾斜边圆角过渡的围板形式，已知尺寸有 a、b、c、h、r、δ，放样图如图 6-16b 所示。

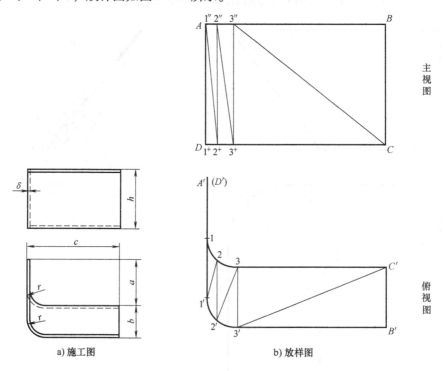

a) 施工图　　　　　　　　　b) 放样图

图 6-16　一边斜圆角围板的展开

操作步骤：求实长线。在俯视图中将圆弧 2 等分，等分点为 1~3 和 1′~3′，并连接之间直线和对角线。实长图如 6-16c 所示，截取 SC 高等于主视图投影高 AD，然后分别截取 1′—2、2′—3′、2′—2、1′—1、1′—D′、3′—C′ 长等于俯视图中同名线长，所得到斜边 1′—2$^+$、

$2'—3^{\ddag}$、……即为实长。

展开：如图 6-16d 所示，用三角形法。作线段 $A^{\times}D^{\times}$ 等于主视图中 AD 长，以 $A^{\times}$ 为圆心，以俯视图中 $A—1'$ 长为半径画弧，与以 $D^{\times}$ 为圆心，以实长线 $1'—D'^{\ddag}$ 长为半径所画弧，相交出 $1'^{\times}$ 点。以 $1'^{\times}$ 点为圆心，以实长线 $1'—1^{\ddag}$ 长为半径画弧，与以 $D^{\times}$ 为圆心，以俯视图中 $D'—1$ 长为半径所画弧，相交出 $1^{\times}$ 点。以 $1^{\times}$ 为圆心，以俯视图中 $1—2$ 弧长为半径画弧，与以 $1'^{\times}$ 为圆心，以实长线 $1'—2^{\ddag}$ 长为半径所画弧，相交出 $2^{\times}$ 点。以下按照顺序，用同样的方法作出全部交点，本例为反曲。

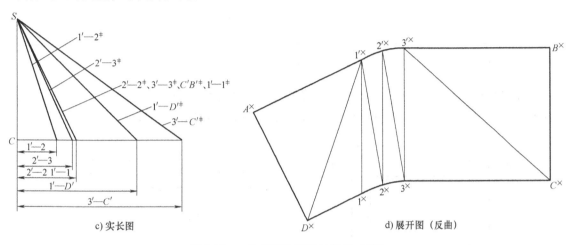

c) 实长图   d) 展开图（反曲）

图 6-16 一边斜圆角围板的展开（续）

第三节 型钢下料

实例 17 角钢 90° 内弯制件

如图 6-17 所示，它的展开方法与板材折直角弯相同，也就是取角钢立边的里皮展开长，确定折角位置以后，以折角线为中心，截取角钢平面里皮宽度 a 的两倍为切角部分。

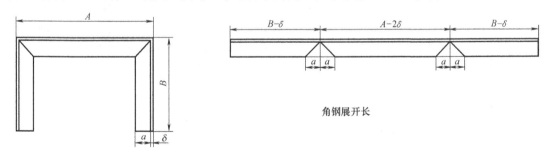

角钢展开长

图 6-17 角钢 90° 内弯制件

实例 18 角钢 90° 外弯制件

如图 6-18 所示，它其实是将角钢切断后，由三根角钢对接而成。每根角钢的展开长度都是以外皮为准，平面切角部分仍然是 $2a$，但立面边切角部分则是 $2a+2\delta$ 长。

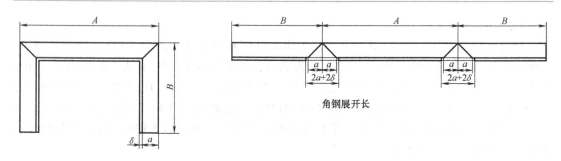

图 6-18　角钢 90°外弯制件

实例 19　带补料的角钢外弯 90°制件

如图 6-19 所示，它的展开长是按照角钢立边里皮为准，如图中的 $B-(a+\delta)$，$A-2(a+\delta)$。在折角处切口后，弯曲 90°角，形成了两个缺口，用同厚度的板材补上缺口即可。

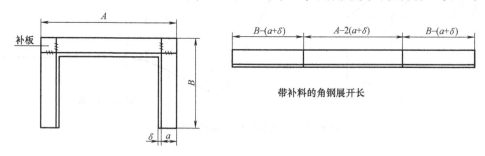

图 6-19　带补料的角钢外弯 90°制件

实例 20　角钢 90°外弯制件

如图 6-20 所示，它是由三根角钢对接而成，其中 A 段是在两端切去两个角，其立边剩余长度是 $A-2(a+\delta)$，B 段则是 $B-(a+\delta)$ 长。

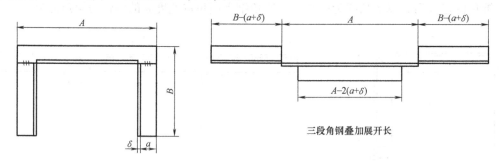

图 6-20　角钢 90°外弯制件

实例 21　角钢钝角内弯制件

如图 6-21 所示，其展开长是取折角处立边里皮 A 和 B 长，平面切角部分是 C 的 2 倍。

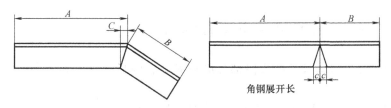

图 6-21 角钢钝角内弯制件

实例 22　角钢锐角内弯制件

如图 6-22 所示，与上例展开方法相同，A 和 B 长都表示立边的里皮长，C 则表示切角的垂直差，同样，在折角处切去 2 倍的 C 长。

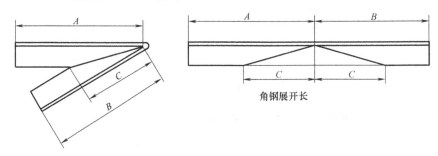

图 6-22　角钢锐角内弯制件

实例 23　等边角钢 T 形结构的直角形式

如图 6-23 所示，这个构件是由件 1 和件 2 组成，其中件 1 只是一段直角钢，件 2 是将角钢平面部分的 abc 切掉，保留立边组合而成。这种形式可以组成 T 字形，也可以组成直角框。

图 6-23　等边角钢 T 形结构的直角形式

实例 24　等边角钢 T 形结构锐角和钝角形式

如图 6-24 所示，本例与上例的展开方法完全相同，只是所组成的是锐角和钝角形式。

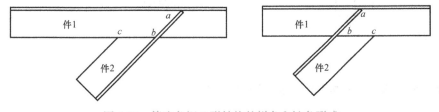

图 6-24　等边角钢 T 形结构的锐角和钝角形式

实例 25　等边角钢 90° 内弯圆角过渡制件

如图 6-25 所示，其展开长的直段部分取至 R 止，圆弧部分取立边 $\frac{1}{4}$ 圆周中皮展开长。

如图中 $B+L+A+L+B$，以 O 为圆心以 a 长为半径画弧，$\overset{\frown}{JP}$ 等于 $\frac{1}{8}$ 圆周长。

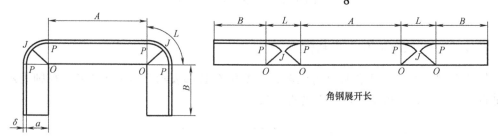

图 6-25　等边角钢 90° 内弯圆角过渡制件

实例 26　角钢锐角和钝角内弯圆角过渡制件

如图 6-26 所示，其展开方法与上例完全相同。

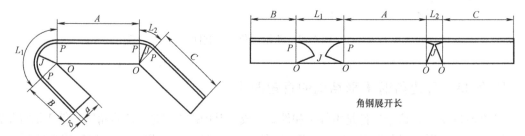

图 6-26　角钢锐角和钝角内弯圆角过渡制件

实例 27　角钢 90° 内弯圆角过渡制件

如图 6-27 所示，这种形式与例 25 相似，只是接缝位置不同罢了，展开长是 $B+L+A$，以 O 为圆心，以 OJ 为半径画弧，OJ 等于 a，L 等于 $2a+\delta$ 圆周展开长度的 $\frac{1}{4}$。

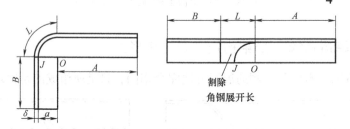

图 6-27　角钢 90° 内弯圆角过渡制件

实例 28　角钢 90° 内弯大圆弧过渡制件

上几例的制件圆弧过渡半径都是 a，如果需要大的圆弧过渡，它们就达不到要求了。因此，我们采用角钢和板材组对的形式组合，如图 6-28 所示。在图中可以看到，直段是 B 和 A 长，圆弧段是 L 长，我们把角钢的平面部分切掉 L 长后定为件 1，把以 O 为圆心，以 a 为半径的环状 $\frac{1}{4}$ 圆形补板定为件 2，将件 1 和件 2 组合后构成制件。

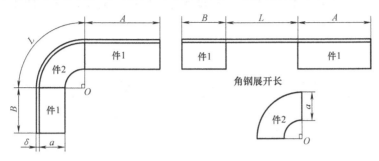

图 6-28　角钢 90° 内弯大圆弧过渡制件

实例 29　角钢的内弯圈制件

角钢圈无论内弯还是外弯，都是经过热弯或者冷弯而成的。受加热温度、加工胎模、操作方法等诸多因素的影响，一般很难计算出精确的展开长度，通常只是计算它的近似值。另外为了加工需要，在展开料两端还得各加 150~300mm 长的余料，因此，对于展开料长精度的要求就不那么高了。如图 6-29 所示，这是一个等边角钢内弯圈，它的计算公式如下：

$$热弯：L=\pi(d-1.4a)；$$
$$冷弯：L=\pi(d-0.4a)。$$

实例 30　角钢外弯圈制件

如图 6-30 所示，计算公式如下：

$$热弯：L=\pi(d+1.6a)；$$
$$冷弯：L=\pi(d+0.7a)；$$

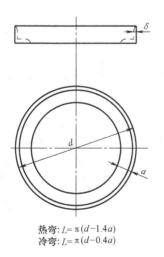

热弯：$L=\pi(d-1.4a)$
冷弯：$L=\pi(d-0.4a)$

图 6-29　角钢的内弯圈制件

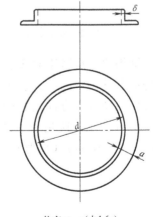

热弯：$L=\pi(d+1.6a)$
冷弯：$L=\pi(d+0.7a)$

图 6-30　角钢的外弯圈制件

实例 31　槽钢的小面钝角制件

如图 6-31 所示,它的展开方法与角钢相似,只是槽钢比角钢多了一个立边。展开长 $A+B$ 是截取立边里皮长的,切角的宽度等于 $2C$ 长,但要注意,两个立边需要对称切角。

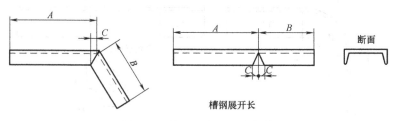

槽钢展开长

图 6-31　槽钢的小面钝角制件

实例 32　槽钢的大面锐角制件

如图 6-32 所示,展开方法与上例基本相同,所不同的是本例切角是在大面和一个小面上进行的。

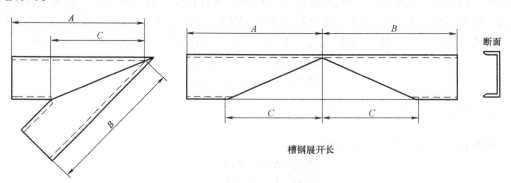

槽钢展开长

图 6-32　槽钢的大面锐角制件

实例 33　槽钢内弯圈制件

槽钢与角钢相比,是属于双边受力,从某种意义上讲,它们是有共性的。因此,它的加工方法,操作工艺,计算料长的精度等方面是相同的,当然计算是近似值。如图 6-33 所示,这是一个槽钢内弯圈,计算公式如下:$L=\pi$ ($d-0.4a$) (内弯)。

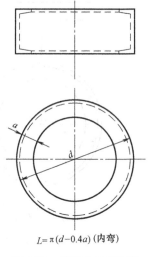

$L=\pi(d-0.4a)$ (内弯)

图 6-33　槽钢内弯圈制件

实例 34 槽钢外弯圈制件

如图 6-34 所示，计算公式如下：$L=\pi(d+0.6a)$。

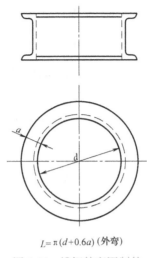

$$L=\pi(d+0.6a)\text{（外弯）}$$

图 6-34 槽钢外弯圈制件

第四节 几种常用构件的计算下料方法

我们知道，要求出构件的展开图，几乎所有构件都需要画出放样图，然后根据构件表面素线的空间相对位置和长短，按照素线在构件表面滚动一周的原理进行展开。如果能用简单的计算来代替放样图，通过计算出的数据直接作出展开图，那当然是快捷准确的。这对于较复杂的构件来说是难以实现的，但对于有些比较简单的构件来说是完全可以的。

实例 35 90°三节弯头的展开

如图 6-35a 所示，这是一个 90°三节弯头，我们可以用计算的方法将它展开。虽然是以90°三节弯头为例，但运用计算方法，可以展开任何角度和节数的弯头。为了使图面清晰，将 6-35a 中的三节移出来画，图 6-35b 是它的放大图。作计算展开需要分三步进行，具体作法如下：

第一步：求出 $Z—2'$、$Z—3'$、$Z—5'$、$Z—6'$。

这里我们用 b_1 代替 $Z—2'$，b_2 代替 $Z—3'$、b_3 代替 $Z—5'$、b_4 代替 $Z—6'$，

$\because \cos\alpha=\dfrac{邻}{斜}$　　$\therefore 邻=斜\cdot\cos\alpha$

又$\because Z—2=\dfrac{d}{2}$，$Z—3=\dfrac{d}{2}$，$Z—5=\dfrac{d}{2}-\delta$，$Z—6=\dfrac{d}{2}-\delta$

$\therefore b_1=\dfrac{d}{2}\cdot\cos30°$

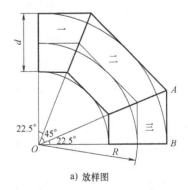

a) 放样图

图 6-35 90°三节弯头的展开

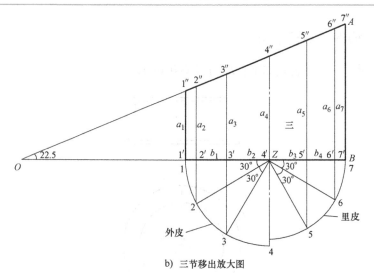

b) 三节移出放大图

图 6-35　90°三节弯头的展开（续）

$$b_2 = \frac{d}{2} \cdot \cos 60°$$

$$b_3 = \left(\frac{d}{2} - \delta\right) \cdot \cos 60°$$

$$b_4 = \left(\frac{d}{2} - \delta\right) \cdot \cos 30°$$

第二步：求出 1′—1″、…、7′—7″各素线长度。

这里我们用 a_1 代替 1′—1″，……，a_7 代替 7′—7″。

$$\because \tan\alpha = \frac{对}{邻} \qquad \therefore 对 = 邻 \cdot \tan\alpha$$

又 $\because \angle AOB = 22.5°$

$$\therefore a_1 = \left(R - \frac{d}{2}\right) \cdot \tan 22.5°$$

$$a_2 = (R - b_1) \cdot \tan 22.5°$$

$$a_3 = (R - b_2) \cdot \tan 22.5°$$

$$a_4 = R \cdot \tan 22.5°$$

$$a_5 = (R + b_3) \cdot \tan 22.5°$$

$$a_6 = (R + b_4) \cdot \tan 22.5°$$

$$a_7 = \left(R + \frac{d}{2} - \delta\right) \cdot \tan 22.5°$$

式中　　d——表示弯头外皮直径；

　　　　R——表示弯头弯曲半径。

注意，式中 30°、60°、22.5°都是针对本例而言的，它们都是变量。30°、60°是在圆管断面图圆周 12 等分的前提下产生的，如果是其他等分，其角度也随之改变，同样 22.5°也是在 90°三节弯头的前提下产生的，它也是随着弯头的角度和节数改变的。

第三步：作展开图。

如图 6-35c 所示，作线段 1—1 长等于圆管中径周长，并分出 12 等分，过段线作垂线，将已计算出的尺寸 $a_1 \sim a_7$ 截取在各同名线上，得交点，用曲连接即完成展开。

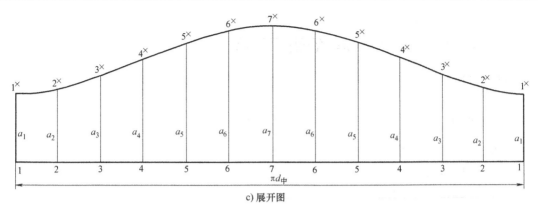

c) 展开图

图 6-35　90°三节弯头的展开（续）

实例 36　圆锥、圆台的展开

圆锥、圆台的放样展开其实比较简单，计算展开的方法也很多，但由于在展开确定圆锥弧线长度时，需要用钢直尺沿弧线量取的，所以有较大的误差，并且工作效率也很低。而如果用计算弦长来确定弧长的方法展开，将克服上述缺点。

如图 6-36 所示的是圆锥、圆台放样展开图，分别用圆锥和圆台的形式进行展开。

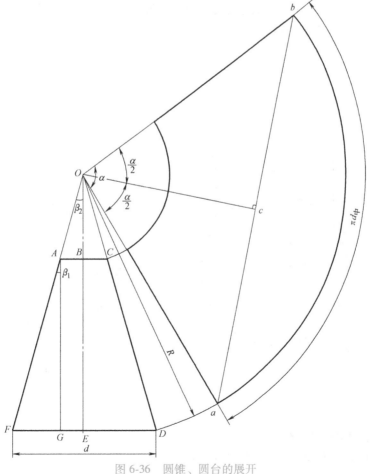

图 6-36　圆锥、圆台的展开

1. 按照圆锥的形式展开

在图 6-36 中 ∵ $R=OF$，∴ $R=\sqrt{(OE)^2+(FE)^2}$

$$\alpha=\frac{L}{\pi R}\times 180°$$

又∵ $R=Oa$ ∴ 圆锥展开弦长 $ab=2R\sin\dfrac{\alpha}{2}$

式中 L——圆锥展开周长（$\pi d_{中}$）；

α——圆锥展开夹角；

R——圆锥展开半径。

2. 按照圆台形式展开

∵ $FG=FE-AB$ ∴ $\tan\beta_1=\dfrac{FG}{AG}$ 又∵ $\beta_1=\beta_2$ ∴ $R=\dfrac{FE}{\sin\beta_2}$

应注意的是，如果展开角 α 大于 180°时，则应计算切角角度。

即切角角度等于 360°-α；这时，ab 不等于展开料弦长，而代表切角弦长。

实例 37 圆管三通的展开

如图 6-37a 所示，这是一个异径直交三通管，用计算的方法将它展开。用同样的方法，还可以展开等径直交三通和异径偏心直交三通，作计算需要用四步完成，图 6-37b 所示是孔的展开，6-37c 所示是支管的展开。

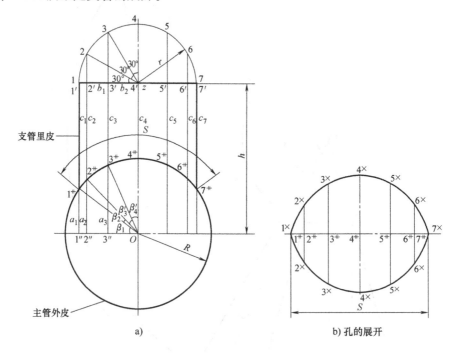

图 6-37 圆管三通的展开

第一步：求出 $Z-2'$，$Z-3'$。

这里我们用 b_1 代替 $Z-2'$，b_2 代替 $Z-3'$。

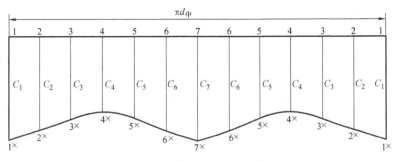

c) 支管的展开

图 6-37　圆管三通的展开（续）

$\because \cos\alpha = \dfrac{\text{邻}}{\text{斜}}$　　$\therefore \text{邻} = \text{斜} \cdot \cos\alpha$

$\therefore b_1 = r \cdot \cos30°$

　　$b_2 = r \cdot \cos60°$

第二步：求 $1''{-}1^*$、$2''{-}2^*$、$3''{-}3^*$。

这里我们用 a_1 代替 $1''{-}1^*$，$\cdots$，a_3 代替 $3''{-}3^*$。

$\because \cos\beta = \dfrac{\text{邻}}{\text{斜}}$　　$\therefore \cos\beta_1 = \dfrac{r}{R}$

$$\cos\beta_2 = \dfrac{b_1}{R}$$

$$\cos\beta_3 = \dfrac{b_2}{R}$$

又$\because \sin\beta = \dfrac{\text{对}}{\text{斜}}$　　$\therefore \text{对} = \text{斜} \cdot \sin\beta$

$$\therefore a_1 = R \cdot \sin\beta_1$$

$$a_2 = R \cdot \sin\beta_2$$

$$a_3 = R \cdot \sin\beta_3$$

第三步：求出 $1'{-}1^*$、$\cdots$、$7'{-}7^*$。

这里我们用 c_1 代替 $1'{-}1^*$，$\cdots$，c_7 代替 $7'{-}7^*$。

$c_1 = h - a_1$

$c_2 = h - a_2$

$c_3 = h - a_3$

$c_4 = h - a_4$

$c_5 = h - a_5$

$c_6 = h - a_6$

$c_7 = h - a_7$

第四步：主管开孔，求出 $1^*{-}2^*$、$2^*{-}3^*$、$\cdots\cdots$。

$\because \beta_4' = 90° - \beta_3$　　　$\beta_3' = \beta_3 - \beta_2$　　　$\beta_2' = \beta_2 - \beta_1$

$\therefore 1^*{-}2^* = \dfrac{2\pi R\beta_2'}{360°}$

$$2^{\text{#}}\text{—}3^{\text{#}} = \frac{2\pi R\beta_3'}{360°}$$

$$3^{\text{#}}\text{—}4^{\text{#}} = \frac{2\pi R\beta_4'}{360°}$$

注意，式中的30°、60°是在断面12等分的前提下产生的，如果是其他等分，其角度也要随之改变，因为是同心直交三通，所以对称素线相等，即 $c_1 = c_7$、$c_2 = c_6$、$c_3 = c_5$，如果是偏心，则不相等。

第五步：作展开图。图6-37b所示的是主管孔的展开，将计算出的数据 $1^{\text{#}}\text{—}7^{\text{#}}$ 截取在线段上，过点作垂直线，在垂线上作 $2^{\text{#}}\text{—}2^{\times}$、$3^{\text{#}}\text{—}3^{\times}$…等于 $2\text{—}2'$、$3\text{—}3'$…将交点用曲线连接，即完成展开。图6-37c是支管的展开，作线段 1—1 等于支管中径展开周长，并分出12等分，过等分点作垂线，将计算出的数据 $c_1 = c_7$ 截取在同名线上，用曲线光顺各交点，即完成展开。